Illuminate
Publishing

CBAC
Ffiseg
UG

Canllaw Astudio ac Adolygu

Gareth Kelly
Nigel Wood
Iestyn Morris

CBAC Ffiseg UG: Canllaw Astudio ac Adolygu

Addasiad Cymraeg o *WJEC Physics AS Level: Study and Revision Guide* a gyhoeddwyd yn 2016 gan Illuminate Publishing Ltd, P.O. Box 1160, Cheltenham, Swydd Gaerloyw GL50 9RW

Ariennir yn Rhannol gan **Lywodraeth Cymru**
Part Funded by **Welsh Government**

Cyhoeddwyd dan nawdd Cynllun Adnoddau Addysgu a Dysgu CBAC

Archebion: Ewch i www.illuminatepublishing.com neu anfonwch e-bost at sales@illuminatepublishing.com

Data Catalogio Cyhoeddiadau y Llyfrgell Brydeinig

Mae cofnod catalog ar gyfer y llyfr hwn ar gael gan y Llyfrgell Brydeinig

ISBN 978-1-911208-16-7

Printed by Severn, Gloucester

01.21

Polisi'r cyhoeddwr yw defnyddio papurau sy'n gynhyrchion naturiol, adnewyddadwy ac ailgylchadwy o goed a dyfwyd mewn coedwigoedd cynaliadwy. Disgwylir i'r prosesau torri coed a chynhyrchu papur gydymffurfio â rheoliadau amgylcheddol y wlad y mae'r cynnyrch yn tarddu ohoni.

Gwnaed pob ymdrech i gysylltu â deiliaid hawlfraint y deunydd a atgynhyrchir yn y llyfr hwn. Os cânt eu hysbysu, bydd y cyhoeddwyr yn falch o gywiro unrhyw wallau neu bethau a adawyd allan ar y cyfle cyntaf.

Mae'r deunydd hwn wedi'i gymeradwyo gan CBAC, ac mae'n cynnig cefnogaeth o ansawdd uchel ar gyfer cyflwyno cymwysterau CBAC. Er bod y deunydd wedi bod drwy broses sicrhau ansawdd CBAC, mae'r cyhoeddwr yn dal yn llwyr gyfrifol am y cynnwys.

Atgynhyrchir cwestiynau arholiad CBAC drwy ganiatâd CBAC.

Dyluniad y clawr a'r testun: Nigel Harriss
Y testun a'i osodiad: Neil Sutton, Cambridge Design Consultants

Cydnabyddiaeth

Mae'r awduron yn ddiolchgar iawn i'r tîm yn Illuminate Publishing am eu proffesiynoldeb, eu cefnogaeth a'u harweiniad drwy gydol y project hwn. Bu'n bleser gweithio mor agos gyda nhw.

Cynnwys

Sut i ddefnyddio'r llyfr hwn

Rydym wedi ysgrifennu'r canllaw astudio newydd hwn i'ch helpu i fod yn ymwybodol o'r hyn sy'n ofynnol er mwyn llwyddo yn arholiad UG CBAC, neu yn eich astudiaethau ym mlwyddyn 12 tuag at gymhwyster Safon Uwch mewn Ffiseg. Mae'r cynnwys wedi'i strwythuro i'ch arwain tuag at y llwyddiant hwnnw.

Mae dwy brif adran i'r llyfr hwn:

Gwybodaeth a Dealltwriaeth

Mae'r adran gyntaf yn ymdrin â'r wybodaeth allweddol y mae ei hangen ar gyfer yr arholiad.

Fe welwch nodiadau ar gynnwys y ddwy uned arholiad:

- Uned 1 Mudiant, Egni a Mater
- Uned 2 Trydan a Golau

gan gynnwys y sgiliau ymarferol a'r sgiliau trin data y bydd angen eu datblygu.

Yn ogystal â hyn, mae yna nifer o nodweddion drwy gydol yr adran hon a fydd yn rhoi cymorth a chyngor ychwanegol i chi wrth i chi ddatblygu eich gwaith:

Cyflwyniad i'r uned

Rhestrir yr is-adrannau allweddol, ynghyd â'r rhifau tudalennau a'r cwestiynau arholiad cyfatebol. Yna, mae gan bob un grynodeb byr sy'n rhoi trosolwg hanfodol o'r testun, ynghyd â rhestr wirio ar gyfer eich proses adolygu.

- **Termau allweddol**: mae nifer o'r termau sydd ym manyleb CBAC yn cael eu defnyddio yn sail i gwestiwn, felly rydym wedi amlygu'r termau hynny, ac wedi cynnig diffiniadau.

- **Cwestiynau cyflym**: mae'r rhain wedi'u cynllunio i roi prawf ar eich gwybodaeth a'ch dealltwriaeth o'r deunydd.

- **Cofiwch a Gwella gradd**: mae'r rhain yn cynnig cyngor ychwanegol ar gyfer yr arholiad yn seiliedig ar brofiad o'r hyn y mae angen i ymgeiswyr ei wneud i wella eu perfformiad.
- **Cwestiynau ychwanegol**: mae'r rhain yn ymddangos ar ddiwedd pob testun, gan roi mwy o gyfle i chi ymarfer ateb cwestiynau sy'n amrywio o ran anhawster.

Arfer a thechneg arholiad

Mae ail adran y llyfr yn ymwneud â'r sgiliau allweddol y mae eu hangen i lwyddo yn yr arholiad. Mae'n cynnig enghreifftiau sy'n seiliedig ar atebion enghreifftiol awgrymedig i gwestiynau arholiad posibl. Yn gyntaf, cewch eich arwain i ddeall sut mae'r system arholiadau yn gweithio, gydag esboniad o'r Amcanion Asesu a sut i ddehongli geiriad y cwestiynau arholiad, a beth yw eu hystyr o ran atebion arholiad.

Mae amrywiaeth o gwestiynau ymarfer AYE a chwestiynau strwythuredig o bob rhan o'r fanyleb UG, gydag atebion enghreifftiol. Wedyn mae detholiad o gwestiynau arholiad a chwestiynau enghreifftiol, ynghyd ag ymatebion myfyrwyr go iawn. Mae'r rhain yn cynnig arweiniad o ran y safon sy'n ofynnol, a bydd y sylwebaeth yn esbonio pam yr enillodd yr ymatebion farciau penodol.

Y peth mwyaf pwysig yw eich bod chi'n cymryd cyfrifoldeb am eich dysgu eich hun, ac i beidio â dibynnu ar eich athrawon i roi nodiadau i chi neu i ddweud wrthych sut i gael y graddau y mae arnoch eu hangen. Dylech chi chwilio am ddeunydd darllen ychwanegol a mwy o nodiadau i gefnogi eich astudiaethau ffiseg. Mae'n syniad da edrych ar wefan y corff dyfarnu – www.cbac.co.uk – lle gallwch ddod o hyd i fanyleb lawn y pwnc, papurau arholiad enghreifftiol, cynlluniau marcio ac adroddiadau arholwyr ar arholiadau blynyddoedd a aeth heibio.

Pob lwc gyda'r adolygu!

Uned 1 Gwybodaeth a Dealltwriaeth

Cinemateg
tt. 18–27
Cwestiynau ychwanegol t. 28

Ffiseg sylfaenol
tt. 8–16
Cwestiynau ychwanegol tt. 16–17

Dynameg
tt. 29–38
Cwestiynau ychwanegol tt. 38–39

Mudiant, Egni a Mater

Gronynnau ac adeiledd niwclear
tt. 67–74
Cwestiynau ychwanegol t. 75

Cysyniadau egni
tt. 40–48
Cwestiynau ychwanegol t. 49

Solidau dan ddiriant
tt. 50–60
Cwestiynau ychwanegol t. 61

Defnyddio pelydriad i ymchwilio i sêr
tt. 62–65
Cwestiynau ychwanegol tt. 65–66

Ffiseg sylfaenol

Unedau, dimensiynau, syniadau sylfaenol ar fesurau sgalar a fector a'r gwahaniaethau rhyngddynt; y syniadau a'r sgiliau y mae eu hangen i symud ymlaen i astudiaeth bellach o fecaneg Newton, damcaniaeth ginetig a ffiseg thermol.

→ **tt. 8–16** →

Cinemateg

Mudiant unionlin a mudiant taflegrau; astudiaeth o fudiant sy'n cyflymu mewn llinell syth; mudiant cyrff sy'n disgyn mewn maes disgyrchiant; annibyniaeth mudiant fertigol a mudiant llorweddol corff sy'n symud yn rhydd dan ddisgyrchiant.

→ **tt. 18–27** →

Dynameg

Cysyniad grym a diagramau cyrff rhydd; deddfau mudiant Newton a chysyniad momentwm llinol; defnyddir egwyddor cadwraeth momentwm i ddatrys problemau sy'n ymwneud â gwrthdrawiadau elastig ac anelastig.

→ **tt. 29–38** →

Cysyniadau egni

Y berthynas rhwng gwaith, egni a phŵer; egwyddor cadwraeth egni, a'r cyswllt rhwng gwaith ac egni drwy'r berthynas gwaith–egni.

→ **tt. 40–48** →

Solidau dan ddiriant

Ymddygiad mathau gwahanol o solidau dan ddiriant; cysyniadau diriant, straen a modwlws Young; mae'r gwaith sy'n cael ei wneud wrth anffurfio solid yn gysylltiedig â'r egni straen sy'n cael ei storio; cymharu ymddygiad metelau, defnyddiau brau a rwber dan ddiriant.

→ **tt. 50–60** →

Defnyddio pelydriad i ymchwilio i sêr

Sbectra allyrru di-dor a sbectra amsugno llinell yr Haul; defnyddio deddf dadleoliad Wien, deddf Stefan, a'r ddeddf sgwâr gwrthdro i ymchwilio i briodweddau sêr, megis goleuedd, maint, tymheredd a phellter.

→ **tt. 62–65** →

Gronynnau ac adeiledd niwclear

Mae mater yn cynnwys cwarciau a leptonau; cyfansoddiad cwarc y niwtron a'r proton, a'r syniad nad yw cwarciau a gwrthgwarciau byth yn cael eu harsylwi ar eu pennau eu hunain; y pedwar rhyngweithiad sy'n cael eu profi gan y gronynnau; cymhwyso cadwraeth gwefr, rhif lepton a rhif cwarc at ryngweithiadau gronynnau.

→ **tt. 67–74** →

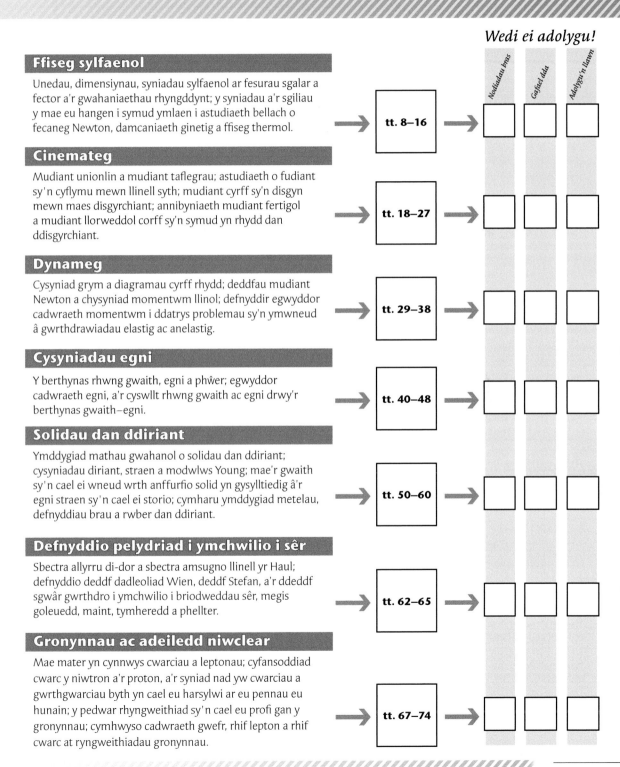

Nodiadau bras — *Gafael dda* — *Adolygu'n llawn*

1.1 Ffiseg sylfaenol

Mae'r adran hon yn hanfodol er mwyn astudio ffiseg yn llwyddiannus. Mae nifer o'r cysyniadau yn gyfarwydd ers y cwrs TGAU, felly dylech chi ddefnyddio'r adran hon fel adran adolygu. Rydym yn dechrau drwy edrych ar unedau. Ni allwch gyfathrebu unrhyw beth mewn ffiseg heb ddeall unedau.

Rheolau ar gyfer trin unedau

1. Ni all dau fesur fod yn hafal oni bai ei bod yn bosibl eu mynegi yn yr un unedau, e.e. ni all 1 s fyth fod yn hafal i 1 cm.

2. Ni allwch adio na thynnu dau fesur oni bai ei bod yn bosibl eu mynegi yn yr un unedau, e.e. mae 1 s + 1 cm yn nonsens, ond mae:

   1.00 m + 1 cm = 1.01 m

   (neu 101 cm)

3. Os ydych yn cyfuno dau fesur drwy luosi (neu rannu), rhaid lluosi (neu rannu) yr unedau, e.e.

   uned $v = \dfrac{\text{uned } x}{\text{uned } t}$

   $= \dfrac{m}{s} = m\ s^{-1}$

≫ Cofiwch

Defnyddiwch fachau petryal, [...], yn llaw-fer i ddangos 'uned'.
Felly, mae $[F]$ = uned F (grym)
= N ac mae

$[v] = \dfrac{[x]}{[t]} = \dfrac{m}{s} = m\ s^{-1}$

≫ Cofiwch

Yn yr hafaliad $v^2 = u^2 + 2ax$, nid oes gan y 2 unedau gan mai rhif yn unig ydyw. Felly, mae uned $2ax$ yr un peth ag uned ax.

1.1.1 Unedau a dimensiynau

(a) Unedau SI sylfaenol

Mae yna chwe uned sylfaenol y mae'n ofynnol i chi wybod amdanynt ar gyfer y cwrs hwn, ac mae'r rhain yn perthyn i briodweddau mwyaf sylfaenol ac elfennol ffiseg:

Mesur sylfaenol	Uned	Symbol
màs	cilogram	kg
hyd	metr	m
amser	eiliad	s
cerrynt trydanol	amper	A
tymheredd	kelvin	K
swm y sylwedd	mol	mol

Ar hyn o bryd, mae'n ofynnol i chi wybod am y pedair uned gyntaf yn unig, ynghyd â'u mesurau cyfatebol. Ni fydd angen eu cyflwyno i chi – buoch yn eu defnyddio ers blynyddoedd. Byddwch yn dod ar draws y kelvin yn y cwrs UG, a'r mol yn y cwrs Safon Uwch llawn.

Edrychwch ar y rheolau ar gyfer trin unedau. Dyma ddwy enghraifft i ddangos sut i'w cymhwyso. Y cwestiwn mwyaf cyffredin ar unedau sylfaenol yw gwirio bod gan ddwy ochr hafaliad yr un unedau. Weithiau, 'gwirio hafaliadau am homogenedd' yw'r enw ar hyn.

Enghraifft

Gwiriwch fod yr hafaliad $v^2 = u^2 + 2ax$ yn homogenaidd

Ateb

Ochr dde: $\quad [u^2] = (m\ s^{-1})^2 = m^2\ s^{-2}$;

$\qquad\qquad [2ax] = [2][a][x] = (m\ s^{-2})\ m = m^2\ s^{-2}$

> uned cyflymiad

Mae'r ddau derm ar yr ochr dde yn hafal, felly

- Gallwch chi eu hadio at ei gilydd, ac
- Mae uned eu swm hefyd yn $m^2\ s^{-2}$

Ochr chwith: $\quad [v^2] = (m\ s^{-1})^2 = m^2\ s^{-2}$

Felly, mae unedau'r ochr chwith a'r ochr dde yr un peth, h.y. mae'r hafaliad yn homogenaidd.

Awgrym: Trefnwch eich ateb fel hyn: gwnewch un ochr (dechreuwch gyda'r ochr gymhleth), yna'r ochr arall, yna gwnewch sylw. QED

Bydd math arall o gwestiwn yn gofyn i chi fynegi unedau SI yn nhermau'r unedau sylfaenol (kg, m, s ...).

Enghraifft

Mynegwch yr unedau grym, y newton (N), yn nhermau unedau SI sylfaenol.

Ateb

Dechreuwch gyda'r hafaliad: $F = ma$, $\therefore$ $[F] = [m] \times [a]$

$\therefore$ $N = kg \times m\ s^{-2} = kg\ m\ s^{-2}$.

Gallwn gymryd y canlyniad ar gyfer y newton, a mynd ati i ddefnyddio'r hafaliadau $W = Fx$ a $P = \dfrac{W}{t}$ i fynegi'r joule (J) a'r wat (W) yn nhermau'r unedau SI sylfaenol.

cwestiwn cyflym

① Dangoswch fod yr hafaliad $x = ut + \dfrac{1}{2} at^2$ yn homogenaidd.

cwestiwn cyflym

② Mynegwch yr uned gwasgedd, y pascal (Pa), yn nhermau'r unedau SI sylfaenol.

cwestiwn cyflym

③ (a) Dangoswch fod $J = kg\ m^2\ s^{-2}$.

   (b) Mynegwch y wat (W) yn nhermau'r unedau SI sylfaenol.

(b) Ysgrifennu unedau SI – indecsau negatif a lluosyddion SI

Nodwch y canlynol:

- Ar lefel UG a thu hwnt, rydym yn symud ymlaen o'r arddull TGAU o ysgrifennu unedau: rydym yn ysgrifennu m s^{-1} yn lle m/s. Sylwch ar y bwlch rhwng yr m a'r s.

- Yn yr arholiad, bydd gennych Lyfryn Data sy'n cynnwys rhestr o luosyddion SI o a (ato – 10^{-18}) i Z (seta – 10^{21}). Gweler tabl 1.1.1. Gallent gael eu defnyddio i osod cwestiynau arholiad, e.e. grym o 36 MN. Mae'n arfer safonol cadw'r rhif sydd o flaen y lluosydd rhwng 1 a 1000.

- Defnyddir ffurf safonol hefyd, e.e. $c = 3.00 \times 10^8$ m s^{-1}.

Symbol	Lluosydd	Symbol	Lluosydd
a	10^{-18}	k	10^{3}
f	10^{-15}	M	10^{6}
p	10^{-12}	G	10^{9}
n	10^{-9}	T	10^{12}
μ	10^{-6}	P	10^{15}
m	10^{-3}	E	10^{18}
c	10^{-2}	Z	10^{21}

Tabl 1.1.1 Lluosyddion SI

Enghraifft

Mae grym o 160 kN yn cael ei roi dros arwynebedd o 2 cm × 2 cm. Cyfrifwch y gwasgedd, a mynegwch eich ateb gan ddefnyddio (a) ffurf safonol a (b) lluosydd SI.

Ateb

Mae'r arwynebedd = $(2 \times 10^{-2}\ m)^2 = 4 \times 10^{-4}\ m^2$

(a) Mae'r gwasgedd $= \dfrac{\text{Grym}}{\text{arwynebedd}} = \dfrac{160 \times 10^3\ N}{4 \times 10^{-4}\ m^2} = 4 \times 10^8$ Pa (gweler Gwella gradd)

(b) 4×10^8 Pa $= 400 \times 10^6$ Pa $= 400$ MPa.

Gwella gradd

Gallwch arbed amser yn yr arholiad drwy ddysgu mynegiadau'r unedau SI sylfaenol ar gyfer y newton, y joule a'r wat.

cwestiwn cyflym

④ Rhoddir grym y gwrthiant aer, F, ar gar gan yr hafaliad $F = kv^2$. Darganfyddwch uned ar gyfer k.

Gwella gradd

Wrth roi 160 kN yn eich cyfrifiannell, rhowch 160×10^3, yn hytrach na newid i 1.6×10^5 yn eich pen. Gadewch i'r gyfrifiannell wneud y gwaith!

Termau allweddol

Mae **sgalar** yn fesur sydd â maint yn unig.

Mae **fector** yn fesur sydd â maint a chyfeiriad.

cwestiwn cyflym

⑤ Mynegwch 5.6×10^{-5} m gan ddefnyddio lluosydd SI.

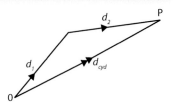

Ffig. 1.1.1 Fector cydeffaith

cwestiwn cyflym

⑥ Lluniadwch y grym cydeffaith, F_{cyd}.

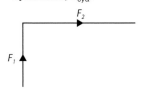

» Cofiwch

Mae llawer yn ei gweld yn ddefnyddiol llunio paralelogram (petryal yn yr achos hwn) o'r fectorau, gyda'r cydeffaith yn groeslin. Mae'r ateb yr un peth!

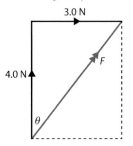

Ffig. 1.1.4 Adio fectorau drwy ddefnyddio petryal.

1.1.2 Sgalarau a fectorau

Caiff popeth y byddwch chi'n ei fesur mewn ffiseg ei ddosbarthu naill ai'n **sgalar** neu'n **fector**. Y gwahaniaeth hanfodol rhwng sgalar a fector yw bod **gan fector gyfeiriad**. Ystyr hyn yw bod rhaid defnyddio geometreg i adio dau fector, ond mae adio dau sgalar yn rhwydd.

Mae màs yn sgalar, felly mae 2 kg + 5 kg = 7 kg

ond mae grym yn fector, felly mae 2N + 7N = ... mae'n dibynnu ar eu cyfeiriadau.

Bydd rhaid i chi allu adio a thynnu fectorau. Mae Ffig. 1.1.1 yn dangos sut i adio dau ddadleoliad, d_1 a d_2. Tybiwch fod car yn dechrau o O, a bod ganddo ddadleoliad d_1 yn cael ei ddilyn gan ddadleoliad d_2. Mae'r car yn cyrraedd P, â dadleoliad o d_{cyd}. Yr hyn rydych chi wedi'i wneud yw adio'r ddau fector, d_1 a d_2, gan roi dadleoliad **cydeffaith** o d_{cyd}. Mae pob fector yn adio yn y modd hwn – rydych yn gwneud yr un peth ar gyfer grymoedd, cyflymderau, cyflymiadau, ac ati. (Nodwch ei bod yn arfer da defnyddio saeth ddwbl ar gyfer y cydeffaith.)

Dyma restr o'r rhan fwyaf o'r mesurau sgalar a fector y byddwch chi'n dod ar eu traws ar lefel UG:

Sgalarau – dwysedd, màs, cyfaint, pellter, hyd, gwaith, egni (pob ffurf), pŵer, gwefr, amser, gwrthiant, tymheredd, gp, actifedd, gwasgedd.

Fectorau – dadleoliad, cyflymder, cyflymiad, grym, momentwm.

(a) Adio fectorau

Gallwch chi ddefnyddio diagramau wrth raddfa i ddarganfod y fector cydeffaith ($v_1 + v_2$). Mae'n bosibl hefyd y bydd gofyn i chi gyfrifo cydeffaith dau fector ar ongl sgwâr i'w gilydd, drwy ddefnyddio trigonometreg (trig) syml, ac yna ddefnyddio'r ateb i wneud cyfrifiad pellach.

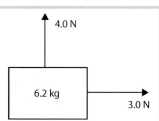

Ffig. 1.1.2 Grym cydeffaith

Enghraifft

Darganfyddwch y grym cydeffaith ar y blwch yn Ffig. 1.1.2, a defnyddiwch hwn i ddarganfod y cyflymiad.

Ateb

Byddwn yn defnyddio theorem Pythagoras i ddarganfod y grym cydeffaith: $F^2 = 3.0^2 + 4.0^2 = 25$

Felly, mae $F = \sqrt{25} = 5$ N

Ai dyma'r ateb terfynol?

Na! Mae grym yn fector, felly mae'n rhaid i chi ddweud beth yw ei gyfeiriad. Dyna yw diben θ yn Ffig. 1.1.3.

$\tan \theta = \dfrac{3.0}{4.0} = 0.75$ Felly, mae $\theta = \tan^{-1} 0.75 = 38.9°$.

∴ mae'r grym cydeffaith yn 5.0 N ar ongl o 38.9° i'r grym 4.0 N.

∴ mae'r cyflymiad = $\dfrac{F_{cyd}}{m} = \dfrac{5.0\text{ N}}{6.2\text{ kg}} = 0.81$ m s^{-2} ar ongl o 38.9° i'r grym 4.0 N.

Ffig. 1.1.3 Adio fectorau drwy ddefnyddio theorem Pythagoras

(b) Tynnu fectorau

Rydym yn tynnu fectorau yn yr un modd ag yr ydym yn eu hadio, os ydym yn cofio bod $a - b$ yr un peth ag $a + (-b)$. Mae Ffig. 1.1.5 yn dangos beth yw ystyr $-v$, lle mae v yn fector ...

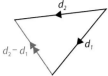

.... ac mae Ffig. 1.1.6 yn dangos sut rydym yn defnyddio'r syniad hwn i dynnu'r fector d_2 o d_1. Mae tynnu fectorau yn bwysig, er enghraifft, wrth gyfrifo cyflymiad:

$$a = \frac{v - u}{t}.$$

Ffig. 1.1.6 Y gwahaniaeth rhwng dau fector

» Cofiwch

Mae'r newid mewn mesur, q, o q_1 i q_2 yn $q_2 - q_1$, pa un a yw q yn fector neu'n sgalar. Mewn llaw-fer, rydym yn ysgrifennu hyn fel Δq (ac yn dweud 'delta q').

Ffig. 1.1.5 Fectorau v a –v

(c) Cydrannu fectorau

Yn anffodus, nid oes gan fectorau, fel arfer, y cyfeiriad y byddech chi'n ei ddymuno. Edrychwch ar yr enghraifft yn Ffig. 1.1.7:

Wrth i'r bloc lithro i lawr y llethr, mae grym disgyrchiant (pwysau) yn gweithredu i lawr, ond rhaid i'r bloc symud ar hyd y llethr, sydd mewn cyfeiriad gwahanol. Mae'n rhaid i chi gyfrifo'r rhan o'r grym disgyrchiant (pwysau) sy'n gweithredu yng nghyfeiriad y llethr. Mae hyn yn debyg iawn i gyfrifo cydeffaith dau fector, ond o chwith. Mae Ffig. 1.1.8 yn rhoi'r syniad:

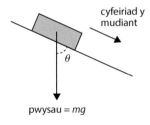

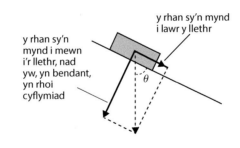

Ffig. 1.1.7 Gwrthrych ar lethr   *Ffig. 1.1.8 Cydrannau'r pwysau*

Mae'r ddau fector mewn print bras wedi'u llunio i roi fector cydeffaith, sef y pwysau. Yr hyn sy'n glyfar am y broses hon yw y gallwn ni ddefnyddio'r rhan sy'n mynd i lawr y llethr i gyfrifo'r cyflymiad (nid yw'r rhan arall ond yn gwthio'r bloc i mewn i'r llethr).

Y derminoleg gywir ar gyfer y broses hon yw cydrannu'r fector (pwysau) yn ddwy gydran (i lawr y llethr ac i mewn i'r llethr).

Drwy ddefnyddio trig:

$$\text{mae } F_{\text{i lawr y llethr}} = mg \cos \theta$$

Felly, yn absenoldeb ffrithiant, mae cyflymiad y bloc yn $g \cos \theta$.

Enghraifft

Cyfrifwch gydrannau llorweddol a fertigol y grym 500 N ar y sled yn y llun ar y dudalen nesaf.

cwestiwn cyflym

⑦ Ar gyfer y grymoedd yn 'Cwestiwn Cyflym 6', lluniadwch y triongl i gynrychioli $F_1 - F_2$.

cwestiwn cyflym

⑧ Mae awyren ysgafn, sy'n hedfan 40 m s⁻¹ i'r Gogledd, yn newid ei llwybr a'i buanedd i 30 m s⁻¹ i'r Dwyrain. Darganfyddwch y newid yn y cyflymder.

⊼ Gwella gradd

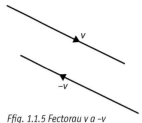

Mae cydran V yng nghyfeiriad y saeth yn $V \cos \alpha$. Mae'r gydran ar ongl sgwâr yn $V \sin \alpha$.

cwestiwn cyflym

⑨ Mae cydran fertigol gwthiad (*thrust*) yr hofrennydd yn hafal i'r pwysau. Cyfrifwch y gwthiad.

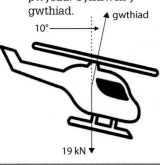

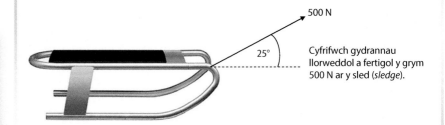

500 N

25°

Cyfrifwch gydrannau llorweddol a fertigol y grym 500 N ar y sled (*sledge*).

Ateb

Cydran lorweddol = 500 cos 25° = 453 N

Cydran fertigol = 500 sin 25° = 211 N

Nodyn: Yn yr un modd, mae gan daflegryn sy'n teithio 500 m s⁻¹ ar 25° i'r llorwedd gyflymder llorweddol o 453 m s⁻¹ a chyflymder fertigol o 211 m s⁻¹.

cwestiwn cyflym

⑩ Cyfrifwch gyflymiad llorweddol yr hofrennydd. [Awgrym: bydd rhaid i chi ddarganfod ei fàs yn gyntaf.]

Term allweddol

$$\rho = \frac{m}{V}$$

yw **dwysedd**, ρ, defnydd, lle m yw ei fàs, a V yw ei gyfaint.

Uned: kg m⁻³.

Gwella gradd

Trosi unedau – dysgwch y canlynol:

1 cm²	= (10⁻² m)² = 10⁻⁴ m²
1 cm³	= (10⁻² m)³ = 10⁻⁶ m³
1 mm²	= (10⁻³ m)² = 10⁻⁶ m²
1 mm³	= (10⁻³ m)³ = 10⁻⁹ m³
1 g cm⁻³	= 1000 kg m⁻³

cwestiwn cyflym

⑪ 6.1 m × 2.44 m × 2.59 m yw dimensiynau cynhwysydd cludo gwag. Cyfrifwch fàs yr aer sydd ynddo.

1.1.3 Dwysedd

Dyma briodwedd defnydd sy'n rhoi crynodiad ei fàs i ni. Mae **dwysedd** defnydd yn gysonyn, ac nid yw'n dibynnu ar faint na siâp y sampl o'r defnydd. Mae rhai enghreifftiau i'w gweld yn y tabl isod (Tabl 1.1.2).

Yr uned SI ar gyfer dwysedd yw kg m⁻³, felly mae ei werth yn cyfleu màs un metr ciwbig o ddefnydd. Gan hynny, mae gan 1 m³ o aur fàs o 19 300 kg neu 19.3 tunnell fetrig (mae 1 dunnell fetrig = 1000 kg), ac mae gan 1 m³ o ddŵr fàs o 1 dunnell fetrig.

Defnydd	Dwysedd/kg m⁻³
Aer	1.23
Dŵr	1000
Haearn	7700
Aur	19 300
Platinwm	21 450

Tabl 1.1.2 Dwyseddau

Uned gyffredin arall ar gyfer dwysedd yw g cm⁻³, ac mae arholwyr yn hoff iawn o wneud i chi drosi rhwng un uned a'r llall. Mae'r ffordd symlaf o wneud hyn, gan ddefnyddio aur yn enghraifft, fel a ganlyn:

Dwysedd aur
$$= 19\ 300 \text{ kg m}^{-3}$$
$$= 19\ 300\ (1000 \text{ g}) \times (100 \text{ cm})^{-3}$$
$$= \frac{19\ 300 \times 1000 \text{ g}}{100 \text{ cm} \times 100 \text{ cm} \times 100 \text{ cm}}$$
$$= 19.3 \text{ g cm}^{-3}$$

Gan ein bod yn aml yn mesur masau mewn g, a dimensiynau ffisegol mewn cm a mm, mae'n rhaid trosi rhwng yr unedau hyn a'r unedau SI sylfaenol mewn llawer o gwestiynau arholiad sy'n ymwneud â dwysedd (a hefyd gwrthedd a diriant tynnol). Gweler Gwella gradd am enghreifftiau o drosi unedau.

Enghraifft

Mae myfyriwr yn gosod silindr mesur gwag ar glorian electronig ac yn pwyso'r botwm sero. 126.53 g yw'r darlleniad, pan fydd 80.0 cm³ o garbon tetraclorid (CCl₄) yn y silindr mesur. Cyfrifwch ddwysedd CCl₄, gan fynegi eich ateb mewn kg m⁻³ i nifer priodol o ffigurau ystyrlon.

Ateb

Naill ai: mae $\rho = \dfrac{126.53\ \text{g}}{80.0\ \text{cm}^3} = 1.58$ g cm^{-3} = 1580 kg m^{-3} (3 ff.y.)

neu: mae $\rho = \dfrac{0.12653\ \text{kg}}{80.0 \times 10^{-6}\ \text{m}^3} = 1580$ kg m^{-3} (3 ff.y.)

Enghraifft

Cyfrifwch fàs gwifren blatinwm, hyd 6.5 m a diamedr 0.254 mm.

Ateb

Bydd rhaid i ni drosi rhai o'r unedau hyn. Gan roi popeth mewn cm:

mae $\rho = \dfrac{m}{V}$ ∴ $m = \rho V = 21.45$ g cm$^{-3} \times \pi \left(\dfrac{0.0254\ \text{cm}}{2}\right)^2 \times 650$ cm = 7.1 g

> **Cofiwch**

Yn yr enghraifft, caiff cyfaint yr hylif ei roi i 3 ff.y., felly ni ddylech chi nodi'r dwysedd i fwy na hynny.

1.1.4 Moment – effaith troi grym

(a) Diffinio moment

Gall grymoedd achosi i wrthrychau gylchdroi yn ogystal â chyflymu. Mae effaith troi grym yn dibynnu nid yn unig ar ei faint, ond hefyd ar ei bellter o'r pwynt cylchdroi – drwy ddefnyddio sbaner hir, gallwch ddatod nyten mae'n amhosibl ei symud â sbaner byr.

Mae diffinio **moment** grym o amgylch pwynt i'w weld yn y Termau allweddol. Dyma esboniad cryno:

Mae moment F o amgylch **P** = Fd

Er enghraifft, os yw F = 35 N a d = 15 cm, mae'r moment = 35 N × 0.15 m (sylwch ein bod wedi newid yr uned) = 5.25 N m

Os yw'r grym ar ongl, fel sydd yn Ffig. 1.1.10, bydd rhaid i chi gymhwyso ychydig o drigonometreg:

Y tro hwn, mae'n rhaid i ni ddarganfod y pellter perpendicwlar.

Mae'r pellter perpendicwlar = 0.82 sin 60° m

∴ mae'r moment = 1.5 kN × 0.82 sin 60° m

= 1.1 kN m (1100 N m)

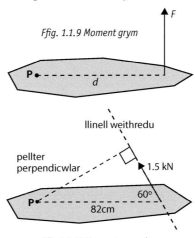

Ffig. 1.1.9 Moment grym

llinell weithredu

pellter perpendicwlar

1.5 kN

60°

82cm

Ffig 1.1.10 Moment ar ongl

> **Gwella gradd**

Er hyblygrwydd, rhowch gynnig ar enghraifft y wifren blatinwm, gan ddefnyddio kg a m yn unedau.

Termau allweddol

Moment grym o amgylch pwynt yw lluoswm y grym a'r pellter perpendicwlar o'r pwynt hwnnw at linell weithredu'r grym.

Uned: N m (neu N cm, kN m ...)

Mae **egwyddor momentau** yn nodi bod rhaid i'r moment cydeffaith o amgylch unrhyw bwynt fod yn sero er mwyn i gorff fod mewn ecwilibriwm dan weithrediad nifer o rymoedd.

(b) Egwyddor momentau

Er mwyn i wrthrych fod mewn ecwilibriwm (h.y. nid yw'n newid ei fudiant mewn unrhyw fodd) rydym yn gwybod bod:

- Rhaid i'r grym cydeffaith arno fod yn sero.

Mae yna ail amod defnyddiol sy'n ymwneud â chylchdroeon:

- Rhaid i'r moment cydeffaith o amgylch unrhyw bwynt fod yn sero (**egwyddor momentau**).

> **Cofiwch**

Ffordd arall o ddatgan egwyddor momentau yw dweud bod swm y momentau gwrthglocwedd (o amgylch unrhyw bwynt) yn hafal i swm y momentau clocwedd (o amgylch yr un pwynt).

Gwella gradd

Amodau ar gyfer ecwilibriwm:
1. Grym cydeffaith = 0
2. Moment cydeffaith (o amgylch unrhyw bwynt) = 0

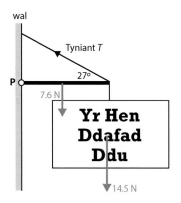

Ffig. 1.1.11 Problem y bugail

Symbolau

Defnyddir y symbol Σ i olygu 'swm'. Felly ystyr ΣF yw swm y grymoedd (h.y. y grym cydeffaith), ac ystyr ΣMC yw swm y momentau clocwedd.

» Cofiwch

Sylwch fod atebion i'r enghraifft yn achosi bod y grym cydeffaith ar y bwrdd deifio yn sero. Mae'n rhaid i hyn fod yn wir os yw'r bwrdd deifio i fod mewn ecwilibriwm. Gallem fod wedi defnyddio'r ffaith hon i gyfrifo F_1 ar ôl i ni ddarganfod F_2.

cwestiwn cyflym

⑫ Datryswch enghraifft y bwrdd deifio drwy wneud y canlynol:
1. Cymryd momentau o amgylch y canol.
2. Cymryd momentau o amgylch y pen ar y dde.
3. Datrys yr hafaliadau cydamserol dilynol.

Gyda'i gilydd, bydd y ddau amod hyn yn rhoi digon o wybodaeth i chi ddatrys cwestiynau eithaf anodd am y grymoedd ar wrthrych. Edrychwn ar ddwy enghraifft – mae un ohonynt heb golyn (*pivot*).

Enghraifft 1

Mae arwydd y dafarn yn Ffig. 1.1.11 yn hongian oddi ar far metel unffurf sydd â cholyn llyfn yn **P**. Cyfrifwch y tyniant, *T*, yn y wifren ysgafn sy'n ei gynnal.

Ateb

Gadewch i hyd y bar metel fod yn 2*x*. Gan ragweld y gwaith ar greiddiau disgyrchiant yn yr adran nesaf, gallwn ystyried bod pwysau'r bar yn gweithredu ar ei ganolbwynt, h.y. pellter *x* o **P**. Mae 2*x* ac *x*, fel ei gilydd, yn berpendicwlar i linellau gweithredu'r grymoedd, ac mae gan y grymoedd hyn fomentau clocwedd o amgylch **P**.

Mae pellter perpendicwlar *T* o **P** = 2*x* sin 27°

Yna, drwy gymhwyso egwyddor momentau o amgylch **P**, mae

swm y momentau gwrthglocwedd = swm y momentau clocwedd

∴ mae T × 2*x* sin 27° = 7.6*x* + 14.5 × 2*x*

Drwy ganslo *x* ac ad-drefnu, cawn fod: $T = \dfrac{7.6 + 14.5 \times 2}{2\sin 27°} = 40.3$ N

Enghraifft 2

Nid oes colyn yn Ffig. 1.1.12, ond mae egwyddor momentau yn dal i fod yn berthnasol – mae'n rheol gyffredinol. Gallai hwn fod yn fwrdd deifio â dau gynhalydd, A a B, a deifiwr (ysgafn iawn) ar un pen.

O amgylch lle rydym ni'n cymryd momentau?

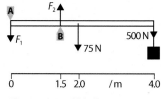

Ffig. 1.1.12 Bwrdd deifio

Mae gennym ni ddewis rhydd – mae egwyddor momentau bob amser yn berthnasol. Beth am wneud pethau'n syml? Os ydym ni'n cymryd momentau o amgylch naill ai **A** neu **B**, bydd yna un grym na fydd yn chwarae unrhyw ran, a bydd gennym hafaliad sy'n cynnwys y llall yn unig. Felly:

Ateb

Gan gymryd momentau o amgylch **A**: mae ΣMG = ΣMC,

F_2 × 1.5 m = 75 N × 2.0 m + 500 N × 4.0 m

Mae hyn yn arwain at F_2 = 1430 N (3 ff.y.)

Cymerwn fomentau o amgylch **B**: ΣMG = ΣMC

∴ mae F_1 × 1.5 m = 75 N × 0.5 m + 500 N × 2.5 m

Mae hyn yn arwain at F_1 = 860 N (2 ff.y.)

Fel y mae Cofiwch a Chwestiwn cyflym 12 yn ei ddangos, mae nifer o ffyrdd eraill o ddatrys y broblem. A dweud y gwir, bydd cymryd momentau o amgylch unrhyw bwynt, ac yna naill ai gydrannu'n fertigol neu gymryd momentau o amgylch unrhyw bwynt arall, yn rhoi digon o wybodaeth i chi ddatrys y broblem.

1.1.5 Craidd disgyrchiant

Mae grym disgyrchiant yn gweithredu ar bob gronyn mewn corff. Fodd bynnag, er mwyn datrys problemau, gallwn ystyried pwysau'r corff yn un grym sy'n gweithredu drwy bwynt o'r enw **craidd disgyrchiant**. Rhaid i graidd disgyrchiant gwrthrychau cymesur orwedd ar unrhyw blân cymesuredd.

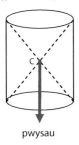 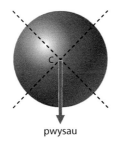 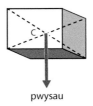

pwysau   pwysau   pwysau

Ffig. 1.1.13 Creiddiau disgyrchiant

Byddwch yn defnyddio cysyniad craidd disgyrchiant i ateb cwestiynau fel y rhai am arwydd y dafarn a'r bwrdd deifio yn yr adran flaenorol.

Mae lleoliad craidd disgyrchiant yn bwysig ar gyfer sadrwydd gwrthrychau rhag dymchwel. Bydd y silindr (neu'r ciwboid) yn Ffig. 1.1.14 ar fin dymchwel os yw craidd disgyrchiant yn union uwchben y gornel chwith isaf.

Enghraifft
Ar ba ongl, θ, y bydd y silindr yn dymchwel?

Ateb
Bydd y silindr yn dymchwel pan fydd craidd disgyrchiant ar y llinell doredig. Gan ddefnyddio trig: mae $\tan \theta = \dfrac{1.4}{6.2}$, felly mae $\theta = \tan^{-1}\dfrac{1.4}{6.2} = 12.7°$.

Term allweddol

Craidd disgyrchiant
corff yw'r pwynt lle bydd holl bwysau'r corff yn gweithredu.

》 Cofiwch
Nid planau cymesuredd yw'r llinellau toredig yn Ffig. 1.1.13, ond maen nhw'n gadael i chi leoli craidd disgyrchiant.

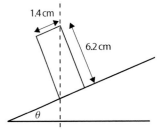

Ffig. 1.1.14 Silindr yn dymchwel

cwestiwn cyflym
⑬ Mae silindr, uchder 15 cm a radiws 0.5 cm, yn sefyll ar ei ben. Drwy sawl gradd y mae'n bosibl ei droi cyn iddo ddymchwel?

1.1.6 Gwaith ymarferol penodol

(a) Darganfod dwysedd solid

Mae hyn yn golygu mesur y màs a'r cyfaint, ac yna ddefnyddio $\rho = \dfrac{m}{v}$.

Rydym yn mesur y màs gan ddefnyddio clorian electronig â chydraniad o 0.01 g neu 0.1 g. Gallwn ddarganfod y cyfaint drwy un o'r dulliau canlynol:

- Defnyddir riwliau (mm), micromedrau, a chaliperau digidol i fesur hydoedd a diamedrau ciwboidau, silindrau a sfferau, a chaiff y cyfaint ei gyfrifo.
- Caiff solidau bach, afreolaidd, sydd â dwysedd mwy na dŵr, eu gostwng i silindr mesur o ddŵr. Caiff y cyfaint ei gyfrifo o'r newid yn narlleniad lefel y dŵr.
- Caiff solidau mawr, afreolaidd, sydd â dwysedd mwy na dŵr, eu gostwng mewn tun dadleoli llawn. Caiff y dŵr sy'n dod allan ei gasglu mewn silindr mesur, a chaiff y cyfaint ei fesur.

cwestiwn cyflym
⑭ Mae bloc petryal o bren â'r dimensiynau canlynol: 6.52 cm, 3.18 cm a 5.29 cm. 82.59 g yw màs y bloc.
(a) Cyfrifwch ei ddwysedd.
(b) Amcangyfrifir bod yr ansicrwydd o ran mesuriadau'r hydoedd yn ±0.02 cm. Nodwch y dwysedd a'i ansicrwydd absoliwt.

≫ *Cofiwch*

Gallai'r colyn yn Ffig 1.1.16 fod yn fys sydd wedi'i ymestyn. Yna, gallwn ni ddarganfod safle'r colyn i tua ± 1 mm yn unig. Drwy ddefnyddio min cyllell ac edafedd mân, mae'n bosibl cael cywirdeb ± 0.5 mm ar gyfer pob safle.

cwestiwn cyflym

⑮ Mae craidd disgyrchiant riwl fetr, màs (64.5 ± 0.1) g, ar (50.2 ± 0.1) cm ar raddfa'r riwl. Mae'r riwl yn cydbwyso pan mae màs anhysbys, M, ar (5.00 ± 0.05) cm a'r colyn ar (32.6 ± 0.1) cm. Cyfrifwch y canlynol:

(a) Gwerthoedd x ac y, fel y'i gwelir yn Ffig. 1.1.16, ynghyd â'u hansicrwydd absoliwt.

(b) Gwerth M, ynghyd â'i ansicrwydd absoliwt.

b) Darganfod masau drwy ddefnyddio egwyddor momentau

Gallwn wneud hyn drwy ddefnyddio riwl fetr, neu, yn fwy cyfleus, riwl ½ metr. Mae'r dull yn cymharu'r màs anhysbys â màs hysbys, e.e. masau 100 g safonol, neu fàs y riwl.

Gyda **riwl â màs anhysbys**, gallwn ddarganfod craidd disgyrchiant drwy leoli pwynt cydbwyso'r riwl heb fasau ychwanegol.

Caiff y riwl ei chydbwyso ar y craidd disgyrchiant, a'i llwytho fel sydd i'w weld. Caiff x ac y eu mesur.

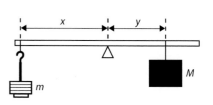

Ffig. 1.1.15 Darganfod màs anhysbys (1)

Gan gymryd momentau o amgylch y colyn, mae:

$mgx = Mgy$, ∴ mae $mx = My$.

Gyda **riwl â màs hysbys**, m, gallwn ddarganfod craidd disgyrchiant fel uchod. Caiff y riwl â'r mas anhysbys ei chydbwyso, fel sydd i'w weld. Caiff yr hydoedd x ac y eu mesur, a chaiff y màs anhysbys, M, ei ddarganfod drwy ddefnyddio'r un hafaliad ag uchod.

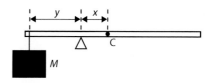

Ffig. 1.1.16 Darganfod màs anhysbys (2)

Mae'n bosibl cyfuno'r arbrawf hwn â mesuriadau cyfaint, i ddarganfod dwysedd y gwrthrych â màs anhysbys.

Cwestiynau ychwanegol

1. Credir bod buanedd, v, tonnau tswnami yn perthyn i ddyfnder y cefnfor, d, drwy'r hafaliad $v = \sqrt{gd}$, lle g yw cyflymiad disgyrchiant. Dangoswch fod yr hafaliad yn homogenaidd.

2. Mae gwefan yn dangos bod buanedd tonnau ar ddŵr (sydd dipyn yn llai na tswnamïau) yn cael ei roi gan yr hafaliad: $c = \sqrt{\dfrac{g}{k} + \dfrac{\sigma k}{\rho}}$. Yn yr hafaliad hwn, $k = \dfrac{2\pi}{\lambda}$ yw rhif y don, mae gan λ, γ a ρ yr ystyron arferol, ac mae σ yn fesur o'r enw *tyniant arwyneb* dŵr.

(a) Defnyddiwch reolau homogenedd i fynegi uned σ yn nhermau'r unedau SI sylfaenol.

(b) Dangoswch fod yr hafaliad yn gywir yn ddimensiynol.

(c) Yn aml, nodir uned σ fel N m^{-1} neu J m^{-2}. Dangoswch fod y ddwy uned hyn yn gyfwerth â'i gilydd, ac yn gyfwerth â'r mynegiad rydych wedi ei gael yn rhan (a).

3. Mae radiws orbit y blaned Gwener yn 0.723 AU. Yr AU (*astronomical unit: uned seryddol*) yw pellter cymedrig y Ddaear o'r Haul, sef 1.496×10^{11} m. Cyfnod yr orbit yw 224.7 diwrnod. Cyfrifwch fuanedd orbitol y blaned Gwener.

4. (a) Darganfyddwch swm y grymoedd canlynol: 28 N i'r De a 45 N i'r Gorllewin.

   (b) Mae car yn newid ei gyflymder o 16.5 m s^{-1} i'r Gogledd i 5.20 m s^{-1} i'r Gorllewin mewn 10 s. Cyfrifwch y newid cyflymder a'r cyflymiad cymedrig.

5. Mae tri grym ychwanegol yn gweithredu ar y sled yn Adran 1.1.2(c): ei bwysau, grym fertigol i fyny o 211 N a roddir gan yr eira, a grym ffrithiant o 400 N.

   (a) Dangoswch fod pwysau'r sled yn 422 N.

   (b) Cyfrifwch y grym cydeffaith ar y sled. (Cofiwch: maint a chyfeiriad.)

   (c) Dangoswch fod ei gyflymiad yn 1.23 m s^{-2}.

6. Mae drwm o wifren gopr sy'n cael ei werthu yn cynnwys 1 kg o wifren, diamedr 0.193 mm. Gwifren o ba hyd y byddech chi'n disgwyl ei chael yn y drwm?
   [ρ_{Cu} = 8960 kg m^{-3}]

7. Caiff talp 25 g o glai modelu ei osod ar y pwynt 10 cm ar riwl hanner metr unffurf, màs 40 g. Darganfyddwch bwynt cydbwyso'r riwl.

8. Caiff riwl fetr unffurf, màs 80 g, ei chydbwyso ar finion dwy gyllell a osodir ar y marciau 10 cm a 65 cm, fel y dangosir.

   Gosodir bloc o fetel, màs 100 g, ar y riwl fetr.

   (a) Cyfrifwch y grym i fyny y mae min y naill gyllell a'r llall yn ei roi ar y riwl pan fydd y bloc wedi'i osod: (i) ar ben chwith y riwl a (ii) ar y marc 50 cm.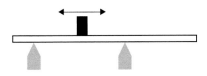

   (b) Ble mae'n rhaid gosod y bloc metel er mwyn i'r grym i fyny gan fin y gyllell chwith fod yn sero?

9. Defnyddir micromedr i fesur diamedr y wifren yng nghwestiwn 6 mewn mannau gwahanol, gan wneud darlleniadau ar ongl sgwâr. Cafwyd y canlyniadau isod:

   Darlleniadau ar gyfer y diamedr/mm: 0.191, 0.194, 0.192, 0.194, 0.195, 0.185, 0.194.

   (a) Trafodwch a yw'r canlyniadau hyn yn gyson â'r diamedr o 0.193 mm a nodir.

   (b) Darganfyddwch hyd y wifren ar y drwm, ynghyd â'i ansicrwydd [cymerwch mai 1.000 kg yw'r màs].

Y dadleoliad o **A** i **B** yw'r pellter lleiaf o A i B, ynghyd â'r cyfeiriad.

Buanedd cymedrig =

$$\frac{\text{cyfanswm pellter y symudiad}}{\text{cyfanswm yr amser a gymerwyd}}$$

Cyflymder cymedrig =

$$\frac{\text{cyfanswm y dadleoliad}}{\text{cyfanswm yr amser a gymerwyd}}$$

Buanedd enydaidd yw cyfradd newid pellter y symudiad

Cyflymder enydaidd yw cyfradd newid y dadleoliad

Cyflymiad cymedrig =

$$\frac{\text{y newid cyflymder}}{\text{yr amser a gymerwyd}}$$

Cyflymiad enydaidd yw cyfradd newid y cyflymder

≫ *Cofiwch*

Rydym yn defnyddio llinell dros y mesur, e.e. $\bar{v}$ i ddynodi'r gwerth cymedrig.

cwestiwn cyflym

① Defnyddiwch yr un dull i gyfrifo $\overline{v}_{AB}$. Bydd rhaid i chi ddefnyddio trig neu theorem Pythagoras.

cwestiwn cyflym

② Nodwch y cyflymder enydaidd:
(a) yn A
(b) 30 s o'r dechrau.

1.2 Cinemateg

Byddwch yn gyfarwydd â llawer o'r maes astudio hwn o'r gwaith a wnaethoch chi cyn dechrau'r cwrs Safon Uwch. Ei nod yw datblygu'r cysyniadau TGAU o ran mudiant a'u cymhwyso mewn ffyrdd mwy datblygedig, er enghraifft mudiant mewn dau ddimensiwn.

1.2.1 Diffiniadau

Byddwn yn defnyddio enghraifft o gar ar y trac prawf i esbonio ambell ddiffiniad. 3.6 km yw hyd y trac (h.y. y cylchedd) ac mae'r car yn cwblhau un lap ar fuanedd cyson mewn 80 s, gan gychwyn ar **A**.

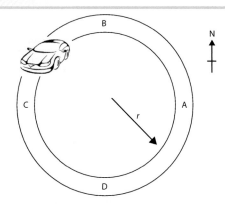

Ffig. 1.2.1 Dadleoliad, buanedd a chyflymder

1. Beth yw'r **buanedd cymedrig** (mewn un lap)?

   Gan ddefnyddio'r hafaliad yn y Termau allweddol:

   Buanedd cymedrig $= \dfrac{\text{cyfanswm pellter y symudiad}}{\text{cyfanswm yr amser a gymerwyd}} = \dfrac{360 \text{ m}}{80 \text{ s}} = 45 \text{ m s}^{-1}$.

   Yn yr achos hwn, gan fod y buanedd yn gyson, mae'r buanedd cymedrig hefyd yn hafal i'r **buanedd enydaidd** ar bob ennyd.

2. Beth yw'r **cyflymder cymedrig** yn y 40 s cyntaf, (h.y. rhwng **A** ac **C**)?

   Rhaid i ni wybod y dadleoliad. Dylech allu dangos mai 1150 m (3 ff.y.) yw diamedr y trac, felly 1150 m i'r Gorllewin yw'r dadleoliad o **A** i **C**. 40 s yw'r amser.

   ∴ Mae cyflymder cymedrig **A**→**C** =

   $\overline{v}_{AC} = \dfrac{\text{cyfanswm y dadleoliad}}{\text{cyfanswm yr amser a gymerwyd}} = \dfrac{150 \text{ m i'r Gorllewin}}{40 \text{ s}}$

   $= 29 \text{ m s}^{-1}$ i'r Gorllewin.

3. Beth yw'r **cyflymder enydaidd** ar **D**?

   Gan fod y buanedd yn gyson, rydym yn gwybod mai 45 m s⁻¹ yw maint y cyflymder yn **D**, felly y cyfan mae'n rhaid i ni ei wneud yw ychwanegu'r cyfeiriad, sef i'r Dwyrain.

   ∴ Mae $v_D = 45 \text{ m s}^{-1}$ i'r Dwyrain.

4. Beth yw'r **cyflymiad cymedrig** yn ystod yr 20 s cyntaf (rhwng **A** a **B**)?

   Mae'r newid cyflymder, $\Delta v = v_B - v_A$. Os ydych wedi anghofio sut i dynnu fectorau, edrychwch eto ar Adran 1.1.2(b). O'r diagram fectorau, Ffig 1.2.2: mae $\Delta v = 45\sqrt{2} = 64 \text{ m s}^{-1}$ (2 ff.y.)

   Felly mae'r cyflymiad cymedrig, $\bar{a} = \dfrac{\Delta v}{\Delta t} = \dfrac{64}{20} = 3.2 \text{ m s}^{-2}$.

5. Beth yw'r **cyflymiad cymedrig dros un lap cyfan**?

45 m s^{-1} i'r Gogledd yw'r cyflymder cychwynnol a'r cyflymder terfynol rhwng **A** ac **A**, felly mae'r newid cyflymder, $\Delta v = 0$.

∴ Mae'r cyflymiad cymedrig = 0

Sylwch fod y car yn cyflymu drwy'r amser, er ei fod yn teithio ar fuanedd cyson. Cyflymiad yw cyfradd newid y *cyflymder*, nid y buanedd.

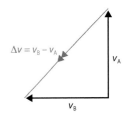

Ffig. 1.2.2 Newid cyflymder

1.2.2 Graff sy'n cynrychioli mudiant

(a) Graffiau dadleoliad–amser (x–t)

Y peth pwysig i'w gofio am graffiau x–t yw mai'r graddiant yw'r cyflymder. Felly,

- Llinell syth = graddiant cyson = v cyson
- Graff sy'n crymu i fyny = graddiant cynyddol = v cynyddol, h.y. cyflymiad
- Graddiant negatif = v negatif, h.y. cyfeiriad gwrthdro.

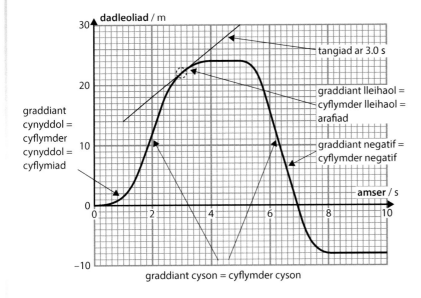

Ffig. 1.2.3 Graff dadleoliad-amser

Enghraifft

Ar gyfer Ffig. 1.2.3, cyfrifwch y cyflymder ar (a) 2.0 s, (b) 3.0 s

Ateb

(a) Rhwng 1.6 s a 2.4 s, mae'r cyflymder yn gyson. Mae'r dadleoliad yn cynyddu o 6.5 m i 17.5 m.

$$\therefore v = \frac{\Delta x}{\Delta t} = \frac{17.5 \text{ m} - 6.5 \text{ m}}{2.4 \text{ s} - 1.6 \text{ s}} = \frac{11.0 \text{ m}}{0.8 \text{ s}} = 14 \text{ m s}^{-1} \text{ (2 ff.y.)}.$$

》 Cofiwch

Ystyr y symbol Δ yw 'newid', h.y. os yw'r newidyn x yn newid ei werth o x_1 i x_2, mae:

$$\Delta x = x_2 - x_1$$

∴ er enghraifft, mae $\bar{a} = \dfrac{\Delta v}{\Delta t}$

cwestiwn cyflym

③ Nodwch y cyflymder cymedrig dros un lap cyfan.

cwestiwn cyflym

④ Yn Ffig. 1.2.3, sero yw'r cyflymder rhwng 4.0 s a 5.0 s. Ar ba amserau eraill y mae'n sero?

cwestiwn cyflym

⑤ Mae disgrifiad ansoddol myfyriwr o'r mudiant a ddangosir yn Ffig. 1.2.3 yn dechrau fel hyn:

Cyflymiad ymlaen o ddisymudedd o 0 i 1.6 s, yna cyflymder cyson hyd at 2.4 s ...

Parhewch â'r disgrifiad am y daith gyfan.

(b) Yn gyntaf, rhaid i chi lunio'r tangiad i'r graff ar 3.0 s (edrychwch ar y graff). Mae'r cyflymder ar 3.0 s = graddiant y tangiad.

$$\therefore \text{mae } v = \frac{\Delta v}{\Delta t} = \frac{30.0 \text{ m} - 14.0 \text{ m}}{5.0 \text{ s} - 1.0 \text{ s}} = \frac{16.0 \text{ m}}{4.0 \text{ s}} = 4.0 \text{ m s}^{-1}.$$

≫ Cofiwch

Os yw'r graff o dan y llinell, mae'r cyflymder yn negatif, felly mae'r dadleoliad yn lleihau. Felly, gallwch ystyried fod yr 'arwynebedd' rhwng y graff a'r echelin amser yn negatif.

≫ Cofiwch

Graddiant y tangiad i graff v–t aflinol yw gwerth enydaidd y cyflymiad.

≫ Gwella gradd

Yn aml, rydym yn defnyddio'r gair arafiad yn lle *cyflymiad negatif* pan mae gwrthrych yn arafu, h.y. mae ei fuanedd yn lleihau. Mae hyn yn broblem pan mae'r cyflymder yn negatif, e.e. 15–18 s ar y graff. Yma, mae'r graddiant yn negatif, mae'r cyflymder yn lleihau (yn mynd yn fwy negatif), ond mae'r buanedd yn cynyddu. Gofalwch eich bod yn dweud yn union beth rydych yn ei olygu!

cwestiwn cyflym

⑥ Rhwng pa amserau y mae'r graff v–t yn dangos:
(a) Cyflymiad positif?
(b) Buanedd cynyddol?
(c) Cyflymder cyson?
(ch) Cyflymiad negatif?
(d) Buanedd lleihaol?

(b) Graffiau cyflymder–amser (v–t)

Dyma'r graff mwyaf cyffredin mewn cwestiynau arholiad. Mae dau bwynt pwysig i'w cofio:

1. Graddiant y llinell yw'r cyflymiad (gan mai'r graddiant yw cyfradd newid y cyflymder mewn perthynas ag amser).

2. Mae'r arwynebedd rhwng y llinell a'r echelin amser yn rhoi'r dadleoliad.

Mae'r graff canlynol yn graff nodweddiadol, sy'n ffefryn gan arholwyr:

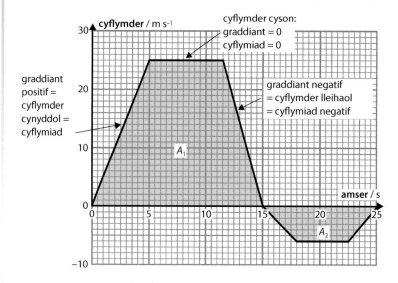

Ffig. 1.2.4 Graff cyflymder–amser

Unwaith eto, dyma ddau gwestiwn. Byddwch yn cael cwestiynau dilynol yn nes ymlaen.

Enghraifft

Cyfrifwch:

(a) Cyflymiad yn ystod y cyfnodau 0–5 s a 5–11.5 s.

(b) Y cyflymder cymedrig rhwng 15 s a 25 s.

Ateb

(a) Cyflymiad $0 - 5$ s $= \dfrac{\Delta v}{\Delta t} = \dfrac{(25 - 0) \text{ m s}^{-1}}{(5.0 - 0.0) \text{ s}} = 5.0 \text{ m s}^{-2}$

Cyflymiad $5 - 11.5$ s $= 0$ (cyflymder cyson)

(b) Mae'r cyflymder cymedrig, $\bar{v} = \dfrac{\Delta x}{\Delta t}$, lle Δx yw'r dadleoliad, sef yr 'arwynebedd' negatif, A_2. Mae A_2 yn arwynebedd trapesiwm:

$\Delta x = A_2 = \frac{1}{2}(10 + 5) \times 6 = -45$ (edrychwch ar Ffig. 1.2.5)

$\therefore \bar{v} = \dfrac{\Delta x}{\Delta t} = \dfrac{-45 \text{ m}}{10 \text{ s}} = -4.5 \text{ m s}^{-1}$

Sylwch na fyddai unrhyw beth o'i le mewn arholiad ar gyfrifo A_2 i fod yn +45 m, neu'r cyflymder cymedrig yn 4.5 m s^{-1}, ac yna ychwanegu sylw i ddweud ei fod yn y cyfeiriad negatif (neu wrthdro).

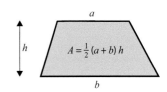

Ffig. 1.2.5 Arwynebedd trapesiwm

(c) Graffiau cyflymiad–amser (*a–t*)

Enghraifft

Heb unrhyw gyfrifiadau, brasluniwch graff cyflymiad–amser ar gyfer y mudiant a ddangosir yn Ffig. 1.2.4.

Ateb (gweler 'Cofiwch')

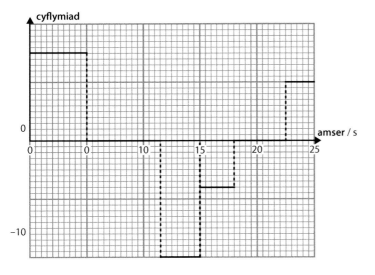

Ffig. 1.2.6 Graff cyflymiad–amser

>> **Cofiwch**
Ni chaiff graffiau cyflymiad–amser eu crybwyll yn benodol yn y fanyleb. Fodd bynnag, nid oes unrhyw reswm pam na all yr arholwr ofyn i chi luniadu un.

>> **Cofiwch**
Mae'r llinellau toredig fertigol ar y grid *a–t* yn dangos lle mae'r cyflymiad yn newid. Nid yw gwerthoedd y cyflymiad wedi'u cyfrifo.

cwestiwn cyflym

⑦ Cyfrifwch werthoedd y cyflymiad a ddangosir yn Ffig. 1.2.4, a defnyddiwch nhw i ail-lunio Ffig. 1.2.6.

1.2.3 Hafaliadau cinemateg cyflymiad cyson

Cofiwch fod yr hafaliadau hyn ddim ond yn ddilys ar gyfer cyflymiad cyson. Bydd rhaid i chi allu eu deillio yn ogystal â'u defnyddio.

(a) Deillio'r hafaliadau

Mae'r un cyntaf yn codi fwy neu lai'n uniongyrchol o ddiffiniad cyflymiad:

Drwy ddiffiniad, mae: $a = \dfrac{v - u}{t}$, felly, drwy ad-drefnu, mae $at = v - u$,

$\therefore v = u + at.$ [1]

Sylwch ein bod yn tybio bod yr amser yn dechrau ar 0, felly mae $\Delta t = t$, sef yr amser a gymerwyd.

Nesaf, rhaid cael graff v–t ar gyfer cyflymiad cyson: Ffig. 1.2.7(a)

Y dadleoliad, x, yw arwynebedd y trapesiwm

$\therefore$ Gan ddefnyddio fformiwla'r trapesiwm:

$$x = \tfrac{1}{2}(u + v)t \qquad [2]$$

Os ydym yn rhannu'r arwynebedd fel yn Ffig. 1.2.7(b), gallwn gyfrifo'r dadleoliad mewn ffordd wahanol:

$$x = A_1 + A_2$$

lle mae A_1 yn betryal ac mae A_2 yn driongl:

$$A_1 = ut$$
$$A_2 = \tfrac{1}{2}\text{ sail} \times \text{uchder}$$
$$= \tfrac{1}{2}t \times (v - u)$$

Ond, o [1],

mae $A_2 = \tfrac{1}{2}t \times at = \tfrac{1}{2}at^2$

$\therefore$ mae $x = ut + \tfrac{1}{2}at^2$ [3]

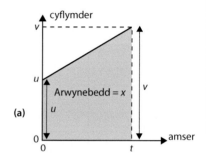
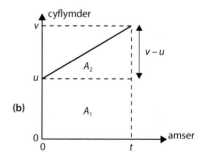

Ffig. 1.2.7 Deillio hafaliadau mudiant o graff v-t

Mae angen defnyddio rhagor o algebra i ddeillio hafaliad [4]:

Dechreuwch gyda hafaliad [1], a'i ad-drefnu: $t = \dfrac{v - u}{a}$

Yna amnewidiwch t yn un o'r hafaliadau eraill: [2] yw'r mwyaf hawdd, ac

mae'n rhoi: $x = \tfrac{1}{2}\dfrac{(u + v)(v - u)}{a}$

Mae lluosi â $2a$ ac yna lluosi'r cromfachau yn rhoi: $2ax = v^2 - u^2$

$\therefore$ Drwy wneud v^2 yn destun, cawn fod: $v^2 = u^2 + 2ax$ [4]

---

cwestiwn cyflym

⑧

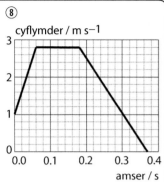

O'r graff v–t uchod:

(a) Lluniadwch graff cyflymiad–amser.

(b) Cyfrifwch gyfanswm y dadleoliad.

⟫ **Cofiwch**

Mae'r deilliant
$v^2 = u^2 + 2ax$
yn defnyddio'r ehangiad safonol
$(a + b)(a - b) = a^2 - b^2$.
Os nad ydych chi'n deall pam mae hyn yn wir, rhowch gynnig ar luosi'r cromfachau eich hun.

Gwella gradd

Os ydych chi'n hoff o algebra, rhowch gynnig ar ddeillio'r hafaliad:

$x = vt - \tfrac{1}{2}at^2$

Nid yw'r hafaliad hwn yn y Llyfryn Data, ond mae'n gallu bod yn ddefnyddiol weithiau.

(b) Defnyddio'r hafaliadau

Mae'r hafaliadau'n cysylltu'r newidynnau x, u, v, a a t. Sylwch fod pob un o'r pedwar hafaliad yn cynnwys pedwar o'r rhain, h.y. mae un ar goll ym mhob un. Bydd yr arholwr fel arfer yn rhoi gwerthoedd tri o'r rhain i chi ac yn gofyn i chi gyfrifo'r pedwerydd – defnyddiwch yr hafaliad sy'n cynnwys y pedwar newidyn hyn yn unig.

Er enghraifft: mae'r arholwr yn dweud bod car yn cyflymu o ddisymudedd ($u = 0$) i gyflymder (v) mewn amser penodol (t), ac mae'n gofyn i chi gyfrifo'r dadleoliad (x). Defnyddiwch yr hafaliad sy'n cynnwys x, u, v a t, h.y. $x = \frac{1}{2}(u + v)t$. Byddech yn defnyddio'r un hafaliad petaech wedi cael gwerth x a bod angen cyfrifo t.

Enghreifftiau

1. Mae car fformiwla 1 yn arafu'n gyson o 100 m s⁻¹ i ddisymudedd mewn 175 m. Cyfrifwch yr amser a gymerodd y car i stopio.

2. Cyfrifwch ddadleoliad llong ofod wrth iddi gyflymu 1.5 m s⁻² o gyflymder o 15 km s⁻¹ i 18 km s⁻¹.

Atebion

1. Gan ddefnyddio $x = \frac{1}{2}(u + v)t$

   Gwnewch t yn destun $\rightarrow t = \dfrac{2x}{u + v}$

   $\therefore$ Mae'r amser, $t = \dfrac{2 \times 175 \text{ m}}{(100 + 0) \text{ m s}^{-1}} = 3.5$ s

$x = 175$ m	$v = 0$
$u = 100$ m s⁻¹	$t = ?$

2. Gan ddefnyddio $v^2 = u^2 + 2ax$

   Mae $18\,000^2 = 15\,000^2 + 2 \times 1.5x$

   $\therefore$ mae $3.24 \times 10^8 = 2.25 \times 10^8 + 3x$

   $\therefore$ mae $x = \dfrac{3.24 \times 10^8 - 2.25 \times 10^8}{3}$ m $= 3.3 \times 10^7$ m

   h.y. mae'r dadleoliad $= 33\,000$ km

$x = ?$
$a = 1.5$ m s⁻²
$u = 15$ km s⁻¹
$v = 18$ km s⁻¹

Defnyddio'r fformiwla gwadratig

Oni bai bod $u = 0$, mae defnyddio hafaliad 3, $x = ut + \frac{1}{2}at^2$, i gyfrifo t yn gofyn am ddefnyddio'r fformiwla gwadratig. Fel arfer, mae'r fformiwla hon yn rhoi dau ateb (neu ddim un!) ac felly bydd rhaid i chi ddewis yr un priodol.

Enghraifft

Faint o amser mae'n ei gymryd i drên â chyflymder cychwynnol o 10 m s⁻¹ deithio 500 m os yw'n cyflymu 2.5 m s⁻²?

$x = 500$ m	$u = 10$ m s⁻¹
$a = 1.5$ m s⁻²	$t = ?$

Ateb

Gan ddefnyddio $x = ut + \frac{1}{2}at^2$, mae $500 = 10t + 1.25t^2$

Gan ad-drefnu, mae: $1.25t^2 + 10t - 500 = 0$

$\therefore$ mae $t = \dfrac{-10 \pm \sqrt{100 + 2500}}{2.5} = -61$ s neu 41 s – pa un sy'n gywir?

Gweler 'Cofiwch'.

Cofiwch
Mae arholwyr yn aml yn nodi bod gwrthrych yn cyflymu 'o ddisymudedd'. Mae hyn yn golygu bod y cyflymder cychwynnol, $u = 0$.

Gwella gradd
Wrth ateb cwestiynau, rhestrwch y newidynnau hysbys a nodwch y rhai y mae'n rhaid i chi eu cyfrifo.

Cofiwch
Eich dewis chi fydd naill ai ad-drefnu'r hafaliad algebraidd (fel yn ateb 1) neu fewnosod y data yn gyntaf (ateb 2).

Gwella gradd
Yn Enghraifft 2, nid oes dim byd o'i le ar weithio mewn km. Yn yr achos hwn mae $a = 0.0015$ km s⁻², felly cawn fod $18^2 = 15^2 + 2 \times 0.0015x$, sy'n arwain at

$x = \dfrac{324 - 225}{0.003}$ km $= 33\,000$ km.

Cofiwch
Yn yr achos hwn, mae'n amlwg nad yw'r amser o −61 s yn gallu bod yn gywir, felly rhaid mai 41 s yw'r ateb. Weithiau, mae penderfynu'n gallu bod ychydig yn fwy anodd. Gweler yr adran nesaf.

Gwella gradd

Chwiliwch am osodiad yr arholwr, 'gan anwybyddu gwrthiant aer' neu 'mae gwrthiant aer yn ddibwys'. Yn yr achos hwn, 9.81 m s^{-2} yw'r cyflymiad i lawr.

Term allweddol

Cyflymiad disgyrchiant yw cyflymiad gwrthrych sy'n disgyn yn rhydd, h.y. gwrthrych â dim ond disgyrchiant yn gweithredu arno.

cwestiwn cyflym

⑨ Caiff pêl rwyd ei gollwng o ddisymudedd o uchder o 15 m. Cyfrifwch ei chyflymder pan mae'n taro'r ddaear. (Nodwch: mae'r algebra yn rhoi dau ateb. Gwnewch sylw ar ba un sy'n gywir.)

Gwella gradd

Ar y pwynt uchaf, mae cyflymder = 0 gan y bêl griced. I gyfrifo'r uchder hwn, rhowch $v = 0$ a defnyddiwch $v^2 = u^2 + 2ax$. Dylech allu dangos mai 22.7 m yw'r uchder mwyaf.

cwestiwn cyflym

⑩ Ar gyfer y bêl griced:
  (a) Cyfrifwch yr amser pan mae'r bêl griced 15.0 m uwchben y ddaear. Pam rydych chi'n cael dau ateb?
  (b) Pam na allwch ddarganfod yr amser pan mae'r bêl 25 m uwchben y ddaear?

1.2.4 Disgyn yn fertigol dan ddisgyrchiant

(a) Heb wrthiant aer

Yn yr hafaliadau hyn (os ydynt yn ymwneud â'r Ddaear), ni fyddwch yn cael gwybod y cyflymiad yn y cwestiwn, gan y bydd bob amser yn **gyflymiad disgyrchiant** (neu'n gyflymiad *disgyn yn rhydd*). Mae'r Llyfryn Data yn nodi mai 9.81 m s^{-2} yw hwn. Gallwch gymhwyso'r hafaliadau cyflymiad cyson sydd yn Adran 1.2.3.

Yn aml mae cwestiynau'n cynnwys mudiant i fyny yn ogystal ag i lawr, felly mae'n rhaid bod yn ofalus ynghylch cyfeiriadau. Wrth ateb cwestiwn, rydym yn diffinio naill ai i fyny neu i lawr (nid oes gwahaniaeth pa un) yn gyfeiriad positif. Os yw i fyny yn bositif:

- Mae'r cyflymiad $= -g = -9.81$ m s^{-2}.
- Mae'r cyflymderau i lawr yn negatif.
- Mae dadleoliad positif gan safleoedd sydd uwchben y lefel gychwynnol; mae dadleoliad negatif gan bwyntiau sydd o dani.

Pan mae'r cyfeiriad bob amser i lawr (gweler 'Cwestiwn cyflym 9'), cymerwch i lawr fel y positif, heb wneud sylw.

Enghraifft

Caiff pêl griced ei tharo i fyny'n fertigol ar fuanedd o 22 m s^{-1}. Cyfrifwch ei huchder ar ôl 2.0 s.

Ateb

Gan gymryd bod i fyny yn bositif:

Gan ddefnyddio $x = ut + \frac{1}{2}at^2$, mae $x = 22 \times 2 - \frac{1}{2} \times 9.81 \times 2^2$.

∴ mae $x = 24.4$ m

Felly mae'r uchder yn 24.4 m.

> $x = ?$
> $g = -9.81$ m s^{-2}
> $u = 22$ m s^{-1}
> $t = 2.0$ s

(b) Gyda gwrthiant aer – cyflymder terfynol

Mae gwrthiant aer (llusgiad) yn dibynnu ar y cyflymder drwy'r aer – y cyflymaf rydych yn mynd, y mwyaf yw'r llusgiad. Mae hyn yn golygu nad yw'r grym cydeffaith na'r cyflymiad yn gyson, felly nid ydym yn gallu defnyddio'r hafaliadau mudiant sydd yn Adran 1.2.3. Nid yw'r cwestiynau a gewch, mewn egwyddor, yn anoddach na'r rhai ar lefel TGAU, ond bydd yr arholwr yn disgwyl mwy o eglurder yn eich atebion!

Hen ffefryn gan yr arholwr yw'r parasiwtydd neu'r plymiwr awyr sy'n disgyn yn rhydd. Mae Ffig. 1.2.8 yn rhoi graff v–t nodweddiadol, gydag anodiadau:

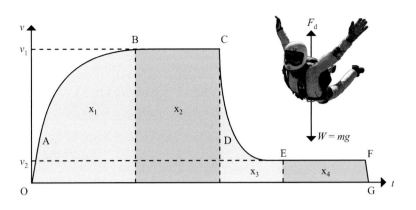

Ffig. 1.2.8 Graff v–t ar gyfer plymiwr awyr

Gofalwch eich bod yn gallu ateb y cwestiynau yn 'Gwella gradd' (gweler 'Cwestiynau ychwanegol').

1.2.5 Taflegrau – mudiant balistig

Mae'r cylchoedd du yn Ffig. 1.2.9 yn cynrychioli mudiant gwrthrych sy'n cael ei daflu'n llorweddol ac sydd wedyn yn symud yn rhydd (h.y. dim gwthiad a dim gwrthiant aer) dan ddisgyrchiant.

mudiant llorweddol unffurf

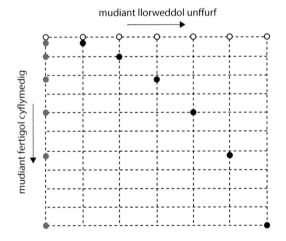

Allwedd

○ Mudiant llorweddol
● Mudiant fertigol
● Mudiant cyfunol

Ffig. 1.2.9 Annibyniaeth mudiant llorweddol a fertigol

Mae'r diagram yn dangos ein bod yn gallu ystyried bod y mudiant yn cynnwys dau fudiant annibynnol:

- Cyflymder llorweddol unffurf.
- Cyflymiad fertigol unffurf (= g).

Y cwestiynau mwyaf hawdd ar daflegrau yw'r rheini lle mae'r ongl daflu yn sero. Mae'r enghraifft ganlynol yn dangos sut rydym yn trin y mudiannau llorweddol a fertigol ar wahân:

≫ *Cofiwch*

Yn aml iawn, mae pobl yn defnyddio y ar gyfer y dadleoliad fertigol wrth ymdrin â thaflegrau, ac x ar gyfer y dadleoliad llorweddol. Mae ysgrifennu g ar gyfer y cyflymiad (neu $-g$ os yw i fyny yn bositif) hefyd yn gyffredin.

cwestiwn cyflym

⑫ Defnyddiwch y ddau ddull i gyfrifo cyflymder y garreg wrth iddi daro'r môr.

Enghraifft

Caiff carreg ei thaflu'n llorweddol ar 30 m s⁻¹ o ben clogwyn 50 m o uchder. Cyfrifwch lle bydd y garreg yn mynd i'r môr.

Ateb

Mudiant fertigol: Cyflymder cychwynnol = 0. Tybiwn fod i lawr yn bositif.

I gyfrifo'r amser a gymerwyd i ddisgyn 50 m:

Gan ddefnyddio $y = u_y t + \frac{1}{2}gt^2$ (gweler 'Cofiwch')

Yna mae $50 = 0 + \frac{1}{2} \times 9.81t^2$ ∴ mae $t = \sqrt{\dfrac{2 \times 50}{9.81}} = 3.193$ s

$$u_y = 0$$
$$y = 50 \text{ m}$$
$$a = 9.81 \text{ m s}^{-2}$$
$$t = ?$$

Mudiant llorweddol: Cyflymder cyson o 30 m s⁻¹

∴ Mae'r pellter o'r clogwyn = buanedd × amser = 30 m s⁻¹ × 3.193 s = 96 m (2 ff.y.)

Os yw'r cwestiwn yn gofyn am gyflymder y garreg wrth iddi daro'r dŵr, yna gallech wneud y canlynol:

- Defnyddio'r amser yr ydych wedi'i gyfrifo (uchod), yn ogystal â $v_y = u_y + gt$, i gyfrifo'r cyflymder fertigol, **neu**
- Defnyddio $v^2 = u^2 + 2gy$ i gyfrifo'r cyflymder fertigol, **yna**
- Cyfuno v_x a v_y i ddarganfod y cyflymder cydeffaith (gan gofio cyfrifo'r cyfeiriad) (gweler 'Cwestiwn cyflym 10').

Cwestiwn UG safonol

Mae'r cwestiwn hwn yn eithaf anodd yn fwriadol. Yn aml, bydd yr arholwr yn ei rannu'n dameidiau hawdd eu trin!

≫ *Cofiwch*

Os ydych chi'n nerfus ynghylch defnyddio'r fformiwla gwadratig, triwch y dull hwn:

1. Darganfyddwch u_x ac u_y, fel sydd yn yr enghraifft.
2. Darganfyddwch y cyflymder fertigol wrth iddi daro'r llawr drwy ddefnyddio
$v^2 = u^2 + 2ax$
$(v_y^2 = u_y^2 - 2gy)$
ar gyfer $y = -1.99$ m, gan gofio dewis y datrysiad negatif.
3. Darganfyddwch yr amser y mae'n taro'r ddaear drwy ddefnyddio:
$v_y = u_y - gt$.

Enghraifft

Mae taflwr pwysau yn hyrddio'r pwysau o uchder o 1.99 m, fel y dangosir. Cyfrifwch y pellter llorweddol y mae'r pwysau yn ei deithio cyn glanio.

Ffig. 1.2.10 Y taflwr pwysau

12.6 m s⁻¹

32°

1.99 m

Ateb

Y peth cyntaf y mae'n rhaid i ni ei wneud yw cydrannu'r cyflymder cychwynnol, u, yn gydrannau llorweddol a fertigol, u_x ac u_y. Yna, gallwn drin y mudiant llorweddol a'r mudiant fertigol ar wahân, fel yn yr enghraifft flaenorol.

1. Gan gymryd bod i fyny yn bositif, mae
$u_x = 12.6 \cos 32° = 10.69$ m s⁻¹; $u_y = 12.6 \sin 32° = 6.68$ m s⁻¹.

2. **Mudiant fertigol**:

Mae'r pwysau'n taro'r ddaear pan mae $y = -1.99$ m

Gan ddefnyddio: $y = u_yt - \frac{1}{2}gt^2$, $-1.99 = 6.68t - 4.905t^2$

Gan ad-drefnu: $4.905t^2 - 6.68t - 4.905t^2 = 0$

$$\therefore \text{ mae } t = \frac{6.8 \pm \sqrt{6.68^2 + 4 \times 4.905 \times 1.99}}{9.81} = 1.614 \text{ s neu } -0.252 \text{ s}$$

Gan anwybyddu'r datrysiad negatif → mae'r amser i daro'r llawr = 1.614 s

3. Mae'r cyrhaeddiad **llorweddol** $= u_xt = 10.69$ m s^{-1} × 1.614 s = 17.3 m

$$\boxed{\begin{array}{l} a = -g \\ y = -1.99 \text{ m} \\ u_y = 6.68 \text{ m s}^{-1} \\ t = ? \end{array}}$$

cwestiwn cyflym

⑬ Defnyddiwch y dull sydd yn yr adran 'Cofiwch' i ddatrys problem y taflwr pwysau.

1.2.6 Gwaith ymarferol penodol – mesur g drwy ddisgyn yn rhydd

Y dull mwyaf hawdd yw gollwng gwrthrych bach, trwm oddi ar adeilad tal a mesur yr amser y mae'n ei gymryd i gyrraedd y llawr – gweler Ffig. 1.2.11. Dangosodd Galileo fod gan bob gwrthrych bach, trwm, yr un cyflymiad yn absenoldeb gwrthiant aer, felly mae'r màs penodol yn ddibwys.

Mesuriadau:

1. Yr uchder fertigol, h, gan ddefnyddio tâp mesur neu fesurydd laser.

2. Yr amser disgyn, t, gan ddefnyddio stopwatsh. I wella'r manwl gywirdeb, mae angen system signalau, e.e. defnyddio baneri.

Y dadansoddiad:

Gan ddefnyddio: $x = ut + \frac{1}{2}at^2$, gydag $x = h$, $a = g$ ac $u = 0$

$$\therefore \text{ mae } h = \frac{1}{2}gt^2 \rightarrow g = \frac{2h}{t^2}.$$

Ffig. 1.2.11 Ffordd newydd o ddefnyddio Tŵr Cam Pisa

Y broblem gyda'r dechneg hon, hyd yn oed ar gyfer adeilad 20 m o uchder, yw bod yr amser disgyn ~2 s. Bydd angen tua 45 m i gael amser disgyn o 3 s. Felly, rydym yn troi at electroneg i'n helpu:

Mae Ffig. 1.2.12 yn dangos cyfarpar i gofnodi amser disgyn pelferyn dur (*steel ball bearing*). Mae'r switsh sy'n diffodd yr electromagnet hefyd yn dechrau'r amserydd. Mae'r amserydd, sy'n cofnodi'r amser disgyn i ±0.01 s, yn stopio pan mae'r bêl yn taro'r fflap. Os caiff y bêl ei gollwng o gyfres o uchderau gwahanol hyd at ~70 cm (dyweder 20, 30 ... 70), ac os caiff graff o h yn erbyn t^2 ei lunio, bydd y graddiant yn $g/2$ (felly, mae g yn 2 × y graddiant).

Nodwch: Yn nodweddiadol, mae'r electromagnet yn cymryd ychydig centieiliadau i ryddhau'r bêl. Dylech allu dangos, yn yr achos hwn, na fydd graff h yn erbyn t^2 yn llinell syth, ond y bydd graff o $\sqrt{h}$ yn erbyn t yn llinell syth – gyda graddiant o $\sqrt{\frac{1}{2}g}$, a rhyngdoriad positif ar yr echelin t.

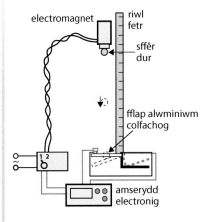

Ffig. 1.2.12 Gwell dull

Cwestiynau ychwanegol

1. Mae'r graff cyflymder–amser ar gyfer car, màs 800 kg, sy'n gyrru rhwng dwy set o oleuadau traffig.

   Darganfyddwch:

   (a) Y cyflymiad cychwynnol.

   (b) Cyfanswm pellter y symudiad.

   (c) Y cyflymder cymedrig.

   (ch) Y grym cydeffaith mwyaf ar y car.

2. Ar gyfer y graff dadleoliad–amser yn Ffig. 1.2.3:

   (a) Nodwch y cyfwng amser y mae'r graff x–t yn dangos y buanedd uchaf ar ei gyfer.

   (b) Cyfrifwch y buanedd uchaf a ddangosir.

   (c) Cyfrifwch y cyflymiad cymedrig rhwng 2.0 s a 6.0 s.

3. Ar gyfer y graff cyflymder–amser yn Ffig. 1.2.4:

   (a) Nodwch yr amserau y mae'r cyflymder yn sero.

   (b) Darganfyddwch gyfanswm yr amser pan fydd (i) y buanedd a (ii) y cyflymder yn llai na 10 m s^{-1}.

   (c) Cyfrifwch y cyflymder cymedrig ar gyfer y daith gyfan.

4. Ar gyfer graff v–t y plymiwr awyr yn Ffig. 1.2.8:

   (a) Nodwch arwyddocâd yr arwynebeddau $x_1 - x_4$.

   (b) Beth yw graddiant y graff cyflymder–amser yn O, yn Ffig 1.2.8?

   (c) Esboniwch siâp y graff rhwng C ac G.

   (ch) 4.5 m s^{-2} yw graddiant y graff cyflymder–amser ar gyfer y plymiwr awyr 80 kg, ar ennyd penodol rhwng A a B. Darganfyddwch y grym llusgiad ar y plymiwr awyr ar yr ennyd hwn.

5. Caiff pêl griced ei tharo 24.7 m s^{-1} ar ongl o 45° i'r llorwedd. Gan dybio eich bod yn gallu anwybyddu gwrthiant aer, a bod uchder cychwynnol y bêl yn ddibwys, cyfrifwch:

   (a) Cydrannau llorweddol a fertigol cychwynnol y cyflymder.

   (b) Yr uchder mwyaf y mae'r bêl griced yn ei gyrraedd.

   (c) Y pellter llorweddol y mae'r bêl yn ei deithio cyn iddi daro'r ddaear.

6. Os yw'r bêl griced yng nghwestiwn 5 yn taro wal fertigol adeilad 3.0 s ar ôl cael ei tharo, cyfrifwch:

   (a) Ei buanedd pan mae'n taro'r wal.

   (b) Ei huchder uwchben y ddaear pan mae'n taro'r wal.

1.3 Dynameg

Mae'r rhan hon o'r cwrs Ffiseg Safon Uwch yn seiliedig ar ddeddfau mudiant Newton. Mae'r rhain yn ymwneud â gweithrediad grymoedd ar wrthrychau. Dyma grynodeb ohonynt:

1. Bydd cyflymder corff yn gyson oni bai bod grym yn gweithredu arno.
2. Mae cyfradd newid **momentwm** corff mewn cyfrannedd union â'r grym cydeffaith sy'n gweithredu arno.
3. Os yw corff **A** yn rhoi grym ar gorff **B**, yna mae **B** yn rhoi grym hafal a dirgroes ar **A**.

Yn aml, cyfeirir yn gryno at y deddfau hyn fel N1, N2 ac N3.

1.3.1 Cysyniad grym

Mae deddf gyntaf Newton (N1) yn datgan, er mawr syndod, bod gwrthrychau'n parhau i symud mewn llinell syth â chyflymder cyson oni bai bod rhywbeth yn achosi iddynt newid yr ymddygiad hwn. Mae hyn y tu hwnt i'n profiad bob dydd ni, oherwydd mae ffrithiant, gwrthiant aer neu rymoedd afradlon eraill bob amser yn bresennol i'n harafu.

Mae'r trac aer yn gyfarpar lle mae'r 'teithiwr' (*rider*) yn arnofio ar glustog o aer. Mae hwn yn lleihau'r ffrithiant i lefel isel iawn, a dim ond yn raddol iawn y bydd y 'teithiwr' yn arafu.

~ buanedd cyson

Ffig. 1.3.1 Trac aer

Felly, os ydym yn gweld gwrthrych yn cyflymu, yn arafu, neu'n newid cyfeiriad, gallwn ddweud, 'Aha! Mae **grym** ar waith yma.' Gan ragweld N2, cyfeiriad y grym yw cyfeiriad y newid cyflymder. Dylem hefyd allu enwi'r gwrthrych sy'n rhoi'r grym.

Profwch eich hun

Enwch ffynhonnell y grym ar X, ynghyd â'i gyfeiriad, yn y diagramau canlynol. Mae'r saethau'n dangos cyfeiriad mudiant X.

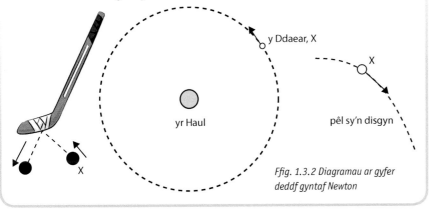

y Ddaear, X

X

yr Haul

pêl sy'n disgyn

X

Ffig. 1.3.2 Diagramau ar gyfer deddf gyntaf Newton

> **Term allweddol**
> Diffiniad **momentwm** corff yw mv, lle m yw ei fâs a v yw ei gyflymder.

> **» Cofiwch**
> Gallai car sy'n gyrru at dro ar ffordd rewllyd ddioddef o ganlyniad i N1. Heb afael ffrithiant y teiars, byddai'n gyrru'n syth yn ei flaen!

> **Term allweddol**
> **Grym** yw'r effaith honno sy'n newid (neu'n tueddu i newid)* cyflymder corff.
>
> *Yn aml, mae mwy nag un grym yn gweithredu. Os ydynt mewn ecwilibriwm, ni fydd y cyflymder yn newid.

> **Gwella gradd**
> Weithiau, mae'n anodd i fyfyrwyr enwi'r parau o rymoedd yn N3, ond mae'n haws nag y byddech yn ei feddwl. Cyfnewidiwch y gwrthrychau a dywedwch, 'hafal a dirgroes', e.e. mae **tractor** yn tynnu **trelar** – felly, ei rym pâr yw 'mae **trelar** yn tynnu **tractor** â grym hafal a dirgroes'.

cwestiwn cyflym

① Disgrifiwch y grymoedd N3 sy'n 'hafal a dirgroes' i'r rheini sydd i'w gweld yn y diagram.

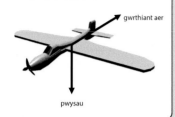

cwestiwn cyflym

② Enwch y grymoedd sy'n gweithredu ar y plymiwr awyr, yn ogystal â'r grymoedd N3 hafal a dirgroes:

≫ Cofiwch

Peidiwch â chyfeirio at y grym cyffwrdd normal fel yr adwaith normal. Mae hyn yn swnio fel ffordd wael o fynegi N3.

cwestiwn cyflym

③ Yn 'Cwestiwn cyflym 2', gan dybio bod y plymiwr awyr wedi cyrraedd cyflymder terfynol, pa rymoedd sy'n hafal ac yn ddirgroes, ond heb fod yn barau N3? Esboniwch.

cwestiwn cyflym

④ Enwch y grymoedd pâr N3 yn system yr Haul/y Ddaear yn Ffig. 1.3.2.

1.3.2 Trydedd ddeddf mudiant Newton

Ym mhob un o'r sefyllfaoedd blaenorol, mae dau wrthrych: ffon a phêl; Haul a Daear; pêl a Daear. Mae hyn yn wir bob tro: mae'r ffon hoci yn rhoi grym ar y bêl (F_1), ac mae'r bêl yn rhoi grym (F_2) ar y ffon hoci. Mae N3 yn dweud wrthym fod y grymoedd hyn yn hafal ac yn ddirgroes, h.y. mae $F_2 = -F_1$.

Rhag ofn nad ydych yn credu bod y grym hwn, F_2, yn bodoli, edrychwch ar y tolciau yn yr hen ffon hoci hon.

Os hoffech weld enghraifft gyflym arall o N3, rhowch gic i wal frics. Bydd eich troed yn rhoi grym ar y wal (gallai hyd yn oed wneud ychydig o ddifrod), a bydd y wal yn rhoi grym ar eich troed (sy'n esbonio'r boen).

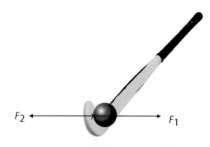

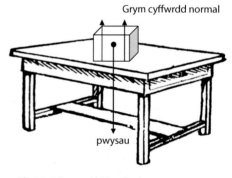

Ffig. 1.3.3 Effaith N3 ar ffon hoci!

Enghraifft

Mae blwch ar fwrdd. Nodwch y grym N3 sy'n hafal a dirgroes i'r ddau rym sydd wedi'u henwi (y pwysau a'r grym cyffwrdd normal) yn Ffig. 1.3.4.

Ateb

Y pwysau yw'r grym disgyrchiant y mae'r Ddaear yn ei roi ar y blwch. Felly, y grym 'hafal a dirgroes' i hwn yw'r

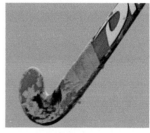

Ffig 1.3.4 Grymoedd N3 ar flwch

grym disgyrchiant y mae'r blwch yn ei roi ar y Ddaear, h.y. os yw'r blwch yn pwyso 10 N, mae'n tynnu'r Ddaear i fyny â grym o 10 N!

Y grym cyffwrdd normal yw'r grym i fyny y mae'r bwrdd yn ei roi ar y blwch. Felly, y grym hafal a dirgroes i hwn yw'r grym i lawr y mae'r blwch yn ei roi ar y bwrdd. Mae'r ddau rym hyn yn rymoedd electromagnetig sy'n deillio oherwydd bod yr atomau yn arwynebau'r blwch a'r bwrdd yn cael eu cywasgu ychydig.

Rhybudd: Mae rhai grymoedd yn hafal a dirgroes, ond nid ydynt yn barau trydedd ddeddf Newton. Felly, **peidiwch â gwneud y camgymeriad canlynol**:

Mae'r pwysau'n hafal ac yn ddirgroes i'r grym cyffwrdd normal, felly maen nhw'n bâr o rymoedd hafal a dirgroes N3.

Efallai fod hyn yn ymddangos yn synhwyrol i ddechrau, ond mae'n anghywir! Mae tair rheol y mae'n rhaid ufuddhau iddynt:

1. Mae'r grymoedd yn gweithredu ar gyrff gwahanol [ond mae'r pwysau a'r grym cyffwrdd yn gweithredu ar yr un corff yn yr enghraifft].
2. Mae'r grymoedd yn hafal ac mewn cyfeiriadau dirgroes.
3. Mae'r grymoedd o'r un math, e.e. mae'r ddau yn rymoedd disgyrchiant [mae'n amlwg nad yw hyn yn wir ar gyfer y grym cyffwrdd normal a'r pwysau yn yr enghraifft].

1.3.3 Diagramau cyrff rhydd

Ystyriwch y system (ychydig yn artiffisial) o fwrdd a blwch sydd yn Ffig. 1.3.5(a). Os ydym am enwi'r rhyngweithiadau rhwng y blwch a'r gwrthrychau eraill sydd i'w gweld, bydd sawl un o'r grymoedd ar ben ei gilydd. Mae **diagramau cyrff rhydd**, lle mae'r gwrthrychau perthnasol wedi'u gwahanu, yn ein helpu i fynd i'r afael â hyn.

Yma, mae'r blwch a'r bwrdd wedi eu gwahanu, felly mae'r grymoedd sy'n gweithredu ar y naill a'r llall wedi eu gwahanu'n glir. Mae gwneud pethau fel hyn yn helpu i enwi'r parau N3.

- Mae'n amlwg mai'r bwrdd sy'n rhoi'r grym cyffwrdd, C, ar y blwch, felly rhaid bod grym hafal a dirgroes ($-C$) ar y bwrdd. Nid oes gwahaniaeth pa un o'r pâr rydych yn ei ystyried gyntaf – mae'r ddau yn digwydd ar yr un pryd.
- Mae'r grym ffrithiant, F, y mae'r bwrdd yn ei roi, yn atal y blwch rhag llithro i lawr. Felly, rhaid bod grym hafal a dirgroes ar y bwrdd ($-F$).
- Pwysau (W) y blwch yw grym disgyrchiant y Ddaear ar y blwch. Nid yw'r pâr N3 wedi'i ddangos yma gan ei fod yn gweithredu ar y Ddaear gyfan.

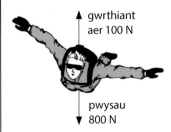

(a)

grym cyffwrdd, C

ffrithiant, F

(b)

$W = mg$

ffrithiant, $-F$

grym cyffwrdd, $-C$

(c)

Ffig. 1.3.5 Diagramau cyrff rhydd

Enghraifft

Mae Ffig. 1.3.6(a) yn dangos plymiwr awyr bron ar ddiwedd ei ddisgyniad. Enwch y grymoedd o bwys ar y parasiwt (p) a'r plymiwr awyr (pa) drwy lunio diagramau cyrff rhydd. Nodwch berthnasoedd rhwng y grymoedd gan dybio bod y plymiwr awyr wedi cyrraedd y cyflymder terfynol.

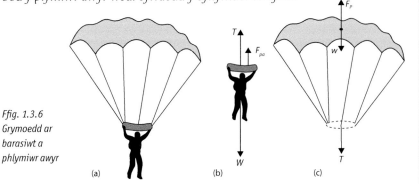

Ffig. 1.3.6 Grymoedd ar barasiwt a phlymiwr awyr

(a)   (b)   (c)

cwestiwn cyflym

⑤ Mae N3 *bob amser* yn ddilys – nid dim ond pan fydd gwrthrychau mewn ecwilibriwm.

gwrthiant aer 100 N

pwysau 800 N

Mae'r grymoedd sy'n gweithredu ar y plymiwr awyr fel y dangosir. Enwch y partneriaid N3, y gwrthrychau y maen nhw'n gweithredu arnynt, eu meintiau a'u cyfeiriadau.

Ar y plymiwr awyr – Ffig. 1.3.6(b):

W = pwysau'r plymiwr awyr; F_{pa} = gwrthiant aer ar y plymiwr awyr;

T = grym cynnal y mae'r tyniant yn llinynnau'r parasiwt yn ei ddarparu.

$$W = T + F_{pa} \qquad (1)$$

Ar y parasiwt – Ffig 1.3.6(c):

w = pwysau'r parasiwt; T = y grym y mae'r plymiwr awyr yn ei roi ar y parasiwt;

F_p = gwrthiant aer ar y parasiwt.

$$T + w = F_p \qquad (2)$$

O (1) a (2), mae $W + w = F_p + F_{pa}$.

1.3.4 Grym a momentwm

Mae $p = mv$ yn diffinio momentwm llinol corff, p.

Felly, uned momentwm yw kg m s^{-1}. Uned arall yw N s (mae'r esboniad am hyn isod).

Mae deddf gyntaf ac ail ddeddf Newton (N1 ac N2) yn dweud wrthym bod grym yn achosi newid momentwm cyfrannol mewn corff. Felly, os yw momentwm corff yn newid, mae

$$F = k\frac{\Delta p}{\Delta t} = k\frac{\Delta (mv)}{\Delta t},$$

yn rhoi'r grym cydeffaith, F, arno, lle mae k yn gysonyn. Yn ein system unedau, SI, rydym yn diffinio'r uned grym, y newton (N), fel mai 1 yn union yw gwerth k. Gan hynny, mewn SI, mae

$$F = \frac{\Delta p}{\Delta t} = \frac{\Delta (mv)}{\Delta t}.$$

Mae'r berthynas hon yn esbonio defnyddio N s yn uned momentwm. Mae $\Delta p = F\Delta t$, felly uned p (fel uned Δp) yw lluoswm uned F ac uned t.

Enghraifft

Mae gwn yn chwistrellu ffrwd o ddŵr, arwynebedd trawstoriadol 5 mm^2 [= 5×10^{-6} m^2], ar fuanedd o 30 m s^{-1}. Cyfrifwch y grym y mae'r gwn yn ei roi ar y dŵr. [$\rho_{dŵr}$ = 1000 kg m^{-3}]

Ffig. 1.3.7 Grym ar ffrwd o ddŵr

Ateb

Ystyriwch amser o 1 s:

Mae cyfaint, V, y dŵr a yrrir allan = $5 \times 10^{-6} \times 30 = 1.5 \times 10^{-4}$ m^3.

∴ mae màs y dŵr a yrrir allan = $\rho V = 1000 \times 1.5 \times 10^{-4} = 0.15$ kg

Mae'r dŵr yn dechrau â momentwm 0.

∴ mae newid momentwm y dŵr mewn 1 s = $0.15 \times 30 = 4.5$ N s.

∴ mae'r grym a roddir ar y dŵr = y newid momentwm fesul eiliad = 4.5 N

Graffiau momentwm–amser

O'i ddiffiniad, graddiant graff momentwm–amser yw'r grym cydeffaith ar gorff. Er enghraifft, mae'r graff hwn yn dangos amrywiad momentwm amser car sy'n teithio i gyfeiriad sefydlog dros gyfnod o 6 s.

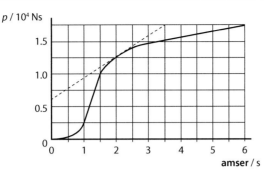

Ffig. 1.3.8 Graff momentwm–amser

Graddiant y tangiad ar 2 s (y llinell doredig) yw'r grym cydeffaith ar y car ar yr adeg hon. [Gweler 'Cwestiwn cyflym 9'.]

cwestiwn cyflym

⑨ Ar gyfer y graff p–t yn Ffig. 1.3.8, darganfyddwch:
 (a) Y grym cydeffaith ar 2.0 s.
 (b) Y grym cydeffaith rhwng 1.0 s ac 1.5 s.
 (c) Y grym cymedrig rhwng 0 s a 6.0 s.

cwestiwn cyflym

⑩ Caiff pêl, màs 0.057 kg, ei thaflu at wal. Mae ei chyflymderau yn union cyn taro'r wal yn 17 m s⁻¹ i'r dwyrain ac yn union ar ôl taro'r wal yn 13 m s⁻¹ i'r gorllewin. Darganfyddwch:
 (a) Y newid yn ei momentwm.
 (b) Y grym cymedrig ar y bêl os yw'r bêl yn cyffwrdd â'r wal am 0.015 s.

[Cofiwch fod Δp ac F ill dau yn fectorau, felly mae angen cyfeiriad!]

1.3.5 Grym a chyflymiad

Os oes sawl grym yn gweithredu ar un gwrthrych, mae'n ddefnyddiol ysgrifennu'r hafaliad uchod fel

$$\Sigma F = \frac{\Delta (mv)}{\Delta t},$$

lle mae'r arwydd Σ (sef y briflythyren Roeg sigma) yn dangos 'swm'. Felly ystyr ΣF yw swm y grymoedd. Ar gyfer gwrthrych â màs cyson, m, gallwn ailysgrifennu'r hafaliad hwn fel a ganlyn:

$$\Sigma F = m\frac{\Delta v}{\Delta t},$$

Y mesur $\frac{\Delta v}{\Delta t}$ yw'r cyflymiad, a, felly daw'r hafaliad yn:

$$\Sigma F = ma \quad \text{neu'n} \quad a = \frac{\Sigma F}{m}$$

Mae'r hafaliad hwn yn dweud wrthym mai cyflymiad corff yw'r grym cydeffaith wedi'i rannu â'r màs. Y grym cydeffaith yw swm yr holl rymoedd sy'n gweithredu ar y corff. [Cofiwch fod grymoedd yn fectorau, felly'r 'swm' yw swm y fectorau.] Os yw'r grymoedd yn cydbwyso, yna mae $\Sigma F = 0$, mae'r corff mewn ecwilibriwm, a sero yw'r cyflymiad. Os nad yw'r grymoedd yn cydbwyso, yna mae $\Sigma F \neq 0$, sy'n achosi cyflymiad. Mae gwir raid i chi wybod sut i ddefnyddio'r hafaliad hwn!

Enghraifft

Fel enghraifft syml, cyfrifwch gyflymiad y plymiwr awyr yng Nghwestiwn cyflym 5.

Ateb

Mae'r grym cydeffaith $\Sigma F = 800 - 100 = 700$ N (i lawr).

Mae'n rhaid i ni gyfrifo'r màs. 9.81 N kg⁻¹ yw cryfder maes disgyrchiant y Ddaear. Mae hyn yn rhoi màs o 81.5 kg i ni.

∴ Mae'r cyflymiad, $a = \dfrac{\Sigma F}{m} = \dfrac{700}{81.5} = 8.6$ m s⁻².

cwestiwn cyflym

⑪ Pa rym cymedrig y mae'r bêl yn ei roi ar y wal yng Nghwestiwn Cyflym 10?

≫ Cofiwch

Mae gwerth g, sef cryfder maes disgyrchiant y Ddaear (9.81 N kg⁻¹), yr un peth mewn rhifau â chyflymiad disgyrchiant (9.81 m s⁻²). Bydd y rhain yn y Llyfryn Data Ffiseg a fydd gennych yn yr arholiad.

Cofiwch

Yr un yw cyfeiriad y cyflymiad â chyfeiriad y grym cydeffaith.

---

cwestiwn cyflym

⑫ Cyfrifwch gyflymiad y bloc.

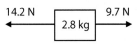

---

cwestiwn cyflym

⑬ Cyfrifwch gyflymiad y bêl golff.

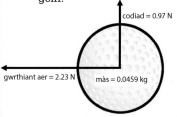

Cofiwch

Mae'n bosibl cadw momentwm hyd yn oed os oes grymoedd o'r tu allan i system, ar yr amod bod cydeffaith o sero gan y grymoedd hyn, e.e. y grymoedd fertigol ar 'deithiwr' ar drac aer.

Os oes dau rym neu fwy yn gweithredu i gyfeiriadau gwahanol ar wrthrych, rhaid i ni ddefnyddio'r ddeddf adio fectorau i ddarganfod y grym cydeffaith.

Enghraifft

Cyfrifwch gyflymiad y blwch yn Ffig. 1.3.9.

Ateb

Cam 1: Cyfrifwch y grym cydeffaith, F_{cyd}, drwy lunio'r paralelogram fectorau a defnyddio theorem Pythagoras.

$$F_{cyd}^2 = 12^2 + 9^2 = 144 + 81 = 225$$
$$\therefore \text{ Mae } F_{cyd} = \sqrt{225} = 15 \text{ N}$$

Cam 2: Cyfrifwch θ. Pam? Oherwydd mae cyflymiad yn fector, ac mae arholwyr yn disgwyl i chi roi maint a chyfeiriad.

$$\tan \theta = \frac{\text{cyferbyn}}{\text{agos}} = \frac{9 \text{ N}}{12 \text{ N}} = 0.75$$

$\therefore$ mae $\theta = 37°$ (2 ff.y.)

Gallech hefyd gyfrifo'r ongl rhwng F_{cyd} a'r grym 9 N.

Cam 3: Cyfrifwch a: $a = \dfrac{\Sigma F}{m} = \dfrac{15}{6.0} = 2.5$ m s^{-2}, 37° o'r grym 12 N.

Ffig. 1.3.9 Cyfrifo cyflymiad gan ddefnyddio grym cydeffaith

1.3.6 Egwyddor (neu ddeddf) cadwraeth momentwm

Mae'r ddeddf hon yn datgan: *Mae swm fectorau momenta cyrff mewn system arunig yn gyson.*

Mae'r iaith hon yn gryno iawn. Dyma'r ystyr:

Os ydym yn astudio system sydd yn set o wrthrychau, rydym yn mesur momentwm pob un ohonynt, ac yna'n adio'r gwerthoedd hyn at ei gilydd (gan gofio mai fectorau ydynt). Byddwn yn cael yr un ateb rywbryd yn ddiweddarach, ar yr amod bod y canlynol yn wir: (i) nid oes unrhyw ronynnau wedi mynd i mewn i'r system nac wedi'i gadael a (ii) nid oes unrhyw rymoedd yn gweithredu ar y gronynnau o'r tu allan i'r system [dyma ystyr 'arunig' yn y cyd-destun hwn].

Gall ymddangos nad yw'r ddeddf hon yn ddefnyddiol iawn, gan fod grymoedd bob amser yn gweithredu o'r tu allan i unrhyw system. Mae'n ddefnyddiol wrth astudio gwrthdrawiadau, gan fod y grymoedd o'r tu allan, e.e. ffrithiant, yn aml yn fach iawn o gymharu â'r grymoedd gwrthdaro rhwng y cyrff eu hunain. Mae'r ddeddf wedi'i chadarnhau mewn nifer enfawr o wrthdrawiadau gronynnau isatomig.

(a) Deillio cadwraeth momentwm o N3 ac N2

Ystyriwch ddau gorff, **A** a **B**, e.e. dau ïon positif, sy'n gwrthyrru ei gilydd â grymoedd F_A ac F_B.

O N3, mae $F_A = -F_B$

Ffig 1.3.10 Rhyngweithiadau gronynnau

Yna, gan dybio nad oes unrhyw rymoedd eraill yn gweithredu o'r tu allan i'r system, mae:

$$\frac{\Delta p_A}{\Delta t} = \frac{\Delta p_B}{\Delta t} \qquad \text{felly, mae} \qquad \Delta p_A = -\Delta p_B$$

Hynny yw, mae newid momentwm A dros unrhyw gyfwng amser yn hafal ac yn ddirgroes i newid momentwm B, felly ni fydd *swm fectorau* y momenta fyth yn newid. Mae hyn yn berthnasol i system sy'n cynnwys unrhyw nifer o gyrff. At hyn, nid oes rhaid i'r grymoedd F_A ac F_B fod yn rymoedd gwrthyrru – bydd F_A bob amser yn hafal ac yn ddirgroes i F_B.

Mae'r enghreifftiau symlaf yn ymwneud â dau wrthrych, gydag un ohonynt yn ddisymud ar y dechrau. Mae'r gwrthrychau'n gwrthdaro, ac yna'n cyfuno i greu un gwrthrych.[1]

Cymhwyso'r ddeddf: enghraifft syml

Mae wagen 5000 kg, sy'n teithio ar fuanedd o 9 m s^{-1}, yn taro wagen ddisymud, màs 1000 kg. Os ydynt yn cyplu yn ystod y gwrthdrawiad, cyfrifwch eu cyflymder ar ôl y gwrthdrawiad.

Ateb

Byddwn yn ysgrifennu'r ateb yn fanwl iawn.

Ffig. 1.3.11 Cadwraeth momentwm 1

Cam 1: Lluniadwch ddiagram (os nad oes un wedi'i ddarparu). Labelwch y mesurau hysbys ac anhysbys.

Cam 2: Ysgrifennwch yr hafaliad cadwraeth momentwm:

Swm fectorau'r momenta cychwynnol = Swm fectorau'r momenta terfynol

Cam 3: Ysgrifennwch y lluosymiau mv

$$5000 \times 9 + 1000 \times 0 = 6000v$$

Symleiddiwch $\therefore$ mae $\quad 45\,000 = 6000v$

Ad-drefnwch $\therefore$ mae $v = \dfrac{45000}{6000} = 7.5$ m s^{-1}

Cam 4: Ysgrifennwch eich ateb:

$\therefore$ Mae'r cyflymder cyffredin ar ôl y gwrthdrawiad = 7.5 m s^{-1} i'r dde

Roedd yr enghraifft hon yn syml gan fod yr holl fudiant i'r un cyfeiriad. Mae cyflymder a momentwm yn fectorau, felly os oes mudiant i gyfeiriadau dirgroes, rhaid i ni ddiffinio cyfeiriad positif. Mae fectorau i'r cyfeiriad hwnnw yn bositif; mae'r rheini i'r cyfeiriad arall yn negatif.

---

[1] Defnyddiodd Galileo y dull hwn wrth gynnal yr arbrofion cyntaf tuag at y ddeddf.

> **Cofiwch**
>
> Egwyddor cadwraeth momentwm a ddaeth gyntaf, a hynny ar ffurf deddf arbrofol. Cafodd ei defnyddio, ynghyd â diffiniad grym, i ddeillio N3. Y naill ffordd neu'r llall, mae'r deddfau hyn i gyd yn gyson. Nid yw'r fanyleb yn gofyn i chi *ddeillio* cadwraeth momentwm o N3 ac N2.

> **Cofiwch**
>
> Astudiwch y dull o osod atebion. Esboniwch ystyr eich hafaliadau bob tro – peidiwch ag ysgrifennu set o rifau yn unig!

cwestiwn cyflym

(14) Ailadroddwch gyfrifiad y wagenni os caiff masau'r wagenni eu cyfnewid, ac os mai 5.4 m s^{-1} yw'r buanedd cychwynnol.

cwestiwn cyflym

(15) Ailadroddwch gyfrifiad y wagenni gan ddefnyddio'r un masau, ond gyda'r wagen ysgafn yn symud 3 m s^{-1} i'r dde i gychwyn. Gosodwch eich ateb yn yr un modd.

» Cofiwch

Sylwch ein bod yn trin momentwm fel fector:

- Mae momentwm cychwynnol y sffêr 5 kg yn 9.0 N s i'r chwith, sydd yn −9.0 N s i'r dde.
- Roedd y cwestiwn yn gofyn am y *cyflymder*, felly rhaid i chi roi'r cyfeiriad.

cwestiwn cyflym

⑯ Cyfrifwch yr egni sy'n cael ei golli yn enghraifft y 'sfferau'.

cwestiwn cyflym

⑰ Un o hoff enghreifftiau arholwyr yw adlam gwn: Mae gwn 1200 kg yn saethu siel 20 kg yn llorweddol ar fuanedd o 300 m s⁻¹. Gan dybio eich bod yn gallu anwybyddu grymoedd allanol, cyfrifwch:

(a) Cyflymder adlam y gwn.

(b) Yr egni cinetig sy'n cael ei greu.

» Cofiwch

Mae'r rhan fwyaf o wrthdrawiadau bob dydd rywle rhwng bod yn elastig ac yn berffaith anelastig, h.y. nid yw'r gwrthrychau yn glynu at ei gilydd yn ystod y gwrthdrawiad, ond caiff peth egni cinetig ei drawsnewid yn egni mewnol yn y gwrthrychau.

Mae'r enghraifft nesaf yn cynnwys cyfeiriadau gwahanol, ac mae'r gwrthrychau yn bownsio oddi ar ei gilydd hefyd.

Cymhwyso'r ddeddf: enghraifft fwy cymhleth

Mae'r diagramau yn cynnwys data am bâr o sfferau sy'n gwrthdaro. Darganfyddwch gyflymder, v, y sffêr 2.0 kg ar ôl y gwrthdrawiad.

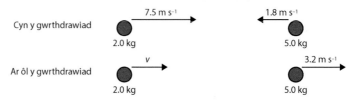

Ffig. 1.3.12 Cadwraeth momentwm 2

Ateb

Gan hepgor yr unedau ac ystyried y momentwm i'r dde [h.y. mae'r dde yn +if], mae:

Swm fectorau'r momenta cychwynnol = Swm fectorau'r momenta terfynol

Felly, mae $\quad 2.0 \times 7.5 - 5.0 \times 1.8 \quad = \quad 2.0v + 5.0 \times 3.2$

Felly, mae $\quad 6.0 \qquad\qquad\qquad = \quad 2.0v + 16$

Felly, mae $\quad v \qquad\qquad\qquad\quad = \quad -5.0$ m s⁻¹.   [Sylwch ar yr arwydd '−']

∴ mae cyflymder y sffêr 2.0 kg = 5.0 m s⁻¹ i'r chwith

(b) Gwrthdrawiadau elastig ac anelastig

Yn union fel momentwm, caiff **cyfanswm** egni system arunig ei gadw ond, fel rydym yn gwybod o egwyddor cadwraeth egni, gall gael ei drawsnewid o'r naill ffurf i'r llall. Oherwydd hyn, **ni chaiff egni cinetig** system **ei gadw bob tro**. O edrych ar yr enghraifft ddiwethaf, mae'r ddwy bêl yn arafu dros dro, yn ystod y gwrthdrawiad ei hun, felly rhaid bod cyfanswm eu hegni cinetig yn llai ar yr adeg hon – maen nhw'n adennill egni cinetig wrth iddynt adlamu.

Gwrthdrawiad lle na chaiff unrhyw egni cinetig ei golli na'i ennill (wedi i'r cyrff wahanu) yw **gwrthdrawiad elastig**.

Ar dymheredd ystafell, mae gwrthdrawiadau rhwng atomau nwyon nobl (er enghraifft, heliwm) yn elastig. Ond, mae gwrthrychau sy'n cael eu gwneud o nifer o atomau – mae hynny'n cynnwys pob gwrthrych y gallwn ei weld – yn gwrthdaro'n **anelastig**: caiff peth o'u EC ei drosglwyddo i egni dirgrynol hap ychwanegol eu hatomau. Caiff y swm mwyaf o EC ei golli os yw'r gwrthrychau'n glynu at ei gilydd yn ystod y gwrthdrawiad (fel y wagenni yn yr enghraifft): weithiau, gwrthdrawiadau **perffaith anelastig** yw'r enw ar wrthdrawiadau fel hyn.

Enghraifft

Cyfrifwch yr egni sy'n cael ei golli yng ngwrthdrawiad y wagenni yn Adran 1.3.6(a).

Ateb

Egni cinetig cychwynnol = ½ × 5000 × 9² = 202 500 J

Egni cinetig terfynol = ½ × 6000 × 7.5² = 168 750 J

∴ mae'r egni sy'n cael ei golli = 202 500 − 168 750 = 34 000 J (2 ff.y.)

1.3.7 Gwaith ymarferol penodol – ymchwilio i ail ddeddf Newton

Gan gymryd N2 yn ei ffurf $F = ma$, mae ymchwilio i'r ddeddf yn golygu cynnal dau arbrawf:

1. Dangos bod $a \propto F$ ar gyfer M cyson

2. Dangos bod $a \propto \dfrac{1}{M}$ ar gyfer F cyson.

Yn yr ysgol, caiff yr ymchwiliadau hyn eu cynnal drwy ddefnyddio trac aer, fel arfer.

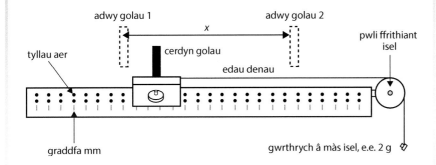

Ffig. 1.3.13 Defnyddio trac aer ar gyfer F = ma

Mae'r grym cyflymu yn mg, lle m yw màs y gwrthrych ar ben yr edau.

Yn y ddau ymchwiliad, rhaid darganfod cyflymder y 'teithiwr' wrth iddo basio adwy golau. Gwneir hyn drwy rannu lled y cerdyn golau â'r amser y mae'r golau wedi'i ddiffodd (wedi'i fesur â mesurydd digidol). Rhaid darganfod y cyflymiad yn y ddau ymchwiliad hefyd.

- **Dull 1:** Defnyddio dwy adwy golau (fel y dangosir yn Ffig. 1.3.13).

  Caiff y 'teithiwr' ei ryddhau i'r chwith o adwy golau 1, a mesurir y cyflymderau (fel uchod) wrth iddo basio adwyon golau 1 a 2 (u a v). Caiff y dadleoliad, x, ei fesur wrth y raddfa mm, a chyfrifir y cyflymiad drwy ddefnyddio $v^2 = u^2 + 2ax$.

- **Dull 2:** Defnyddio un adwy golau.

  Caiff y 'teithiwr' ei ryddhau o ddisymudedd ($u = 0$). Caiff yr amser, t, y mae'n ei gymryd iddo gyflymu drwy ddadleoliad x, ei fesur gyda stopwatsh, yn ogystal â'i gyflymder, v, ar y pwynt hwnnw, fel uchod. Caiff y cyflymiad ei gyfrifo drwy ddefnyddio $v = u + at$.

» Cofiwch

Caiff y màs bach, m, ei gyflymu hefyd.

Yn **ymchwiliad 1**, mae'n bosibl cadw'r màs cyffredinol yn fanwl gyson drwy lwytho'r 'teithiwr', i gychwyn, â phob un o'r masau bach y bwriedir eu defnyddio. Caiff pob màs bach ei drosglwyddo i ben yr edau yn ôl yr angen.

Yn **ymchwiliad 2**, dylech chi blotio graff o a yn erbyn $\dfrac{1}{M + m}$.

(a) Ymchwiliad 1: Dangos bod $a \propto F$ ar gyfer M cyson

Caiff y grym cyflymu ei amrywio drwy ddefnyddio cyfres o fasau gwahanol ar ben yr edau. Caiff graff o a yn erbyn m ei blotio, a chawn linell syth drwy'r tarddbwynt. Gan fod y grym cyflymu mewn cyfrannedd ag m, mae hyn yn cadarnhau'r berthynas (ond gweler 'Cofiwch').

(b) Ymchwiliad 2: Dangos bod $a \propto \dfrac{1}{M}$ ar gyfer F cyson

Caiff y cyflymiad ei fesur ar gyfer cyfres o fasau, M, gwahanol (a geir drwy lwytho'r 'teithiwr'). Caiff graff o a yn erbyn $\dfrac{1}{M}$ ei blotio, a chawn linell syth drwy'r tarddbwynt. Mae hyn yn cadarnhau'r berthynas.

Cwestiynau ychwanegol

1. Mae disg (*puck*) hoci iâ yn arafu'n raddol yn ei mudiant llorweddol; ni chaiff ei mudiant fertigol ei gyflymu.

   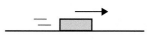

   (a) Lluniadwch ddiagram corff rhydd ar gyfer y disg, gan enwi'r grymoedd arni.

   (b) Trafodwch y grymoedd yn nhermau tair deddf mudiant Newton.

2. Mae tryc rheilffordd llawn, cyfanswm màs 40 tunnell fetrig, yn taro tryc llonydd, màs 5.0 tunnell fetrig, ar fuanedd o 5.0 m s⁻¹. Mae'r ddau dryc yn cyplu'n awtomatig yn ystod y gwrthdrawiad. Gan dybio eich bod yn gallu anwybyddu grymoedd allanol, cyfrifwch:

   (a) Eu cyflymder cyffredin yn union ar ôl y gwrthdrawiad.

   (b) Canran y golled mewn egni cinetig.

3. Mae'r gwrthdrawiad yng nghwestiwn 2 yn digwydd eto, ond y tro hwn nid yw'r tryciau'n cyplu. Dywed gwyliwr ar ymyl y trac fod gan y tryc gwag fuanedd o 10.0 m s⁻¹ yn union ar ôl y gwrthdrawiad. Defnyddiwch egwyddorion cadwraeth momentwm ac egni i ddangos na all hyn fod yn wir.

4. Mae gan blymiwr awyr, màs 80 kg (yn cynnwys y parasiwt ac ati), sy'n disgyn yn rhydd, gyflymiad o 6.0 m s⁻² pan mae ei chyflymder i lawr yn 40 m s⁻¹.
   [$g = 9.81$ m s⁻²]

   (a) Cyfrifwch faint y gwrthiant aer sydd arni.

   (b) Gan dybio bod y gwrthiant aer mewn cyfrannedd â sgwâr ei chyflymder, cyfrifwch:

   (i) Ei chyflymiad wrth iddi ddisgyn gyda buanedd o 50 m s⁻¹.

   (ii) Ei chyflymder terfynol.

5. [Anoddach] Mae gan bibell ddŵr blyg ongl sgwâr. Mae dŵr yn llifo ar hyd y bibell fel y dangosir.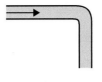

    (a) Esboniwch pam mae'r dŵr yn y bibell yn newid momentwm wrth iddo fynd o amgylch y plyg, a darganfyddwch ei gyfeiriad.

    (b) Esboniwch, yn nhermau N2 ac N3, pam mae'r bibell yn profi grym, a nodwch ei gyfeiriad.

    (c) [Anoddach fyth!] Mae diamedr mewnol o 1.5 cm gan y bibell, a 250 cm³ s⁻¹ yw cyfradd llif y dŵr. Cyfrifwch y grym sy'n cael ei roi ar y bibell.

1.4 Cysyniadau egni

1.4.1 Gwaith

Os caiff grym ei roi ar wrthrych sy'n symud, rydych yn cyfrifo'r **gwaith** sy'n cael ei wneud gan y grym ar y gwrthrych drwy ddefnyddio'r fformiwla

$$W = Fx \cos \theta,$$

lle F yw'r grym

x yw pellter y symudiad

θ yw'r ongl rhwng y grym a chyfeiriad y mudiant

felly $x \cos \theta$ yw pellter y symudiad i gyfeiriad y grym.

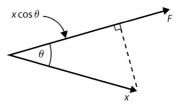

Ffig. 1.4.1 Diffiniad gwaith

>> **Cofiwch**

$F \cos \theta$ yw cydran F i gyfeiriad y mudiant, felly gallwch chi hefyd feddwl am y gwaith fel lluoswm pellter y symudiad a chydran y grym i gyfeiriad y mudiant.

Yn aml mewn arholiadau UG, mae'r grym a'r mudiant yn yr un cyfeiriad, h.y. mae $\theta = 0$, ac rydym yn gwybod bod $\cos \theta = 1$, felly mae'r hafaliad yn symleiddio i $W = Fx$.

Pan fydd grym yn gwneud gwaith, gall gyflymu pethau, eu codi'n uwch, eu gwneud yn boethach, ac ati. Hynny yw, mae'n achosi trosglwyddo egni. A dweud y gwir, **mae'r trosglwyddiad egni yn hafal i'r gwaith sy'n cael ei wneud**, wrth ddiffinio egni.

Felly, os yw grym yn gwneud 100 J o waith ar wrthrych, yna mae'r grym yn trosglwyddo 100 J o egni i'r gwrthrych hwnnw. Sylwch fod unedau gwaith ac egni yr un peth: joule (J).

Yn achos y trên yng Nghwestiwn cyflym 1, rydym yn gwybod faint o egni sy'n cael ei drosglwyddo (1 GJ), ond nid ydym yn gwybod ar ba ffurf y mae'r egni hwn. Oherwydd ffrithiant a gwrthiant aer, ni fydd yr egni i gyd yn egni cinetig.

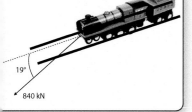

19°

840 kN

Enghraifft

Mae merch yn tynnu sled ar draws cae o eira gwastad am 0.90 km. Cyfrifwch y gwaith sy'n cael ei wneud gan y ferch.

>> **Cofiwch**

Gofalwch fod eich cyfrifiannell yn y modd cywir wrth ddefnyddio'r ffwythiannau trig. Yn yr achos hwn, mae'n rhaid iddi fod yn y modd DEG yn hytrach na RAD.

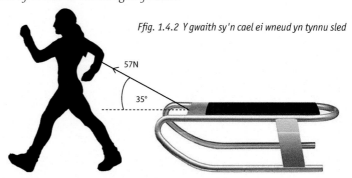

Ffig. 1.4.2 Y gwaith sy'n cael ei wneud yn tynnu sled

57N

35°

Ateb

Mae hwn yn enghraifft syml o gwestiwn 'rhowch y rhifau yn y fformiwla', ond rhaid i chi gofio trawsnewid y km yn m (0.90 km = 900 m):

$$W = Fx \cos \theta$$
$$= 57 \times 900 \times \cos 35°$$
$$= 42 \text{ kJ } (2 \text{ ff.y.})$$

Sylwch nad yw'r gwaith sy'n cael ei wneud yn dibynnu ar ba mor gyflym y mae'r ferch yn tynnu'r sled. 42 kJ yw'r gwaith sy'n cael ei wneud pa un a yw hi'n cymryd 10 munud neu 30 munud i gwblhau'r daith. Y byrraf yw amser y daith, y mwyaf yw **pŵer** y ferch (edrychwch ar Adran 1.4.5).

Rhai achosion lle mae angen gofal

Mae $\theta = 0$ yn achos arbennig, a dyma ychydig rhagor:

1. $\theta = 90°$ [$\frac{\pi}{2}$ rad].

   Yn yr achos hwn, mae $\cos \theta = 0$, $\therefore W = 0$.

2. Os yw $\theta > 90°$

   Yn yr achos hwn, mae $\cos \theta < 0$, $\therefore W < 0$.

3. Os yw $\theta = 180°$ [π rad]

   Yn yr achos hwn, mae $\cos \theta = 0$, $\therefore W = -Fx$

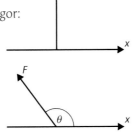

Ffig. 1.4.3 Grymoedd i gyfeiriadau gwahanol

Enghraifft o'r achos diwethaf yw gwrthrych yn arafu'n raddol i ddisymudedd. Mae'r grym ffrithiannol ar y gwrthrych yn y cyfeiriad dirgroes i'r mudiant. Felly mae'r ongl rhwng F ac x yn 180°, ac mae'r grym yn gwneud swm negatif o waith. Byddwn yn dod yn ôl at hyn yng nghyd-destun egni.

Cofiwch

Nid oes gwahaniaeth pa un a yw W yn bositif, yn negatif neu'n sero. Mae trosglwyddo egni yn hafal i'r gwaith sy'n cael ei wneud.

cwestiwn cyflym

② Mae'r blaned Gwener yn cylchdroi o gwmpas yr Haul mewn orbit sydd bron iawn yn gylch. Esboniwch pam mai sero yw'r gwaith sy'n cael ei wneud gan ddisgyrchiant yr Haul ar y blaned Gwener.

1.4.2 Fformiwlâu egni

Gallwn ddefnyddio'r syniad bod

Gwaith sy'n cael ei wneud = trosglwyddiad egni

i ddeillio'r fformiwlâu ar gyfer ffurfiau amrywiol o egni.

(a) Egni cinetig

Dychmygwch rym unigol, cyson, F, yn gweithredu ar wrthrych disymud â màs m. Mae'r gwrthrych yn cyflymu i gyfeiriad y grym. Pan fydd wedi symud pellter, x, bydd ei fuanedd yn v.

Term allweddol

Egni cinetig yw'r egni sydd gan wrthrych yn rhinwedd ei fudiant (neu'n syml, am ei fod yn symud).

Ffig. 1.4.4 Deillio egni cinetig

Cofiwch

Gan fod y cyflymder wedi'i sgwario yn y fformiwla, nid yw egni cinetig fyth yn negatif. Nid yw'n dibynnu ar y cyfeiriad teithio.

③ Cyfrifwch EC lori 20 tunnell fetrig sy'n teithio ar fuanedd o 30 m s⁻¹.

④ Mae egni cinetig o 8.3×10^{-22} J gan atom heliwm. Cyfrifwch ei fuanedd.
(màs = 6.6×10^{-27} kg)

Cofiwch

$\Delta E = \frac{1}{2}mv^2 - \frac{1}{2}mu^2$.

sy'n rhoi'r **newid** yn egni cinetig, ΔE, gwrthrych.

Gallwn ffactorio hyn i roi
$\frac{1}{2}m(v^2 - u^2)$

RHYBUDD: $\Delta E \neq \frac{1}{2}m(v - u)^2$.

Mae dysgwyr yn aml yn gwneud y camgymeriad hwn.

⑤ Mae grym cyson o 0.85 N yn cyflymu car tegan o 1.2 m s⁻¹ i 5.5 m s⁻¹ dros bellter o 13.2 cm. Cyfrifwch fàs y car.

$W = Fx$ [gan fod $\theta = 0$] sy'n rhoi'r gwaith sy'n cael ei wneud gan y grym.

O ail ddeddf mudiant Newton, rydym yn gwybod bod $F = ma$ yn rhoi'r cyflymiad, a.

Y 4ydd hafaliad mudiant yw: $\qquad v^2 = u^2 + 2ax$

Ond, yn yr achos hwn, mae $u = 0$, felly mae $\quad v^2 = 2ax$

Gan luosi â $\frac{1}{2}m$, cawn fod $\qquad \frac{1}{2}mv^2 = max$

Ond mae $F = ma$ (ail ddeddf Newton), $\therefore$ mae $\frac{1}{2}mv^2 = Fx$

Yn yr hafaliad diwethaf, Fx yw'r gwaith sy'n cael ei wneud gan y grym [gan fod $\theta = 0$], felly rhaid ei fod yn trosglwyddo $\frac{1}{2}mv^2$ o egni i'r gwrthrych. Am nad oedd ganddo egni cinetig i ddechrau [nid oedd yn symud!], rhaid mai hon yw'r fformiwla ar gyfer egni cinetig.

Enghraifft

Mae grym cydeffaith o 500 N yn cyflymu car, màs 800 kg, sy'n teithio ar fuanedd o 15 m s⁻¹. Pa mor bell y bydd yn rhaid iddo deithio i gyrraedd buanedd o 40 m s⁻¹?

Ateb

Gallem ddatrys hyn drwy ddefnyddio un o'r hafaliadau mudiant, ond rydym am ddefnyddio gwaith ac egni.

Mae'r newid mewn egni cinetig, $\Delta E = \frac{1}{2}mv^2 - \frac{1}{2}mu^2 = \frac{1}{2}m(v^2 - u^2)$

$$= \frac{1}{2} \times 800(40^2 - 15^2)$$

$$= 550\,000 \text{ J}$$

Mae'r newid yn yr egni cinetig = gwaith sy'n cael ei wneud gan y grym cydeffaith

$$\therefore \text{ mae } Fx = 500x = 550\,000$$

$$\therefore \text{ mae } x = \frac{550\,000}{500} = 1100 \text{ m}$$

Felly, mae'r car yn cyrraedd buanedd o 40 m s⁻¹ ar ôl teithio 1.1 km.

(b) Egni potensial disgyrchiant

Byddwn yn trin hwn yn yr un modd ag egni cinetig. Ond y tro hwn bydd ein harbrawf meddwl yn cynnwys codi corff, màs m, ar gyflymder cyson (er mwyn iddo beidio ag ennill egni cinetig) heb unrhyw wrthiant aer (er mwyn i'r moleciwlau aer beidio ag ennill egni cinetig).

Mae'r grym, F, sy'n ofynnol i godi'r corff, yn hafal ac yn ddirgroes i'r grym disgyrchiant, mg, ar y corff.

Os caiff y corff ei godi drwy uchder Δh,

$$W = F\Delta h = mg\Delta h.$$

sy'n rhoi'r gwaith sy'n cael ei wneud.

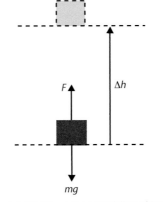

Ffig. 1.4.5 Deillio egni potensial disgyrchiant

Mae'r gwaith sy'n cael ei wneud yn hafal i'r egni sy'n cael ei drosglwyddo. **Egni potensial disgyrchiant** yw'r unig egni sy'n cael ei ennill.

Felly: mae'r cynnydd yn yr egni potensial disgyrchiant, $\Delta E = mg\Delta h$.

Mae ychydig o bethau i'w cofio ynglŷn ag egni potensial disgyrchiant:

1. Yn wahanol i egni cinetig, nid oes man amlwg lle mae egni potensial yn sero. Newidiadau mewn egni potensial yw'r unig rai arwyddocaol.

2. Gall egni potensial fod yn negatif: petai'r egni potensial ar lefel y ddaear yn sero, bydd egni potensial negatif gan unrhyw beth sydd o dan lefel y ddaear.

(c) Egni potensial elastig

Gall sbringiau, bandiau rwber estynedig, a riwliau metr sydd wedi'u plygu wneud gwaith ar bethau wrth ddychwelyd i'w siâp arferol (e.e. drwy danio taflegryn). Ni allwn gyfrifo'r gwaith sy'n cael ei wneud wrth ymestyn gwrthrych ddim ond drwy luosi'r grym â'r estyniad, gan nad yw'r grym yn gyson – mae'n cynyddu gyda'r estyniad. Yn hytrach, rydym yn defnyddio'r arwynebedd o dan y graff grym–estyniad (F–x).

Ffig. 1.4.6 Arwynebedd o dan graff F–x

Yn achos sbring estynedig sy'n gweithredu yn ei ranbarth elastig, mae'r grym a'r estyniad mewn cyfrannedd, ac maen nhw'n perthyn drwy

$$F = kx$$

lle k yw **cysonyn y sbring**.

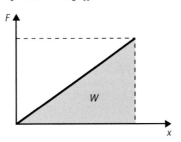

Ffig. 1.4.7 Y gwaith sy'n cael ei wneud wrth estyn sbring

≫ Cofiwch

Wrth godi gwrthrych fel hyn, caiff y gwaith ei wneud *gan* y grym, F, yn *erbyn* grym disgyrchiant.

Gwella gradd

Mae'r fformiwla $\Delta E = mg\Delta h$ yn tybio bod g yn gyson. Mae hyn yn wir pan fydd Δh yn llai o lawer na radiws y Ddaear (6370 km). Mae cwrs blwyddyn 13 yn cynnwys fformiwla i gyfrifo ΔE mewn maes disgyrchiant sy'n dod o dan y ddeddf sgwâr gwrthdro.

cwestiwn cyflym

(6) Cyfrifwch yr egni potensial disgyrchiant y mae plymiwr awyr 75 kg yn ei golli yn ystod naid 10 km.

Gwella gradd

Mae'r arwynebedd o dan graff o y yn erbyn x yn arwyddocaol yn ffisegol os oes ystyr i'r lluoswm $y\Delta x$ ar gyfer y cysonyn y. $F\Delta x$ yw'r gwaith sy'n cael ei wneud gan rym cyson, felly yn iaith calcwlws, mae $W = \int F dx$, sef yr arwynebedd o dan y graff F–x.

Gallwn gyfrifo W o'r fformiwla ar gyfer arwynebedd triongl, $A = \frac{1}{2} bh$. Felly,

$$W = \frac{1}{2} Fx$$

sy'n rhoi'r gwaith sy'n cael ei wneud wrth ymestyn sbring (neu ddefnydd arall sy'n ufuddhau i ddeddf Hooke). Drwy gyfuno hon ag $F = kx$, cawn ddwy fformiwla arall, sef

$$W = \frac{1}{2} kx^2 \text{ ac } W = \frac{1}{2} \frac{F^2}{k}$$

Gall defnydd 100% elastig wneud yr un faint o waith pan gaiff ddychwelyd i'w faint neu i'w siâp arferol. Felly mae'r un fformiwla yn rhoi'r egni potensial elastig, h.y.

$$\text{mae'r egni potensial elastig, } E_p = \frac{1}{2}kx^2 = Fx = \frac{1}{2} \frac{F^2}{k}$$

Mae'r un fformiwlâu hyn yn berthnasol i unrhyw wrthrych elastig sydd â chromlin grym–estyniad llinol. Yn gyffredinol, mae cromliniau F–x aflinol gan gatapyltiau a bwâu, felly rhaid i ni ddefnyddio'r arwynebedd o dan y gromlin F–x i gyfrifo'r egni sy'n cael ei storio.

cwestiwn cyflym

⑦ Mae gan sbring gysonyn, k, o 87 N m^{-1}. Cyfrifwch yr estyniad a'r egni potensial elastig pan gaiff ei estyn gan rym o 3.1 N.

Symbolau

Mae Llyfryn Data CBAC yn rhoi W yn symbol am waith, ac E yn symbol am egni. Mae nifer o lyfrau hefyd yn defnyddio W am egni, ac mae rhai eraill yn defnyddio E_k am egni cinetig ac E_p am egni potensial (elastig a disgyrchiant).

Term allweddol

Mae **egwyddor cadwraeth egni** yn datgan nad yw hi'n bosibl creu egni na'i ddinistrio, dim ond ei drosglwyddo.

1.4.3 Egwyddor cadwraeth egni

Os yw'r bloc yn Ffig. 1.4.8 yn disgyn yn rhydd drwy uchder h, drwy ddefnyddio $v^2 = u^2 + 2ax$ mae'n hawdd dangos ei fod yn cyrraedd cyflymder, v, sy'n cael ei roi gan

$$v^2 = 2gh$$

Drwy luosi hwn â $\frac{1}{2} m$, mae gennym: $\frac{1}{2} mv^2 = mgh$

Nawr mgh yw'r egni potensial disgyrchiant sy'n cael ei *golli*, a

$\frac{1}{2} mv^2$ yw'r egni cinetig sy'n cael ei *ennill*.

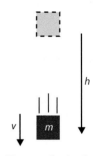

Ffig. 1.4.8 Gwrthrych sy'n disgyn

Mae hwn yn enghraifft o **egwyddor cadwraeth egni**:

- Mae'r EC a'r EP yr un peth.
- Caiff egni ei drosglwyddo o egni potensial disgyrchiant i egni cinetig.

Weithiau, mae'r egni'n aros yn gysylltiedig ag un corff, fel sy'n digwydd yn achos y bloc sy'n disgyn. Mewn achosion eraill, er enghraifft gwrthdrawiad, gall egni gael ei drosglwyddo o'r naill wrthrych i'r llall. Meddyliwch am y broblem ganlynol, sydd ychydig yn anodd:

Enghraifft

Mae gan sbring anhyblygedd o 40 N m^{-1}. Caiff ei ddal yn fertigol mewn stand clamp. Caiff llwyth â màs 0.40 kg, ei gysylltu â'r sbring diestyn a'i ryddhau. Cyfrifwch ei fuanedd ar ôl iddo ddisgyn 10 cm.

Ateb

Gadewch i ni roi egni potensial disgyrchiant cychwynnol o 0.

Pan fydd y llwyth wedi disgyn drwy 10 cm [= 0.10 m]:

Mae'r egni potensial disgyrchiant = $mg\Delta h$ = 0.4 × 9.81 × (−0.10) = −0.392 J

Mae'r egni potensial elastig = $\frac{1}{2}kx^2 = \frac{1}{2}$ 40 × 0.10^2 = 0.20 J

Caiff egni ei gadw, felly mae cyfanswm yr egni bob amser = 0

∴ Ar 10 cm, mae: EC + (−0.392 J) + 0.20 J = 0

∴ Mae EC = 0.192 J

Felly, mae'r buanedd ar 10 cm = 0.98 m s⁻¹ (edrychwch ar Gwestiwn cyflym 8).

cwestiwn cyflym

(8) Dangoswch fod cyfrifiad y buanedd yn yr enghraifft yn gywir. Beth mae'r awdur wedi'i dybio?

1.4.4 Y berthynas gwaith–egni

Fel rydym wedi gweld, caiff egni ei ddiffinio ar y cyd â gwaith: mae'r gwaith sy'n cael ei wneud yn hafal i'r egni sy'n cael ei drosglwyddo. Mewn enghraifft bwysig o'r berthynas hon, meddyliwch am rym, F, sy'n cael ei roi ar gorff, màs m a buanedd u. Mae'r diagram yn dangos yr achos, gyda'r cyflymder cychwynnol a'r grym yn yr un cyfeiriad:

Ffig. 1.4.9 Y berthynas gwaith-egni

Gan dybio nad oes unrhyw rymoedd eraill yn gweithredu (neu mai F yw'r grym cydeffaith), mae'r hafaliad yn arwain at

$$Fx = \frac{1}{2}mv^2 - \frac{1}{2}mu^2$$

Dyma fynegiad mathemategol o'r gosodiad bod y gwaith sy'n cael ei wneud ar y corff yn hafal i'r newid yn yr egni cinetig. Mae'r berthynas yn fwy cyffredinol nag y mae'r deilliant yn ei awgrymu: mae'n berthnasol hefyd ar gyfer F, u a v i unrhyw gyfeiriad mympwyol. I gychwyn, mae'r gwrthrych yn y diagram isod yn symud â chyflymder u ac mae'n profi grym cyson, F, i'r dde. Mae'n dilyn y llwybr crwm ac yn cyrraedd cyflymder v pan mae'r dadleoliad yn x, wedi'i fesur yn yr un cyfeiriad ag F.

Fx yw'r gwaith sy'n cael ei wneud ar y gwrthrych. Felly, yn absenoldeb grymoedd eraill,

$$\frac{1}{2}mv^2 - \frac{1}{2}mu^2 = Fx$$

sy'n rhoi'r egni cinetig.

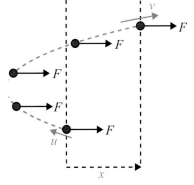

Ffig. 1.4.10 Trosglwyddo egni pan fydd y cyfeiriad yn newid

≫ *Cofiwch*

Er mwyn i'r hafaliad

$$Fx = \frac{1}{2}mv^2 - \frac{1}{2}mu^2$$

fod yn berthnasol yn gyffredinol, rhaid i'r grym a'r dadleoliad fynd yn yr un cyfeiriad. Fel arall, rhaid i ni ddefnyddio $Fx \cos \theta$.
Yn yr achos hwn, mae F ac x, fel ei gilydd yn llorweddol i'r dde.

Enghraifft

Mae cyfanswm màs beiciwr a'i feic yn 92 kg. Maen nhw'n arafu o 18 m s⁻¹ i 13 m s⁻¹ dros bellter o 47 m. Cyfrifwch y grym cymedrig sy'n gweithredu.

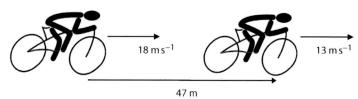

Ffig. 1.4.11 Beiciwr yn arafu

Ateb

Mae'r grym, F, y dadleoliad, x, y cyflymder cychwynnol, u, a'r cyflymder terfynol, v, yn perthyn drwy:

$$Fx = \tfrac{1}{2} mv^2 - \tfrac{1}{2} mu^2$$

$$\therefore \quad F = \frac{\tfrac{1}{2} mv^2 - \tfrac{1}{2} mu^2}{x}$$

$$= \frac{\tfrac{1}{2} 92 \times 13^2 - \tfrac{1}{2} 92 \times 18^2}{48} \quad \text{(gweler Gwella gradd)}$$

$$= \frac{7774 - 14904}{47} = -150 \text{ N (2 ff.y.)}$$

Mae'r arwydd minws yn dangos bod y grym yn gweithredu yn y cyfeiriad dirgroes i'r dadleoliad (yn ôl y disgwyl).

Gwella gradd

Mae'n bwysig cael y cyflymder cychwynnol a'r cyflymder terfynol yn y drefn gywir. Yn yr achos hwn, mae'r cyflymder terfynol yn llai na'r cyflymder cychwynnol, felly mae'r newid yn yr egni cinetig yn negatif. O ganlyniad, mae'r gwaith sy'n cael ei wneud yn negatif. Mae'r arholwr yn debygol o sylwi os bydd yr arwydd yn anghywir!

Termau allweddol

Pŵer yw'r gyfradd trosglwyddo egni. Os yw'r trosglwyddiad egni yn digwydd o ganlyniad i waith, yna mae'n bosibl ei ddiffinio hefyd yn gyfradd gwneud gwaith.

Uned pŵer = wat (W)

cwestiwn cyflym

⑨ Trafodwch y gosodiad canlynol: 'Yn 2012, 38.4 GW y flwyddyn oedd cyfanswm y trydan a gynhyrchwyd.'

1.4.5 Pŵer ac egni

Yn yr enghraifft yn Adran 1.4.1, nid oes cysylltiad rhwng y gwaith sy'n cael ei wneud gan y ferch wrth iddi dynnu'r sled â'r amser y mae'n ei gymryd. Fodd bynnag, mae ei **phŵer** mewn cyfranedd gwrthdro â'r amser y mae'n ei gymryd. Uned pŵer SI yw'r wat (W), sydd yn gyfwerth â joule yr eiliad, h.y. W = J s⁻¹.

Enghraifft

Mae'r ferch yn yr enghraifft yn cymryd 8 munud 20 eiliad i gwblhau'r daith. Cyfrifwch ei phŵer allbwn.

Ateb

$$\text{Mae'r pŵer, } P = \frac{W}{t} = \frac{42\,000 \text{ J}}{500 \text{ s}} = 84 \text{ W}$$

Nodyn am unedau

Mae'r unedau SI ar gyfer gwaith (egni) a phŵer braidd yn fach at ddibenion bob dydd. Mae 2–3 kW o bŵer gan degell cyffredin. Mewn 5 munud, bydd tegell 2.5 kW yn trosglwyddo 750 kJ, h.y. 0.75 MJ. Mae 2 GW o bŵer allbwn trydanol gan orsaf bŵer thermol arferol, sy'n trosglwyddo 60 PJ o egni bob blwyddyn i'r grid cenedlaethol. Mae defnyddio lluosyddion SI fel hyn yn un ffordd o ymdrin â'r rhifau mawr. Mae nifer o ddulliau eraill yn cael eu defnyddio hefyd:

- kW awr. Yn yr hafaliad $\Delta E = P\Delta t$, os caiff P ei fynegi mewn kW, a Δt mewn oriau, rydym yn mynegi'r egni a gaiff ei drosglwyddo mewn cilowat oriau (kW awr). Gallwn ddefnyddio MW awr, GW awr a TW awr hefyd.
- tce (tunelli metrig cyfwerth o lo): mae'r egni a gaiff ei ryddhau wrth losgi 1 dunnell fetrig o lo ~29.4 GJ. Rydym yn galw y swm hwn o egni yn 1 tce. Wrth sôn yn rhyngwladol am ddefnyddio egni, defnyddiwch Mtce (= miliwn tce) a Gtce.

Gwella gradd

Bydd rhaid i chi ddefnyddio lluosyddion SI yn y rhan fwyaf o gwestiynau arholiad sy'n cynnwys trosglwyddiadau egni ymarferol.

cwestiwn cyflym

⑩ Mynegwch, mewn TW awr, yr egni y mae gorsaf bŵer 2 GW yn ei drosglwyddo bob blwyddyn.

1.4.6 Grymoedd afradlon

Pan mae grym yn gwneud gwaith ar wrthrych yn erbyn disgyrchiant neu dyniant elastig, neu wrth ei gyflymu, mae gan y gwrthrych egni (potensial neu ginetig). Nid yw hyn yn wir wrth wneud gwaith yn erbyn ffrithiant neu wrthiant aer. **Grymoedd afradlon** yw'r enw ar y ddau rym hyn.

Er enghraifft, nid yw'r grym y mae'r ferch yn ei roi ar y sled yn Adran 1.4.1 yn cynhyrchu unrhyw gyflymiad gan fod y gydran lorweddol yn union hafal ac yn ddirgroes i rym ffrithiant yr eira ar redwr y sled. Petai'r ferch yn stopio tynnu, byddai egni cinetig y sled yn cael ei golli'n fuan iawn. Mae'r gwaith yn erbyn grym afradlon ffrithiant yn arwain at drosglwyddo egni i fudiant hap gronynnau unigol [moleciwlau, electronau, ïonau ...] y rhedwyr a'r eira. **Egni mewnol** yw'r enw ar hyn.

Nodwedd hanfodol egni mewnol yw ei natur hap. Mae mudiant egni cinetig yn drefnus. Ar gyfer egni potensial, rhaid i holl ronynnau'r system fod wedi'u dadleoli'n drefnus. Mae hyn yn caniatáu trawsnewid 100% o'r egni rhwng egni cinetig ac egni potensial. Fodd bynnag, nid yw hi'n bosibl cael pob un o'r moleciwlau, sy'n dirgrynu ar hap, mewn gwrthrych i symud i'r un cyfeiriad: mae'r egni yno, ond mae'n llai defnyddiol o lawer.

Dyma ddwy enghraifft:

1. Mae beryn (*bearing*) yn cylchdroi yn erbyn grymoedd ffrithiant. Mae gweithio yn erbyn y ffrithiant yn achosi cynnydd gwastraffus yn egni mewnol y beryn [caiff hwn ei drosglwyddo i ffwrdd drwy ddargludiad, darfudiad a phelydriad yn nes ymlaen] a throsglwyddo llai o egni defnyddiol.

2. [Ffefryn yr arholwr] Mae plymiwr awyr sy'n disgyn drwy'r awyr yn profi llusgiad. Mae hyn yn arwain at drosglwyddo egni i fudiannau trolifau (*eddy motions*) yn yr aer, sy'n afradloni i egni mewnol y moleciwlau aer. Ar y buanedd terfynol, mae cyfradd colli egni potensial disgyrchiant yn hafal i gyfradd y cynnydd yn egni mewnol yr atmosffer.

Termau allweddol

Egni mecanyddol yw swm egni cinetig ac egni potensial system.

Grymoedd afradlon yw grymoedd sy'n arwain at golli egni mecanyddol mewn system. Enghreifftiau o hyn yw ffrithiant dynamig a gwrthiant llifydd (e.e. gwrthiant aer neu lusgiad).

Egni mewnol yw swm egnïon cinetig a photensial hap y gronynnau unigol mewn system.

Mewn iaith bob dydd, rydym yn cyfeirio at hyn yn aml fel **egni thermol**. Peidiwch fyth â'i alw'n wres!

cwestiwn cyflym

⑪ Esboniwch, yn nhermau grymoedd ac egni, pam na fydd llong danfor sy'n rhoi gwthiad cyson yn parhau i gyflymu.

Gwella gradd

Mae ystyr y gair 'dadansoddi' yn gallu amrywio. Ei ystyr yma yw rhoi hafaliad trosglwyddo egni gyda'r holl werthoedd wedi'u cyfrifo.

Cofiwch

Cofiwch fod 1 dunnell fetrig yn 10^3 kg.

cwestiwn cyflym

⑫ Cyfrifwch bŵer allbwn mwyaf moduron y trên yn yr enghraifft.

Termau allweddol

Effeithlonrwydd yw ffracsiwn yr egni mewnbwn a gaiff ei drosglwyddo'n ddefnyddiol.

Gwella gradd

Mae'n ddefnyddiol cadw'r unedau yn y cyfrifiad.
$W\ m^{-2} \times m^2 = W$

Enghraifft – wedi'i geirio'n lletchwith!

40 tunnell fetrig yw màs set o 4 cerbyd trên tanddaearol. Mae'n cyflymu o ddisymudedd i 20 m s^{-1} dros bellter o 500 m. 18 kN cyson yw'r grym gyrru. Dadansoddwch y trosglwyddiad egni.

Ateb

1. Mae'r gwaith sy'n cael ei fewnbynnu gan y modur,
$W = Fx = 18\ kN \times 500\ m = 9.0\ MJ$
2. Mae'r EC y mae'r set o 4 cerbyd yn ei ennill, yn
$$\begin{aligned} E_k &= \tfrac{1}{2}mv^2 - \tfrac{1}{2}mu^2 \\ &= \tfrac{1}{2} \times 40 \times 10^3 \times 20^2 \\ &= 8.0 \times 10^6\ J = 8.0\ MJ \end{aligned}$$
3. ∴ Mae'r gwaith sy'n cael ei wneud yn erbyn y grymoedd afradlon
$$\begin{aligned} &= 9.0\ MJ - 8.0\ MJ \\ &= 1.0\ MJ \end{aligned}$$

Mae hyn yn ei amlygu ei hun ar ffurf egni mewnol yn yr aer, yr olwynion, y rheiliau, ac ati.

Gwaith sy'n cael ei fewnbynnu 9.0 MJ	→	Egni cinetig a enillir 8.0 MJ	+	Egni mewnol cinetig a enillir 1.0 MJ

1.4.7 Effeithlonrwydd

Wrth drosglwyddo egni, gan amlaf caiff peth o'r egni ei wastraffu. Yn enghraifft y trên tanddaearol yn Adran 1.4.6, roedd yr egni ar ffurf egni mewnol gradd isel yn y diwedd. A dweud y gwir, dyna ddiwedd arferol egni gwastraff. **Effeithlonrwydd** y trosglwyddiad yw'r enw ar ffracsiwn yr egni mewnbwn sy'n cael ei drosglwyddo'n ddefnyddiol. Yn aml, caiff ei fynegi ar ffurf canran, a'i gyfrifo drwy ddefnyddio'r hafaliad:

$$\text{Effeithlonrwydd} = \frac{\text{egni defnyddiol a drosglwyddir}}{\text{cyfanswm egni mewnbwn}} \times 100\% \ .$$

Dyma'r hafaliad sy'n ymddangos yn Llyfryn Data CBAC. Os ydym yn rhannu'r egni a drosglwyddir â'r amser a gymerir, cawn ffurf ddefnyddiol arall ar yr hafaliad effeithlonrwydd:

$$\text{Effeithlonrwydd} = \frac{\text{pŵer defnyddiol a drosglwyddir}}{\text{cyfanswm pŵer mewnbwn}} \times 100\%$$

Mae cysyniad effeithlonrwydd yn berthnasol yn gyffredinol – nid dim ond i drosglwyddo egni mecanyddol, fel mae'r enghraifft nesaf yn ei ddangos:

Enghraifft

Mae arwynebedd casglu o 1.51 m^2 gan banel solar ar loeren. Mae wedi'i gyfeiriadu ar ongl sgwâr i belydriad solar ag arddwysedd 1.36 kW m^{-2}. Mae'n rhoi allbwn o 10.2 A ar 40 V. Cyfrifwch ei effeithlonrwydd.

Ateb

Pŵer y pelydriad trawol $= 1360\ W\ m^{-2} \times 1.51\ m^2 = 2054\ W$.

pŵer allbwn defnyddiol $= VI = 40\ V \times 10.2\ A = 408\ W$

$\text{Effeithlonrwydd} = \dfrac{\text{pŵer defnyddiol a drosglwyddir}}{\text{cyfanswm pŵer mewnbwn}} \times 100\% = \dfrac{408}{2054} \times 100\% = 19.9\%$

Cwestiynau ychwanegol

1. 75 m yw'r ffigur a roddir yn Rheolau'r Ffordd Fawr ar gyfer pellter brecio car sy'n teithio 70 mya.

    (a) Gan ddefnyddio'r brasamcan bod 1 filltir = 1600 m, trawsnewidiwch 70 mya yn m s^{-1}.

    (b) Heb gyfrifo, nodwch pa egni sy'n cael ei drosglwyddo wrth frecio.

    (c) Amcangyfrifwch uchafswm grym brecio car 800 kg.

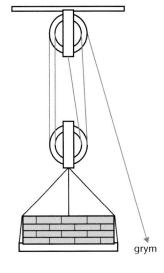

2. Caiff carreg 1 kg ei thaflu ag egni cinetig o 50 J o ben clogwyn sydd 40 m o uchder. Gan anwybyddu gwrthiant aer, cyfrifwch:

    (a) Ei hegni cinetig wrth iddi daro'r môr.

    (b) Ei buanedd taflu.

    (c) Ei buanedd wrth iddi daro'r môr.

3. Mae lori 44 tunnell fetrig yn brecio o 25.5 m s^{-1} i ddisymudedd mewn pellter o 58.8 m.

    (a) Dadansoddwch y broses hon yn nhermau cadwraeth egni.

    (b) Esboniwch pam mai 0% yw effeithlonrwydd y broses frecio.

4. Mae adeiladwyr yn defnyddio peiriant (*hoist*) i godi llwyth o frics, màs 60 kg, drwy uchder o 15 m. Er mwyn gwneud hyn, maen nhw'n tynnu'r rhaff drwy bellter o 60 m â grym o 400 N. Cyfrifwch:

    (a) Y cynnydd yn egni potensial y brics.

    (b) Effeithlonrwydd trosglwyddo'r egni.

    (c) Gan gymryd mai 5 kg yw màs bloc isaf y pwli a 2 kg yw màs y paled, dadansoddwch y broses hon yn nhermau cadwraeth egni.

5. Ar y dde fe welwch graff F–x bwa hir, yn fras. Mae'r bwa'n saethu saeth 55 g ag effeithlonrwydd 88%. Amcangyfrifwch fuanedd y saeth pan gafodd y bwa ei dynnu i'w bellter hiraf o 70 cm cyn ei ryddhau.

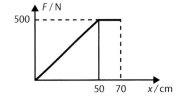

Tyniant = maint y grym y mae gwrthrych estynedig yn ei roi ar beth bynnag sydd ynghlwm wrth bob pen iddo. Mae hyn yn hafal i faint y grym a roddir ar bob pen gwrthrych i'w gadw'n estynedig.

Estyniad = y cynnydd yn hyd gwrthrych o'i roi dan dyniant.

Dywedir bod defnydd yn **elastig** os yw'n dychwelyd i'w faint a'i siâp gwreiddiol pan mae'r tyniant yn peidio.

Terfan elastig = y pwynt lle mae'r anffurfiad yn peidio â bod yn elastig.

Deddf Hooke: Ar yr amod nad yw'n mynd heibio i'r terfan elastig, mae estyniad sbring mewn cyfrannedd (union) â'r tyniant.

≫ Cofiwch
Nid yw'r hafaliad $F = kx$ yn Llyfryn Data CBAC. Rhaid i chi ei ddysgu, yn ogystal â deddf Hooke.

cwestiwn cyflym
① Mae sbring yn ymestyn 10.0 cm wrth hongian màs 200 g arno. Cyfrifwch gysonyn y sbring, k.

cwestiwn cyflym
② Caiff dau sbring eu cysylltu ben wrth ben. Cysonyn y sbring cyntaf yw 24.0 N m⁻¹ a chysonyn yr ail sbring yw 27.3 N m⁻¹. Cyfrifwch gyfanswm estyniad y pâr wrth hongian llwyth, màs 300 g, arnynt.

1.5 Solidau dan ddiriant

Mae'r testun hwn yn ymdrin â sut mae mathau gwahanol o ddefnyddiau solet – metel, gwydr, rwber – yn ymateb i'w rhoi dan dyniant. Mae'n dechrau drwy fynd dros briodweddau sbringiau.

1.5.1 Deddf Hooke a chysonyn y sbring

Mae sbring sbiral yn ymestyn os yw dan **dyniant**, h.y. mae'n mynd yn hirach. **Estyniad** yw'r enw ar y cynnydd yn yr hyd.

Estyniad = hyd estynedig – hyd gwreiddiol.

Gallwch ddefnyddio'r trefniant a ddangosir yn Ffig. 1.5.1 i archwilio'r berthynas rhwng y tyniant a'r estyniad. Rydych yn ychwanegu masau, m, ac yn nodi'r darlleniadau ar y raddfa, fel mae'r pwyntydd yn eu dangos. Rydych yn cyfrifo'r estyniadau fel uchod, ac yn cyfrifo'r tyniant, F, drwy ddefnyddio $F = mg$.

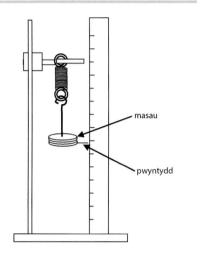

Ffig. 1.5.1 Archwilio sbring

Mae Ffig. 1.5.2 yn dangos graff nodweddiadol o dyniant yn erbyn estyniad.

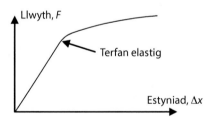

Ffig. 1.5.2 Graff tyniant–estyniad ar gyfer sbring

Yn y rhanbarth tyniant isel, llinell syth, mae'r sbring yn **elastig**. Gyda gwerthoedd estyniad mwy, uwchlaw'r **derfan elastig**, mae'r sbring wedi'i ymestyn yn barhaol. Mae **deddf Hooke** yn crynhoi hyn.

Mae'r berthynas, $F = kx$, yn ddilys ar gyfer y rhanbarth elastig. Cysonyn y sbring yw'r enw ar y cysonyn, k. Dyma'r grym fesul uned estyniad y sbring. Weithiau mae'n cael ei alw'n *anhyblygedd* (neu'n *gysonyn anhyblygedd*) y sbring. Mae sawl gwrthrych solet arall, heblaw am sbringiau, yn ufuddhau i ddeddf Hooke hyd at y derfan elastig. Cyfeirir yn aml at gymhareb y tyniant i estyniad y gwrthrychau hyn fel cysonyn anhyblygedd hefyd.

Enghraifft

25.3 N m^{-1} yw cysonyn y sbring, k, ar gyfer sbring. Y màs mwyaf y gall ei gynnal heb iddo ymestyn yn barhaol yw 0.65 kg. Beth yw'r estyniad ar y derfan elastig?

Ateb

Mae'r tyniant, F, ar y derfan elastig $= mg = 0.65 \times 9.81 = 6.38$ N.

Gan ddefnyddio $F = kx$, mae'r estyniad, $x = \dfrac{F}{k} = \dfrac{6.38 \text{ N}}{25.3 \text{ N m}^{-1}} = 0.25$ m

1.5.2 Diriant, straen a modwlws Young

(a) Diffiniadau ε, σ ac E

Arwynebedd trawstoriadol, A, a hyd gwreiddiol, l_0 sydd gan y silindr (neu'r wifren) yn Ffig. 1.5.3. Mae'r silindr o dan dyniant, F.

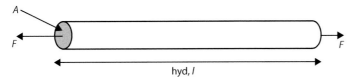

Ffig. 1.5.3 Silindr o dan dyniant

Gyda llwyth penodol, mae'r estyniad mewn cyfrannedd â'r hyd gwreiddiol. Felly, wrth gymharu defnyddiau, mae peirianwyr yn defnyddio **straen**, ε.

$$\varepsilon = \frac{\Delta l}{l_0}$$ sy'n diffinio straen, lle Δl yw'r cynnydd yn yr hyd.

Bydd angen ddwywaith y tyniant ar sampl tebyg o ddefnydd sydd â dwywaith yr arwynebedd trawstoriadol i gynhyrchu'r un straen. Felly, wrth gymharu defnyddiau, mae peirianwyr yn gweithio gyda'r **diriant**, σ. Dyma ddiffiniad σ:

$$\sigma = \frac{F}{A} \, .$$

Mae deddf Hooke yn berthnasol i'r rhan fwyaf o ddefnyddiau, yn ogystal â sbringiau. Mae hynny'n golygu bod $\Delta l \propto F$ ar gyfer estyniadau bach.

Felly, mewn unrhyw ddefnydd penodol, mae'r straen mewn cyfrannedd union â'r diriant, ac rydym yn diffinio **modwlws Young**, E, drwy

$$E = \frac{\sigma}{\varepsilon} \, .$$

Mae gwerth E yn nodweddiadol o'r defnydd: mae gwerthoedd E yn ein galluogi i gymharu anhyblygedd defnyddiau – nid anhyblygedd sbesimenau penodol.

Termau allweddol

Mae **diriant**, $\sigma = $ y tyniant fesul uned arwynebedd trawstoriadol.

Uned: pascal (Pa) neu N m^{-2}.

Mae **straen**, $\varepsilon = $ yr estyniad fesul uned hyd o ganlyniad i'r diriant a roddir.

Uned: dim un

Mae **modwlws Young**, $E = $ cymhareb y diriant i'r straen ar gyfer defnydd yn rhanbarth deddf Hooke.

Uned: pascal (Pa) neu N m^{-2}

≫ Cofiwch

Mae'r fanyleb a'r Llyfryn Data yn defnyddio'r symbol x ar gyfer yr estyniad yn y fformiwlâu

$$W = \tfrac{1}{2} Fx \text{ ac } E = \tfrac{1}{2} kx^2$$

Maen nhw'n defnyddio Δl yn y fformiwla

$$\varepsilon = \frac{\Delta l}{l_0}$$

cwestiwn cyflym

③ Mynegwch uned modwlws Young yn nhermau unedau SI sylfaenol.

≫ Cofiwch

Hafaliad defnyddiol **nad** yw yn y Llyfryn Data yw

$$E = \frac{Fl_0}{A\Delta l}$$

Gallwch ei ddeillio'n rhwydd o'r tri hafaliad sydd yn y Llyfryn Data.

cwestiwn cyflym

④ Deilliwch y fformiwla

$E = \dfrac{Fl_0}{A\Delta l}$ o

$\sigma = \dfrac{F}{A}$, $\varepsilon = \dfrac{\Delta l}{l_0}$, ac $E = \dfrac{\sigma}{\varepsilon}$

cwestiwn cyflym

⑤ 0.001 yw straen darn o wifren. Beth yw'r estyniad os yw'r hyd gwreiddiol yn:

(a) 1.0 m?

(b) 1.0 km?

(c) 53 cm?

cwestiwn cyflym

⑥ Rhoddir llwyth o 5 kN ar raff ddur, arwynebedd trawstoriadol 2 cm². Cyfrifwch y diriant mewn:

(a) N cm⁻²

(b) Pa

(c) MPa.

▲ Gwella gradd

Gyda defnyddiau peirianegol caled (dur, concrit, gwydr), 10–200 GPa yw gwerth modwlws Young fel arfer. Os yw eich ateb yn llai o lawer, mae'n debygol nad ydych wedi trawsnewid eich unedau, e.e. cm² yn m².

(b) Unedau ε, σ ac E

O'i ddiffiniad, nid oes uned gan ε – mae'n un hyd wedi'i rannu ag un arall. Yn y rhan fwyaf o sefyllfaoedd peirianegol, mae gwerthoedd ε yn fach iawn, e.e. gallai hytrawst (*girder*) pont fod tua 5 m o hyd ac yn ymestyn 0.5 mm dan dyniant.

Yn yr enghraifft hon, mae $\varepsilon = \dfrac{5 \times 10^{-4} \text{ m}}{5 \text{ m}} = 1 \times 10^{-4}$. Mae'r ffigur yn dweud wrthym fod yr hytrawst yn ymestyn 1×10^{-4} m am bob metr o'i hyd (1×10^{-4} cm am bob cm).

Gan edrych ar ddiffiniad **diriant**:

Mae uned diriant $= \dfrac{\text{uned grym}}{\text{uned arwynebedd}} = \dfrac{\text{N}}{\text{m}^2} = \text{N m}^{-2} = \text{Pa (pascal)}$. Mae hyn yr un peth ag uned gwasgedd.

O ddiffiniad **modwlws Young**:

Mae uned modwlws Young $= \dfrac{\text{uned diriant}}{\text{uned straen}} = \dfrac{\text{Pa}}{1} = \text{Pa}$

(c) Meintiau ε, σ ac E

Roedd gwerth y diriant a gyfrifwyd yn rhan (b) yn fach iawn – 1×10^{-4}. Mae hyn yn nodweddiadol o ddiriannau'r rhan fwyaf o ddefnyddiau peirianegol sy'n ymddwyn yn elastig. Mae'n ddefnyddiol cofio hyn wrth gyfrifo, ond gall diriannau mewn metelau hydwyth a rwber fod yn fwy o lawer.

Mae gwerthoedd diriant yn tueddu i fod yn fawr yn y mwyafrif o ddefnyddiau peirianegol. Efallai fod yr hytrawst yn rhan (b) o dan dyniant o 200 kN (pwysau llwyth, màs ~20 tunnell fetrig), a bod ganddo arwynebedd trawstoriadol o 100 cm², felly byddai'r diriant yn:

$$\sigma = \frac{200 \times 10^3 \text{ N}}{10^{-2} \text{ m}^2} = 2 \times 10^7 \text{ Pa } (= 20 \text{ MPa}).$$

Mae gwerthoedd diriant mewn sefyllfaoedd peirianegol yn amrywio'n fawr: mae'r gwerthoedd MPa a GPa yn rhai nodweddiadol.

Gan fod straen fel arfer yn < 10^{-3}, mae gwerthoedd modwlws Young ar gyfer pren a metelau fel arfer yn yr amrediad 10–500 GPa. Ar gyfer yr hytrawst dur, mae:

$$E = \frac{\sigma}{\varepsilon} = \frac{2 \times 10^7 \text{ Pa}}{1 \times 10^{-4}} = 2 \times 10^{11} \text{ Pa} = 200 \text{ GPa}.$$

Enghraifft

Mae gwifren 5.00 m o hyd, â diamedr 0.315 mm, wedi'i gwneud o ddur â modwlws Young o 200 GPa. Cyfrifwch ei hestyniad wrth roi llwyth o 10 N arni.

Ateb

Mae $\sigma = \dfrac{F}{A}$ ac mae $A = \pi r^2$. Felly, mae $\sigma = \dfrac{10 \text{ N}}{\pi \times \left(\dfrac{0.315 \times 10^{-3} \text{ m}}{2}\right)^2} = 1.28 \times 10^8 \text{ Pa}$

$E = \dfrac{\sigma}{\varepsilon}$, so $\varepsilon = \dfrac{\sigma}{E} = \dfrac{1.28 \times 10^6 \text{ Pa}}{200 \times 10^9 \text{ Pa}} = 6.4 \times 10^{-4}$,

Mae $E = \dfrac{\Delta l}{l_0}$, felly mae $\Delta l = \varepsilon l_0 = 6.4 \times 10^{-4} \times 5.00 \text{ m} = 3.2 \times 10^{-3} \text{ m} = 3.2 \text{ mm}$.

Cofiwch fod 1 cm^2 = 10^{-4} m^2, felly mae 1 N cm^{-2} = 1 × 10^4 Pa = 10 kPa.

Sylwch, yn yr ateb i'r enghraifft, fod diamedr y wifren yn cael ei newid yn m ar unwaith. Mae hyn yn helpu i osgoi camgymeriadau!

Sylwch: Mae defnyddio $E = \dfrac{Fl_0}{A\Delta l}$ yn gyflymach, os gallwch ei gofio. Dyma awgrym: wrth gyfrifo E (rhif mawr iawn), mae'r rhifau bach iawn (A a Δl) ar y gwaelod!

Gwella gradd

Cofiwch haneru'r diamedr wrth ddefnyddio $A = \pi r^2$. Fel arall, defnyddiwch

$$A = \pi \left(\frac{d}{2}\right)^2 \text{ neu } A = \pi \frac{d^2}{4}$$

1.5.3 Gwaith anffurfiad

Yn Adran 1.4.2, gwelsom fod

$$W = \tfrac{1}{2}Fx = \tfrac{1}{2}kx^2,$$

lle mae k = cysonyn y sbring, yn rhoi'r gwaith, W, sy'n cael ei wneud wrth estyn sbring sy'n ufuddhau i Ddeddf Hooke.

Os yw'r sbring yn elastig, h.y. mae'r gromlin ddadlwytho yr un peth â'r gromlin lwytho, mae'r un fformiwlâu yn rhoi'r egni potensial elastig. **Egni straen** yw'r enw arall ar hyn.

Mae'r un peth yn wir hefyd, am yr un rhesymau, ar gyfer sbesimen o *ddefnydd* (e.e. rhoden neu wifren) sy'n ufuddhau i ddeddf Hooke. Mae'r gwaith sy'n cael ei wneud wrth ymestyn yn hafal i'r arwynebedd o dan y graff tyniant–estyniad; a gall y defnydd wneud yr un gwaith wrth ymlacio.

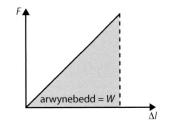

Ffig. 1.5.4 Egni straen

Yn aml, mae'n ddefnyddiol ystyried yr egni a gaiff ei storio fesul uned cyfaint, h.y. dwysedd egni straen y defnydd. Gallwch ddeillio hwn fel a ganlyn.

Cyfaint, V, y defnydd yw Al_0. Felly

$$\frac{\tfrac{1}{2}F\Delta l}{Al_0} = \tfrac{1}{2}\frac{F}{A} \times \frac{\Delta l}{l_0} = \tfrac{1}{2}\sigma\varepsilon$$

sy'n rhoi dwysedd yr egni.

Nid yw arwynebedd trawstoriadol na hyd sbesimen yn hollol gyson, ond mae'r amrywiad yn A ac l mor fach, gallwch ddefnyddio'r gwerthoedd di-straen. Mae rwber yn achos diddorol: mae ganddo estyniadau mawr, ond mae ganddo hefyd gyfaint sydd fwy neu lai yn gyson pan gaiff ei estyn.

Gan ddefnyddio'r berthynas $E = \dfrac{\sigma}{\varepsilon}$, y tri mynegiad

$$\tfrac{1}{2}\sigma\varepsilon = \tfrac{1}{2}E\varepsilon^2 = \tfrac{1}{2}\frac{\sigma^2}{E}$$

sy'n rhoi dwysedd yr egni fesul uned cyfaint.

Term allweddol

Egni straen (neu'r egni potensial elastig) yw'r egni a gaiff ei storio mewn sbesimen pan gaiff ei anffurfio yn elastig.

cwestiwn cyflym

⑦ Mae llwyth o 5 N yn ymestyn sbring Hookeaidd 30 cm. Faint o egni mae'r sbring yn ei storio?

Gwella gradd

Ni roddir y mynegiadau ar gyfer y gwaith sy'n cael ei wneud (egni a gaiff ei storio) fesul uned cyfaint yn y Llyfryn Data:

$$\tfrac{1}{2}\sigma\varepsilon = \tfrac{1}{2}E\varepsilon^2 = \tfrac{1}{2}\frac{\sigma^2}{E}$$

cwestiwn cyflym

⑧ Caiff cebl dur, 1.0 km o hyd, arwynebedd trawstoriadol 20 cm^2, ei estyn 1 m. Cyfrifwch yr egni a gaiff ei storio. Tybiwch mai 200 GPa yw modwlws Young ar gyfer dur.

Ffig. 1.5.5 Catapwlt

≫ *Cofiwch*

Fel y gwelsom yn Adran 1.5.5(c), nid yw rwber yn ufuddhau i ddeddf Hooke, felly mae 'modwlws Young' yn ffigur cyfartalog.

≫ *Cofiwch*

Yn yr enghraifft hon, mae'r arwynebedd trawstoriadol wedi'i ddyblu oherwydd y ddau ddarn o rwber, ond gallem, yr un mor hawdd, fod wedi cyfrifo'r egni mewn un band a lluosi'r egni hwn â 2.

Termau allweddol

Grisialog = yn cynnwys grisialau; araeau rheolaidd o ronynnau (ïonau fel arfer).

Polygrisialog = yn cynnwys nifer mawr o grisialau sy'n cyd-gloi.

Metel = defnydd dwys (solid neu hylif) lle mae'r atomau wedi colli un electron neu ragor, gan ddod yn ïonau positif. Mae'r ïonau positif hyn yn cael eu dal at ei gilydd gan yr electronau 'dadleoledig' sydd wedi'u rhyddhau.

Enghraifft

Mae band catapwlt yn cynnwys dau ddarn o rwber, 10 cm o hyd, trawstoriad 4 mm × 4 mm. Caiff carreg 25 g ei rhoi yn y catapwlt, a thynnir y band yn ei ôl bellter o 10 cm, a'i ryddhau. Gan dybio mai 20 MPa yw modwlws Young y rwber (gweler 'Cofiwch'), cyfrifwch fuanedd y garreg wrth iddi adael y catapwlt.

Ateb

Arwynebedd trawstoriadol y ddau ddarn rwber = $(4 \times 10^{-3} \text{ m})^2 = 1.6 \times 10^{-5} \text{ m}^2$.

Felly, mae cyfanswm yr arwynebedd trawstoriadol = $3.2 \times 10^{-5} \text{ m}^2$.

∴ Mae cyfaint y rwber = $0.1 \text{ m} \times 3.2 \times 10^{-5} \text{ m} = 3.2 \times 10^{-6} \text{ m}^3$

Mae Δl = 10 cm; l_0 = 10 cm, felly, mae E = 1.

Mae'r egni a storir fesul uned cyfaint $= \frac{1}{2} E\varepsilon^2 = \frac{1}{2} \times 20 \times 10^6 \text{ Pa} \times 1^2$
$= 1 \times 10^7 \text{ J m}^{-3}$

∴ Mae cyfanswm yr egni a storir $= 1 \times 10^7 \text{ J m}^{-3} \times 3.2 \times 10^{-6} \text{ m}^3 = 32 \text{ J}$.

Os caiff yr holl egni hwn ei drosglwyddo i'r garreg, mae $E_k = \frac{1}{2} \times 0.025 v^2 = 32 \text{ J}$

∴ mae $v = \sqrt{\dfrac{2 \times 32}{0.025}} = 51 \text{ m s}^{-1}$ (2 ff.y.)

1.5.4 Dosbarthiadau gwahanol o ddefnyddiau solet

Mae tri dosbarth o ddefnyddiau: (poly)grisialog, amorffaidd neu polymerig. Mae priodweddau tynnol gwahanol iawn gan y rhain.

(a) Defnyddiau grisialog

Solidau sydd â threfn amrediad pell yw grisialau, h.y. mae'r gronynnau (atomau, moleciwlau neu ïonau fel arfer) mewn trefniant rheolaidd. Dellten yw'r enw ar hwn. **Metelau polygrisialog** yw defnyddiau peirianegol **grisialog** gan amlaf. Ïonau metel sfferig yw gronynnau'r ddellten mewn metelau. Yn y mwyafrif o fetelau, mae'r gronynnau wedi'u trefnu'n hecsagonol ym mhlanau'r ddellten.

Yn y trefniant hwn, mae gan bob ïon y nifer mwyaf posibl o gymdogion agos, felly egni potensial y ddellten hecsagonol yw'r isaf posibl – Ffig. 1.5.6(a).

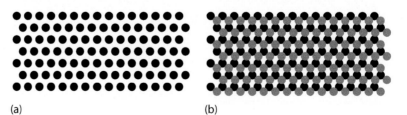

(a)   (b)

Ffig. 1.5.6 Dellten fetelig wedi'i phacio'n dynn

Mae plân nesaf y ddellten hefyd wedi ei drefnu'n hecsagonol, gyda phob ïon yn nythu mewn bwlch rhwng yr ïonau yn y plân islaw – Ffig. 1.5.6(b).

Mae'r un peth yn wir am y plân islaw, a chanlyniad hyn yw bod pob ïon mewn cysylltiad â 12 cymydog agos, sef y nifer mwyaf posibl. Yn gyffredinol, nid grisial unigol yw darn o fetel ond nifer mawr o grisialau. Roedd pob un o'r grisialau wedi dechrau ffurfio ar wahân o'r ffurf dawdd, gan arwain at gyfeiriadaeth hap planau'r grisialau. Dangosir hyn yn sgematig yn Ffig. 1.5.7. Nid yw'r diagram wrth raddfa – mae pob un o'r grisialau tua 50 μm ar eu traws, sydd tua 6 threfn maint yn fwy na'r ïonau metel.

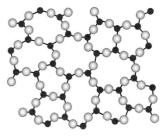

Ffig. 1.5.7 Metel polygrisialog: ïonau a graenau

(b) Defnyddiau amorffaidd

Nid oes gan y defnyddiau hyn unrhyw drefn amrediad pell. Os yw cyfansoddyn defnydd moleciwlaidd, e.e. silicon deuocsid, yn oeri'n gyflym o'r cyflwr tawdd, nid yw ei foleciwlau'n cael amser i ffurfio trefniant grisialog cyn iddynt golli'r gallu i symud. Y canlyniad yw gwydr – fel sydd yn Ffig. 1.5.8.

Mae ceramigau yn cynnwys moleciwlau metelau ac anfetelau sydd wedi'u bondio naill ai'n gofalent neu'n ïonig. Yn aml maen nhw'n rhannol grisialog o fewn matrics amorffaidd, yn wahanol i wydrau, sydd yn gyfan gwbl amorffaidd. Nid yw ceramigau'n ffurfio o gyflwr tawdd fel arfer.

Ffig. 1.5.8 Adeiledd gwydr

(c) Defnyddiau polymerig

Mae gan **bolymerau** foleciwlau mawr iawn sy'n cynnwys nifer mawr iawn (nid yw ~10^5 yn anghyffredin) o unedau ailadroddol. **Monomerau** sy'n ffurfio polymerau, sef moleciwlau sydd ag un bond dwbl neu ragor: mae'r bondiau dwbl yn agor i greu bondiau rhydd a all gysylltu'r monomerau â'i gilydd.

Y polymer symlaf yw polythen (neu bolyethen): Ffigurau 1.5.9 ac 1.5.10.

Ffig. 1.5.9 Ethen
- monomer polythen

Ffig. 1.5.10 Uned ailadroddol moleciwl polythen

Mae rwber bron yn bolymer hollbresennol, sef polyisopren: Ffigurau 1.5.11 ac 1.5.12.

Ffig. 1.5.11 Isopren
- monomer rwber naturiol

Ffig. 1.5.12 Rwber naturiol, polyisopren

cwestiwn cyflym

⑨ Dyma fformiwla propylen:

Lluniadwch yr uned ailadroddol ar gyfer polypropylen.

Caiff diagramau o bolythen, rwber a'u monomerau eu llunio ar ffurf ffigurau plân. Mewn gwirionedd, mae iddynt adeiledd 3 dimensiwn: yn achos atom carbon sydd â 4 bond sengl, mae'r ongl rhwng y bondiau tua 110°; gall bondiau C–C sengl gylchdroi'n rhydd. Mae'r rhain yn nodweddion pwysig sy'n esbonio priodweddau mecanyddol rwber.

Plastig = pan mae'r diriant wedi'i ddileu, mae'r defnydd wedi'i anffurfio'n barhaol.

Hydwyth = defnydd y mae'n bosibl ei dynnu'n wifren.

Terfan elastig = y diriant lle mae'r anffurfio yn peidio â bod yn elastig.

Pwynt ildio = y pwynt ar graff diriant–straen lle mae cynnydd mawr yn digwydd yn y straen heb fawr ddim cynnydd, neu ddim cynnydd o gwbl, yn y diriant.

Diriant ildio = y diriant ar y pwynt ildio.

≫ *Cofiwch*

Enw arall ar y diriant torri yw'r cryfder tynnol eithaf.

Gwella gradd

Os oes rhaid i chi lunio graff σ–ε ar gyfer metel hydwyth, lluniadwch graff ar gyfer dur – mae'n haws ei labelu!

Afleoliad ymyl = plân rhannol ychwanegol o ïonau mewn grisial.

Gwella gradd

Mae'r graff diriant–straen yn parhau i godi yn y rhanbarth plastig oherwydd bod yr afleoliadau ymyl yn mynd yn gymysg. Gwaith galedu yw'r enw ar y broses. Mae'n cynhyrchu rhagor o afleoliadau, ond ar ddiriant uwch yn unig.

1.5.5 Priodweddau diriant–straen metelau hydwyth

(a) Y perthnasoedd diriant–straen

Mae copr a dur yn ddefnyddiau **hydwyth**. Dangosir nodweddion o'u cromliniau diriant–straen yn Ffig. 1.5.13.

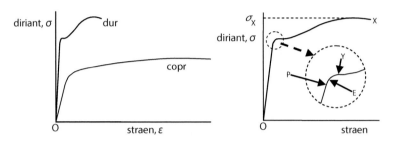

Ffig. 1.5.13 Cromliniau σ–ε ar gyfer copr a dur

Mae gan y ddau ddefnydd ranbarth elastig llinol ar gyfer diriannau isel. Mae modwlws Young yn gyson yma.

Ar werthoedd straen uwch, mae'r graff yn crymu i'r dde, ac mae'r defnydd yn mynd yn **blastig**. Mae'r nodweddion ar y graff ar gyfer dur yn fwy eglur:

P – terfan gyfrannol
E – **terfan elastig**
Y – **pwynt ildio**, a σ_Y – y **diriant ildio**
σ_X – diriant torri
X – pwynt torri

Gyda diriannau isel, mae cynnydd yn y diriant yn gwneud i ïonau'r ddellten wahanu'n bellach i gyfeiriad y diriant. Ar ôl dileu'r diriant, caiff yr ïonau eu tynnu yn eu holau gan y bondiau metelig. Felly, mae'r anffurfiad yn **elastig**. Cewch esboniad o anffurfiad **plastig** yn yr adran nesaf.

(b) Afleoliadau ymyl

Gan fod y grisialau'n tyfu ar hap, nid ydynt yn berffaith, ac, yn aml iawn, maen nhw'n cynhyrchu **afleoliad ymyl** [miliynau fesul grisial]. Mae hwn yn blân rhannol ychwanegol o ïonau. Yn Ffig. 1.5.14, X yw'r afleoliad. Os caiff grymoedd digon mawr eu rhoi ar y defnydd (fel bod y diriant yn fwy na'r diriant ildio), fel y dangosir, bydd yr afleoliad yn symud yn anghildroadwy i'r dde, h.y. caiff y grisial ei anffurfio yn barhaol. Mae sawl animeiddiad o hyn ar gael – teipiwch *edge dislocation* i beiriant chwilio, a dewiswch fideo neu gyfres o ddelweddau addas.

Gall symudiad afleoliadau ymyl achosi anffurfiadau mawr, fel hyn: gall diriannau mawr wneud i blân grisial dorri ger pwynt gwan (e.e. ïon coll), gan gynhyrchu dau afleoliad ymyl, sy'n mudo i gyfeiriadau dirgroes. Mae hyn yn gwneud i'r grisialau hwyhau i gyfeiriad y diriant. Gan fod nifer mawr

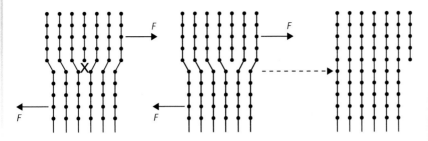

Ffig. 1.5.14 Anffurfiad plastig o ganlyniad i fudiant afleoliad ymyl

o afleoliadau ymyl yn bresennol, bydd straeniau eithaf mawr yn cael eu cynhyrchu (20–30%).

Nid yw'r afleoliad ymyl yn gallu symud y tu hwnt i ffin y graenau: y mwyaf yw'r graenau, y mwyaf yw'r straeniau plastig. Mae atomau estron (amhureddau), ffiniau graenau, ac afleoliadau eraill yn atal symudiad afleoliadau ymyl. Gan hynny, maen nhw'n anystwytho ac yn cryfhau'r defnydd.

(c) Toriad hydwyth

Mae Ffig. 1.5.15 yn dangos **toriad hydwyth**, gyda'i yddfu a'i doriad 'cwpan a chôn' nodweddiadol. Wrth i'r diriant gyrraedd σ_x, caiff mwy a mwy o afleoliadau ymyl eu cynhyrchu. Mae'r afleoliadau hyn yn mudo, gan achosi'r hwyhad. Gan nad yw'r cyfaint yn cynyddu, mae'r arwynebedd trawstoriadol yn lleihau, gan gynyddu'r gwir ddiriant yn y gwddf. Mae hyn yn arwain at fwy o afleoliadau mewn proses nad yw'n bosibl ei rheoli. Rydych yn aml yn gweld marciau llif yn yr ardal yddfu.

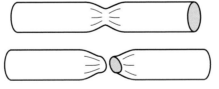

Ffig. 1.5.15 Toriad hydwyth

1.5.6 Priodweddau diriant–straen defnyddiau brau

(a) Y berthynas diriant–straen

Mae defnyddiau brau yn elastig; maen nhw'n ufuddhau i ddeddf Hooke ar gyfer pob diriant hyd at y diriant torri. Dangosir hyn yn Ffig. 1.5.16.

Sylwch nad yw 'elastig' yn golygu estynadwy iawn. Tua 0.001 (h.y. 0.1%) yw'r straen ar y pwynt torri yn y rhan fwyaf o ddefnyddiau brau.

Enghraifft

Mae rhoden, hyd 60 cm, wedi'i gwneud o wydr â modwlws Young o 70 GPa, a diriant torri o 100 MPa. Cyfrifwch faint mae'r hyd yn cynyddu hyd at ei phwynt torri.

≫ Cofiwch

Y 'diriant' ar y gromlin σ–ε yw'r diriant peirianegol. Diffiniad hwn yw'r tyniant wedi'i rannu â'r arwynebedd trawstoriadol gwreiddiol. Y gwir ddiriant yw'r tyniant wedi'i rannu â'r gwir arwynebedd trawstoriadol, sy'n lleihau wrth y gwddf. Mae graff o wir ddiriant (ar yr arwynebedd trawstoriadol lleiaf) yn erbyn straen yn parhau i godi hyd at y pwynt torri.

Term allweddol

Toriad hydwyth = toriad sy'n digwydd pan roddir diriant ar ddefnydd hydwyth hyd at y pwynt torri. Mae'n cynnwys anffurfiad plastig a gyddfu.

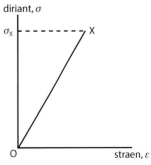

Ffig. 1.5.16 Graff σ–ε ar gyfer defnydd brau

Gwella gradd

Gan ddefnyddio eich cyfrifiannell:
Mewnbynnwch 100 M(Pa) fel 100×10^6, a 70 G(Pa) fel 70×10^9.

≫ Cofiwch

Nid oes afleoliadau ymyl symudol gan ddefnyddiau brau oherwydd:

1. maen nhw'n amorffaidd (dim dellten reolaidd), e.e. gwydrau, neu
2. maen nhw wedi'u bondio'n ïonig neu'n gofalent, e.e. ceramigau, neu
3. maen nhw'n fetelig, ond bod ganddynt grisialau bach iawn â nifer mawr o amhureddau, e.e. haearn bwrw.

cwestiwn cyflym

⑪ Mae ffibr gwydr, diamedr 0.12 mm, ddim ond yn torri pan gaiff màs o 650 g ei hongian arno. Mae ei fodwlws Young yn 80 GPa.
(a) Cyfrifwch y cryfder tynnol eithaf.
(b) Cyfrifwch y straen wrth iddo dorri.
(c) Brasluniwch y graff diriant–straen.

≫ Cofiwch

Mae gwaith maen yn wan mewn tyniant – yn enwedig yn y cymalau morter. Adeiladwyd hen eglwysi gyda thyrau yng nghorneli'r waliau. Mae pwysau'r tyrau'n helpu i gadw'r waliau dan gywasgedd.

Ateb

Mae $E = \dfrac{\sigma}{\varepsilon}$, felly, mae $\varepsilon_x = \dfrac{\sigma_x}{E} = \dfrac{100 \text{ MPa}}{70 \text{ GPa}} = 0.00143$

$\therefore$ mae $\Delta l = \varepsilon_x l_0 = 0.00143 \times 60$ cm $= 0.086$ cm (2 ff.y.)

Sylwch nad oes rhaid i ni drawsnewid l_0 yn m: mae uned Δl yr un peth ag uned l_0.

(b) Toriad brau

Mae diriant torri tynnol defnyddiau brau yn is o lawer nag y byddwch yn ei ragweld o gryfder y bondiau yn y defnydd. Er enghraifft, mae cryfder tynnol eithaf damcaniaethol gwydr ~6 GPa, o'i gymharu â gwerth arbrofol o hyd at 0.1 GPa ar gyfer gwydr swmp. Mae'r defnydd yn torri oherwydd presenoldeb craciau microsgopig yn yr arwyneb. Y craciau hyn sy'n gyfrifol am wendid defnyddiau brau o dan dyniant.

Mae Ffig. 1.5.17 yn dangos sampl brau â chrac wedi'i chwyddo'n fawr. **Llinellau diriant** yw'r llinellau toredig, sy'n dangos sut caiff y tyniant ei drosglwyddo drwy'r sbesimen. Mae'r llinellau diriant wedi crynhoi o gwmpas blaen y crac, gan fwyhau'r diriant. Nid oes unrhyw afleoliadau ymyl symudol yn bresennol i ryddhau'r diriant (gweler 'Cofiwch'), felly mae'r crac yn torri ymhellach ar ei ben blaen. Mae hyn yn cynhyrchu rhagor o ddiriant eto ar y blaen newydd. Y canlyniad yw methiant catastroffig: mae'r crac yn lledaenu'n gyflym drwy'r defnydd.

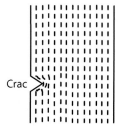

Ffig. 1.5.17 Methiant defnydd brau

Mae arbrofion ar ffibrau gwydr tenau wedi dangos bod cryfder tynnol eithaf ffibr gwydr sydd newydd ei dynnu yn cynyddu wrth i'r diamedr leihau, os cymerir gofal i beidio â difrodi'r arwyneb. Y mwyaf tenau yw'r ffibr gwydr, y lleiaf yw'r diriant thermol wrth iddo oeri, felly mae'r broblem o ran craciau arwyneb yn llai. Mae cryfderau sy'n agos at y gwerth damcaniaethol gan ffibrau gwydr tenau iawn (~1 µm).

(c) Defnydd adeileddol o ddefnyddiau brau

Mae'n bosibl defnyddio defnyddiau brau mewn gwaith peirianegol os oes modd atal craciau rhag lledaenu. Dyma sut mae gwneud hyn:

1. Mae adeileddau concrit a bric wedi'u cynllunio fel bod y defnydd brau bob amser *dan gywasgedd*. Fel hyn, ni fydd y craciau'n agor.
2. Caiff concrit wedi'i wasgu'n barod ei wneud drwy dywallt y concrit o amgylch rhodenni dur sydd o dan dyniant. Caiff y rhodenni eu llacio ar ôl i'r concrit galedu, gan roi'r concrit dan gywasgedd.
3. Caiff gwydr wedi'i wasgu'n barod ei weithgynhyrchu fel bod yr arwyneb dan gywasgedd. Caiff hyn ei wneud drwy oeri'r arwyneb yn gyflym – fel hyn, mae'r arwyneb yn caledu gyntaf, ac mae'r craidd, sy'n caledu'n nes ymlaen, yn achosi i'r arwyneb fod dan gywasgedd. Mae'n bosibl rhoi tyniant ar y gwydr heb roi'r arwyneb, sy'n gallu cynnal craciau, dan dyniant.

1.5.7 Priodweddau diriant–straen rwber

Mae'r nodweddion canlynol gan y graff diriant–straen a'r graff llwyth–estyniad:

- Maen nhw'n aflinol: serth → llai serth → serth iawn; dim ond mewn diriannau isel iawn mae rwber yn ufuddhau yn fras i ddeddf Hooke.
- Straeniau mawr: hyd at ~5 (neu 500%), yn ddibynnol ar y math o rwber.
- Mae'r diriant y mae ei angen i ymestyn yn isel, h.y. mae modwlws Young yn isel iawn.
- Mae'r cromliniau llwytho a dadlwytho yn wahanol: **hysteresis elastig** yw'r enw ar hyn.

Gan mai'r arwynebedd o dan gromlin llwyth–estyniad yw'r gwaith sy'n cael ei wneud, mae'r gwaith sy'n cael ei wneud *gan* y band rwber wrth gyfangu yn llai na'r gwaith sy'n cael ei wneud *ar* y band rwber wrth iddo ymestyn.

Mae'r arwynebedd *rhwng* y graffiau'n cynrychioli'r egni a gaiff ei afradloni wrth symud unwaith o amgylch y ddolen hysteresis. Mae'n ei amlygu ei hun ar ffurf egni dirgrynol hap y moleciwlau rwber.

Pam mae rwber yn ymddwyn fel hyn?

1. Mae'r bondiau C–C yn y gadwyn hir yn gallu cylchdroi;
2. Mae bondiau C–C olynol ar ongl (~110°) i'w gilydd.

Mae moleciwl rwber yn y cyflwr diddiriant yn glymog yn naturiol: mae'n annhebygol iawn o ffurfio mewn cyflwr llinol [gweler Ffig. 1.5.19 – cofiwch ei fod yn 3 dimensiwn].

Mae rhoi grym arhydol bach yn cylchdroi'r bondiau ac yn sythu'r moleciwlau: ni chaiff unrhyw fondiau eu hestyn; cynhyrchir estyniadau mawr. Mae'r grym yn gweithredu yn erbyn mudiannau thermol y moleciwlau, sy'n tueddu i dynnu pob pen iddynt i mewn. Wrth ryddhau'r grym, mae dirgryniadau naturiol y moleciwlau yn gwneud y cadwyni hir yn glymau unwaith eto. Oherwydd y gwaith sy'n cael ei wneud, mae'r moleciwlau'n dirgrynu mwy yn y pen draw, h.y. caiff egni ei afradloni.

Gall yr egni a gaiff ei golli yn ystod hysteresis fod yn *ddefnyddiol*, e.e. mewn sioc laddwyr (shock absorbers). Gall fod yn *niwsans*, e.e. y gwrthiant symudol mewn teiars ceir. Mae'n bosibl ei leihau drwy gyflwyno trawsgysylltau rhwng moleciwlau (neu rhwng rhannau gwahanol o'r un moleciwl) yn y broses y cyfeirir ati fel *fwlcaneiddio*.

Ffig. 1.5.18 Cromlin diriant–straen ar gyfer rwber

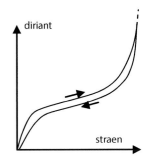

Ffig. 1.5.19 Bondiau sy'n cylchdroi mewn moleciwlau rwber

1.5.8 Gwaith ymarferol penodol

(a) Darganfod modwlws Young ar gyfer defnydd gwifren

Ffig. 1.5.20 Modwlws Young ar gyfer gwifren

clamp
blociau pren
hyd, *l*
marciwr papur
graddfa
llwyth

≫ Cofiwch

Dyma ddadansoddiad y data:

mae $E = \dfrac{Fl_0}{A\Delta l}$, felly, mae

$F = \dfrac{EA}{l_0}\Delta l$,

lle mae $A = \pi\,\dfrac{d^2}{4}$.

Felly,

$m = \dfrac{EA}{l_0}$. $\therefore E = \dfrac{l_0 m}{A}$

sy'n rhoi graddiant, m, y graff.

Rydych yn defnyddio darn hir o wifren, gydag l tua 2 m fel arfer. Mae'r blociau yno i atal unrhyw ddifrod i'r wifren.

Rydych yn mesur yr hyd gwreiddiol, l_0, â riwl fetr (sy'n rhoi ansicrwydd o ~0.1%) ac yn mesur yr estyniad drwy ddefnyddio'r marciwr papur (neu smotyn o baent) a'r raddfa mm – dyma ran leiaf trachywir yr arbrawf. Cewch ddefnyddio microsgop teithiol i wneud gwaith manwl gywir. Rydych yn darganfod y tyniant o fàs y llwyth – a gaiff ei gynyddu'n nodweddiadol fesul camau o 0.1 kg – a thrwy ddefnyddio $W = mg$. Ar ôl cyrraedd y llwyth mwyaf, rydych yn lleihau'r llwyth ac yn cyfrifo cymedr gwerthoedd Δl o ddau werth y llwyth bob tro.

Rydych yn defnyddio micromedr/caliper digidol i ddarganfod diamedr y wifren (gan roi ansicrwydd o 0.01 mm, h.y. 3%, ar gyfer gwifren â diamedr 0.3 mm).

Plotiwch graff o F yn erbyn Δl. Cyfrifwch werth modwlws Young o'r graddiant, fel y dangosir yn 'Cofiwch'.

Data sampl: Gwifren gopr; l_0 = 2.105 ± 0.001 m; d = 0.38 ± 0.01 mm; graddiant = 6200 ± 300 N m^{-1}

Cyfrifiad: Graddiant, $m = \dfrac{EA}{l_0}$, felly, mae $E = \dfrac{l_0 m}{A} = \dfrac{2.105 \text{ m} \times 6200 \text{ N m}^{-1}}{\pi\left(\dfrac{0.38 \times 10^{-3}}{2}\right)^2}$

= 115 GPa

Ansicrwydd: % ansicrwydd: d – 2.6%; graddiant – 4.8%; l_0 – 0.05% [anwybyddwch].

Felly, mae cyfanswm yr ansicrwydd = 2.6% + 4.8% = 7.4%. 7.4% o 115 = 8.5

Felly, mae E = 115 ± 9 GPa

(b) Archwilio perthynas grym–estyniad rwber

Rydych yn gwneud yr arbrawf hwn yn debyg i'r arbrawf gyda'r sbring yn Adran 1.5.1. Mesurwch estyniadau llwythi cynyddol nes bydd y band rwber yn dangos fawr ddim estyniad ychwanegol. Yna, wrth leihau'r llwyth yn raddol, mesurwch yr estyniadau. Cawn graff llwyth–estyniad o'r un siâp â'r graff yn Ffig. 1.5.2, sy'n dangos hysteresis elastig yn glir.

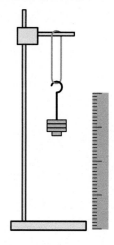

Ffig. 1.5.21 Grym–estyniad ar gyfer rwber

Cwestiynau ychwanegol

1. Mynegwch uned cysonyn y sbring, k, yn nhermau'r unedau SI sylfaenol.

2. 15.3 cm yw hyd sbring heb ei lwytho. Wrth hongian màs 500 g arno, 23.7 cm yw ei hyd. Cyfrifwch gysonyn y sbring.

3. Caiff dau sbring, cysonion 200 N m^{-1} a 300 N m^{-1}, eu cysylltu ben wrth ben. Cyfrifwch yr egni straen pan fydd y sbringiau dan dyniant o 150 N.

4. Mae arwynebedd trawstoriadol A gan roden, X. Yr un yw hyd rhoden Y ac mae wedi'i gwneud o'r un defnydd. $2A$ yw arwynebedd trawstoriadol Y.
   (a) Cymharwch yr egnïon potensial elastig os ydych chi'n rhoi'r rhodenni o dan yr un tyniant.
   (b) Cymharwch yr egnïon potensial elastig os ydych chi'n rhoi X o dan dyniant $2T$, ac Y o dan dyniant T.

5. Mae llyfr data peiriannydd yn nodi'r data canlynol ar gyfer copr:
   Modwlws Young = 117 GPa; diriant ildio = 75 MPa;
   cryfder tynnol eithaf = 150 MPa; straen torri = 0.45.
   Mae diamedr o 3.25 mm a hyd o 1 km gan wifren gopr.
   (a) Mae'r wifren o dan dyniant sydd yn 90% o'r diriant ildio. Cyfrifwch (i) y tyniant, (ii) yr estyniad a (iii) yr egni straen.
   (b) Brasluniwch y gromlin llwyth–estyniad a'i defnyddio i amcangyfrif y gwaith sy'n cael ei wneud wrth ymestyn y wifren hyd at ei phwynt torri.

6. Cafodd myfyriwr y canlyniadau canlynol ar gyfer darn o wifren gopr:
   Diamedr y wifren, $r = 0.272$ mm; $l_0 = 3.43$ m

Llwyth / g	50	100	150	200	250	300	350	400
Estyniad / mm	0.20	0.51	0.78	1.03	1.29	1.50	1.68	1.98

Defnyddiwch y canlyniadau hyn i ddarganfod y modwlws Young ar gyfer copr.

cwestiwn cyflym

① Ym mha ranbarth o'r sbectrwm e-m mae tonfeddi allyriadau brig ar gyfer pelydryddion cyflawn ar dymereddau o:

(a) 5000 K, (b) 4000 K, (c) 3000 K?

1.6 Defnyddio pelydriad i ymchwilio i sêr

Gallwn ddysgu tipyn am seren o'i **sbectrwm** – sut caiff ei egni e-m ei ddosbarthu ar draws tonfeddi isgoch, gweladwy ac uwchfioled. Rydym yn darganfod hyn drwy ddefnyddio telesgop, gratin diffreithiant a chanfodyddion addas. Mae seryddiaeth amldonfedd (Adran 1.6.5) yn ehangu'n aruthrol amrediad y tonfeddi a gaiff eu darganfod a'u dadansoddi.

1.6.1 Sbectrwm seren

Mae sbectrwm seren yn cynnwys:

- Sbectrwm di-dor o belydriad sy'n deillio o'r nwy dwys, di-draidd ar arwyneb y seren.
- Sbectrwm amsugno llinell sydd wedi'i arosod (Adran 2.7.8) o ganlyniad i atomau yn atmosffer y seren y mae'n rhaid i'r pelydriad deithio drwyddynt.

O donfeddi'r llinellau tywyll, gall ffisegwyr enwi'r atomau amsugnol sy'n gyfrifol amdanynt. Gweler 'Cofiwch' am enghraifft.

1.6.2 Y sbectrwm di-dor

Dyma'n fras yr hyn y mae ffisegwyr yn ei alw'n **sbectrwm pelydrydd cyflawn**.

Mae pelydrydd cyflawn yn arwyneb delfrydol sy'n amsugno'r holl belydriad e-m sy'n disgyn arno. Ar unrhyw donfedd benodol, gwelwn mai'r amsugnwyr gorau sy'n allyrru orau hefyd. Yn benodol, nid oes un arwyneb yn allyrru mwy o belydriad fesul m^2, a hynny dim ond am ei fod yn boeth, na phelydrydd cyflawn ar yr un tymheredd.

Mae *pelydriad sbectrol* neu *arddwysedd sbectrol*[1] (y pŵer sy'n cael ei allyrru fesul uned arwynebedd fesul uned cyfwng o'r donfedd) pelydrydd cyflawn yn dibynnu ar y donfedd, fel y dangosir yn y sbectra (a luniwyd ar gyfer tri thymheredd).

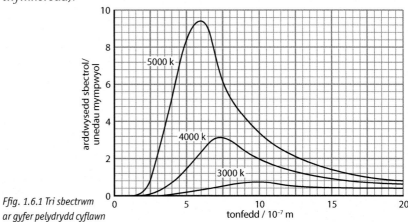

Ffig. 1.6.1 Tri sbectrwm ar gyfer pelydrydd cyflawn

---

[1] Ni fydd disgwyl i chi wybod y termau arddwysedd sbectrol na phelydriad sbectrol.

Enghraifft

Pa liw yw seren gyda thymheredd arwyneb o 3000 K?

Ateb

Mae tonfedd allyriad brig tua 10×10^{-7} m (1000 nm), sydd yn y rhanbarth isgoch. Ond, dim ond mewn tonfeddi sydd yn y rhanbarth gweladwy y mae ein diddordeb ni! Mae'r arddwysedd sbectrol yn disgyn yn sylweddol wrth i ni symud o 700 nm (coch tywyll) i 400 nm (fioled), felly bydd y seren yn gochlyd (Adran 2.7.2).

1.6.3 Deddf dadleoliad Wien ar gyfer pelydriad pelydrydd cyflawn

Mae'r donfedd, λ_P, lle mae sbectrwm y pelydrydd cyflawn (arddwysedd sbectrol yn erbyn tonfedd) yn cyrraedd ei frig, mewn cyfrannedd gwrthdro â thymheredd kelvin y pelydrydd cyflawn, T.

Hynny yw, mae $\lambda_P = \dfrac{W}{T}$ lle mae W yn cynrychioli *cysonyn Wien*.

Mae $W = 2.90 \times 10^{-3}$ K m.

Yn Ffig. 1.6.1, caiff tonfedd, λ_P, yr arddwysedd sbectrol brig ei *dadleoli* ymhellach ac ymhellach i'r chwith wrth i'r tymheredd godi. Dylech enrhifo $T \lambda_P$ ar gyfer y tri sbectrwm, i wirio a yw'n ufuddhau i ddeddf Wien.

1.6.4 Deddf Stefan ar gyfer pelydriad pelydrydd cyflawn

Mae $P = \sigma A T^4$
yn rhoi cyfanswm pŵer, P, y pelydriad electromagnetig sy'n cael ei allyrru o arwynebedd, A, pelydrydd cyflawn ar dymheredd kelvin T.

Cysonyn Stefan yw'r enw ar σ.
Mae $\sigma = 5.67 \times 10^{-8}$ W m^{-2} K^{-4}.

Enghraifft: cymhwyso deddfau'r pelydrydd cyflawn i'r seren Arcturus

Mae Arcturus yn seren oren llachar a 674 nm yw mesuriad λ_P ar ei chyfer. Rydym yn gwybod bod y seren (S) 3.47×10^{17} m o'r Ddaear (E), a bod arddwysedd y pelydriad sy'n cyrraedd y Ddaear ohoni yn 3.09×10^{-8} W m^{-2}. Cyfrifwch:
(a) Tymheredd y seren   (b) Ei goleuedd   (c) Ei radiws.

Ffig. 1.6.2 Arddwysedd

Ateb

(a) Gallwn ddarganfod tymheredd y seren drwy ddefnyddio deddf Wien...

$$T = \frac{W}{\lambda_p} = \frac{2.90 \times 10^{-3} \text{ K m}}{674 \times 10^{-9} \text{ m}} = 4300 \text{ K}.$$

Termau allweddol

Deddf dadleoliad Wien

$\lambda_p = \dfrac{W}{T}$ [$W = 2.90 \times 10^{-3}$ K m]

Mae'r ddeddf wedi'i datgan yn y prif destun.

Deddf Stefan

$P = \sigma A T^4$ [$\sigma = 5.67 \times 10^{-8}$ W m^{-2} K^{-4}]

Mae'r ddeddf wedi'i datgan yn y prif destun. Weithiau *deddf Stefan–Boltzmann* yw'r enw ar hon.

[Mae $T/K = \theta/°C + 273.15$ yn cysylltu **tymheredd kelvin**, T, â thymheredd Celsius, θ.]

Goleuedd seren yw cyfanswm pŵer y pelydriad e-m y mae'n ei allyrru. Uned: W

Arddwysedd pelydriad e-m yw'r egni sy'n pasio fesul uned amser, fesul uned arwynebedd, drwy arwynebedd sy'n normal i'r cyfeiriad lledaenu. Uned: W m^{-2}

Y ddeddf sgwâr gwrthdro ar gyfer arddwysedd pelydriad ar bellter R_{SE} o'r seren ...

$$\text{Arddwysedd} = \frac{\text{Goleuedd}}{4\pi \, R_{SE}^2}$$

Mae dyblu'r pellter yn chwarteru'r arddwysedd, ac ati. Mae'r ddeddf yn tybio na chaiff unrhyw belydriad ei **amsugno** wrth iddo deithio.

③ Mae sbectrwm y seren Pollux yn brigo ar 622 nm. Mae ei radiws yn 6.12×10^9 m, ac mae hi bellter o 3.18×10^{17} m i ffwrdd oddi wrthym. Cyfrifwch:

(a) ei thymheredd

(b) ei goleuedd

(c) arddwysedd ei phelydriad ar y Ddaear.

④ 1.39 miliwn km yw diamedr yr Haul. Darganfyddwch gymhareb:

(a) arwynebedd yr arwyneb a

(b) cyfaint *Arcturus* i rai'r Haul.

⑤ Mae màs *Arcturus* tua 1.1 gwaith màs yr Haul. Amcangyfrifwch gymhareb eu dwyseddau cymedrig.

⑥ Mae màs a goleuedd y seren R136a1 yn fwy nag unrhyw seren hysbys. 54000 K yw ei thymheredd. Ym mha ranbarth o'r sbectrwm e-m y mae hi fwyaf amlwg?

(b) **Goleuedd** seren yw cyfanswm pŵer, P, y pelydriad e-m y mae'n ei allyrru. Pan mae'r Ddaear bellter R_{SE} o'r seren, mae'r pŵer hwn yn teithio drwy arwyneb sfferig ag arwynebedd $4\pi R_{SE}^2$.

Felly **arddwysedd** y pelydriad e-m (y pŵer fesul uned arwynebedd o'r arwyneb y mae'n ei groesi) yw

Arddwysedd, $I = \dfrac{P}{4\pi R_{SE}^2}$ felly mae $P = I \times 4\pi R_{SE}^2$

Yma, mae $P = 3.09 \times 10^8 \text{ m}^{-2} \times 4\pi \times (3.47 \times 10^{17} \text{ m})^2 = 4.68 \times 10^{28}$ W

(c) O wybod goleuedd a thymheredd y seren, gallwn ddarganfod arwynebedd ei harwyneb, A, drwy ddefnyddio deddf Stefan. Gan y bydd y seren bron yn sffêr, gallwn roi $A = 4\pi r^2$, ac felly ddarganfod y radiws, r, yn uniongyrchol ...

Felly, mae $r = \sqrt{\dfrac{P}{4\pi\sigma T^4}} = \sqrt{\dfrac{4.68 \times 10^{28} \text{ W}}{4\pi \times 5.67 \times 10^{-8} \text{ W m}^{-2} \text{ K}^{-4} (4300 \text{ K})^4}}$

$= 1.39 \times 10^{10}$ m

1.6.5 Seryddiaeth amldonfedd

Seryddiaeth amldonfedd yw'r wyddor o ganfod a dadansoddi pelydriad e-m o sêr a gwrthrychau eraill yn y gofod, dros donfeddi sy'n amrywio o donnau radio i belydrau gama (Adran 2.7.2).

(a) Seryddiaeth o'r tu allan i atmosffer y Ddaear

Mae ein hatmosffer yn amsugno pelydrau gama, pelydrau X, y rhan fwyaf o'r rhai uwchfioled (diolch i'r haen oson), a'r holl belydrau isgoch ac eithrio bandiau cul o donfeddi penodol.

Yr hyn sydd wedi gwneud seryddiaeth amldonfedd go iawn yn bosibl yw ein gallu cymharol newydd i roi offer i gasglu a dadansoddi pelydriad e-m ar orsafoedd neu 'arsyllfeydd' gofod sy'n cylchdroi o gwmpas y Ddaear – y tu hwnt i'w atmosffer. Erbyn hyn, mae sawl un o'r arsyllfeydd hyn ar gael, a phob un yn arbenigo mewn rhanbarth penodol o'r sbectrwm (er enghraifft pelydrau gama neu belydrau X).

(b) Ffynonellau thermol pelydriad

Fel arfer, mae cyrff yn y gofod yn allyrru pelydriad oherwydd eu bod yn boeth. Mae deddf Wien (Adran 1.6.3) yn rhoi syniad bras o dymheredd corff sy'n allyrru pelydriad mewn rhanbarth sbectrol penodol.

Enghraifft

Beth fyddai'n dymheredd nodweddiadol ar gyfer corff sy'n allyrru yn y rhanbarth pelydrau X yn bennaf?

Ateb

Gan gyfeirio at Ffig. 2.7.1, 1×10^{-11} m yw tonfedd nodweddiadol pelydr X, a phe byddai hyn yn λ_P ar gyfer pelydrydd cyflawn,

$$T = \frac{W}{\lambda_P} = \frac{2.90 \times 10^{-3} \text{ K m}}{1 \times 10^{-11} \text{ m}} \approx 3 \times 10^8 \text{ K} \quad \text{fyddai ei dymheredd.}$$

Mae ffynonellau poeth pelydrau X yn cynnwys defnyddiau sydd wedi'u hatynnu gan glystyrau galaethau. Mae'r rhain yn gwrthdaro, ar egni cinetig uchel iawn, â defnydd sydd eisoes wedi'i ddal. Gweler hefyd Cwestiwn ychwanegol 4.

(c) Edrych i'r gorffennol ac ar oedrannau sêr gwahanol

Gall seryddiaeth amldonfedd fod ar ei mwyaf dadlennol wrth arsylwi ar yr un ardal o'r gofod ar donfeddi gwahanol. Er enghraifft, mae galaeth Andromeda (sydd hefyd yn cael ei galw'n M31) wedi ei hastudio yn yr isgoch. Amlygodd hyn ranbarthau ffurfio sêr, yn ogystal â'r adeiledd galaethol cyffredinol o gylchoedd a breichiau sbiral. Mae sêr yn eu prif ddilyniant yn amlwg iawn mewn astudiaethau gweladwy. Mae astudiaethau pelydr X o M31 yn datgelu tarddiadau dwys. Mae'r rhain yn bennaf gysylltiedig â defnydd yn cael ei ddal gan sêr â màs mawr. Mae'r sêr hyn wedi defnyddio eu tanwydd niwclear gwreiddiol ac wedi esblygu'n dyllau du neu'n sêr niwtron. Mae gweddillion uwchnofâu yn M31 hefyd yn allyrwyr pelydrau X pwerus. Oherwydd hyn, gallwch archwilio sêr o oedrannau gwahanol, gan ddibynnu ar ba donfeddi rydych yn dewis eu dadansoddi – o donnau radio ar gyfer sêr sy'n ffurfio, drwy'r sbectrwm gweladwy ar gyfer sêr y prif ddilyniant, i belydrau X ar gyfer gweddillion cewri marw.

Wrth ganfod pelydriad e-m o wrthrychau pell yn y gofod, rydym yn 'edrych i'r gorffennol'. Er enghraifft, mae M31 2.5 miliwn o flynyddoedd golau (2.3×10^{22} m) i ffwrdd, felly rydym yn gweld sut olwg oedd arni 2.5 miliwn o flynyddoedd yn ôl!

cwestiwn cyflym

⑦ Mae R136a1 (gweler 'Cwestiwn cyflym 6') 1.54×10^{21} m i ffwrdd. 1.0×10^{-10} W m^{-2} yw arddwysedd y pelydriad oddi arni. Cyfrifwch:

(a) ei goleuedd

(b) ei diamedr.

≫ Cofiwch

Cafodd yr alaeth bellaf a welwyd hyd yma ei ffurfio tua 700 miliwn o flynyddoedd ar ôl y Glec Fawr. Mae'r alaeth hon tua 13.1 biliwn blwydd oed. Mae'r delweddau ohoni wedi'u ffurfio o ffotonau sydd wedi bod yn teithio, heb eu hallwyro, ers 13.1 biliwn o flynyddoedd.

Cwestiynau ychwanegol

1. Mae sbectrwm pelydrydd cyflawn ar 2.7 K, gyda λ_P ar 1.06 mm gan y cefndir microdonnau cosmig. Y pelydriad hwn yw gweddillion oer pelydriad pelydrydd cyflawn o oes gynharach, pan oedd y tymheredd tua 3000 K. Ym mha ranbarth neu ranbarthau o'r sbectrwm e-m oedd y pelydriad hwn?

2. Un o'r sêr poethaf rydym yn gwybod amdani yw HD93129A yn y nifwl Carina. Dangosir ei sbectrwm di-dor.
   (a) (i) Enwch y rhanbarth yn y sbectrwm electromagnetig lle mae'r allyriad brig yn gorwedd, ac esboniwch pam mae'r seren yn las.
   (ii) Dangoswch fod tymheredd y seren tua 5×10^4 K.
   (b) (i) Defnyddiwch y data canlynol i gyfrifo goleuedd HD93129A: Pellter: 7.10×10^{19} m Arddwysedd y pelydriad ar y Ddaear: 3.33×10^{-8} W m^{-2}.
   (ii) Dangoswch mai 5×10^6 P_{haul} yw ei goleuedd, yn fras, lle P_{haul} yw goleuedd yr Haul (3.84×10^{26} W).
   (iii) Cyfrifwch ddiamedr HD93129A.

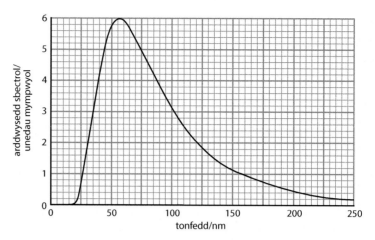

3. Gan ddefnyddio'r diffiniad o *arddwysedd sbectrol* yn Adran 1.6.2:

(a) enwch uned SI arddwysedd sbectrol.

(b) nodwch pa fesur y mae'r arwynebedd o dan y graffiau yn Ffig. 1.6.1 yn ei gynrychioli.

4. Mae *sêr niwtron* yn sêr bach, dwys iawn sydd yn 'farw'. Weithiau, mae ganddynt haen 'actif' allanol, boeth iawn sy'n pelydru fel pelydrydd cyflawn. 11 km yw radiws un seren o'r fath ac mae'n pelydru ar dymheredd o 2.5×10^7 K.

(a) Cyfrifwch donfedd arddwysedd sbectrol mwyaf y pelydriad y mae'n ei allyrru, a nodwch ym mha ranbarth o'r sbectrwm e-m y mae'r donfedd.

(b) Cyfrifwch oleuedd y seren.

(c) Mae haen allanol y seren yn ehangu'n gyflym ac yn oeri. Mae'r goleuedd yn aros fwy neu lai yn gyson. Amcangyfrifwch dymheredd yr haen allanol pan fydd ei harwynebedd wedi dyblu.

5. (a) Esboniwch pam y byddai'n well llunio delwedd o dwll du gor-enfawr, sef cwasar, drwy ddefnyddio telesgop pelydryn gama yn hytrach na thelesgop golau gweladwy. Gallwch weld golau o sawl cwasar wedi iddo deithio hyd at 10 biliwn o flynyddoedd golau. Sut gallai hyn effeithio ar eich ateb, a pham?

(b) Bydd seren prif ddilyniant fwy masfawr yn boethach na seren lai, gan fod y dwysedd cynyddol yn ei chraidd, o ganlyniad i ddisgyrchiant, yn arwain at gyfradd uwch o lawer o adweithiau ymasiad. Defnyddiwch hyn i esbonio pam mae lliw seren prif ddilyniant yn gallu rhoi gwybodaeth i chi am ei màs.

(c) Nodwch y rhanbarth o'r sbectrwm e-m sydd orau i ddadansoddi'r gwrthrychau canlynol:

(i) Planedau,

(ii) Rhanbarthau lle mae pelydrau cosmig yn gwrthdaro â niwclysau hydrogen,

(iii) Ardaloedd oer iawn o'r cyfrwng rhyngserol,

(iv) Rhanbarth o nifwl dwys sydd ar fin ffurfio seren,

(v) Pelydriad cefndir microdonnau cosmig,

(vi) Coronâu serol (egni uchel mae sêr yn ei ryddhau).

1.7 Gronynnau ac adeiledd niwclear

Y testun hwn yw'r mwyaf sylfaenol o'r holl bynciau, a dyma sylfaen y bydysawd cyfan. Yn y bôn, mae'r adran hon yn cyflwyno blociau adeiladu mater (**cwarciau** a **leptonau**) a'u lle yn y model safonol. Bydd yn esbonio perthnasedd a phwysigrwydd y pedair deddf grym sylfaenol hefyd, gan gyfeirio at ryngweithiadau gronynnau.

1.7.1 Beth yw mater?

Mae Ffig. 1.7.1 yn crynhoi'r gronynnau sylfaenol yn y bydysawd, yn ôl *Model Safonol* ffisegwyr gronynnol:

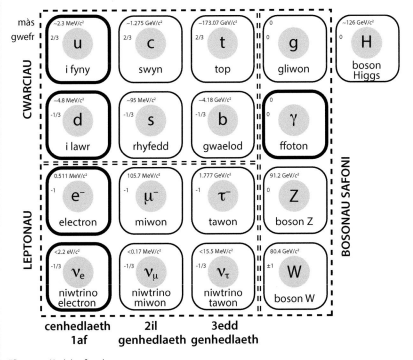

Ffig. 1.7.1 Model safonol y gronynnau

Ni chafodd cynnwys y tabl hwn, sy'n gyfwerth â thabl cyfnodol y cemegydd, ei ddarganfod i gyd ar un tro. Mae llinell amser fer i'w gweld yn 'Cofiwch'. Mae'r holl fater normal sydd yn y bydysawd wedi'i ffurfio o'r gronynnau yn y tair colofn gyntaf (y leptonau a'r cwarciau). Mae'r *bosonau safoni* (*gauge bosons* – sef gliwonau, ffotonau, a bosonau W a Z) yn rheoli sut maent yn rhyngweithio ac mae boson Higgs, sydd newydd ei ddarganfod, yn gyfrifol am eu masau.

Ar gyfer yr arholiad, mae'n rhaid i chi ddysgu am y gronynnau sydd wedi'u hamlinellu'n drwm – leptonau a chwarciau'r genhedlaeth gyntaf a'r ffoton. Dylech chi hefyd wybod fod tair cenhedlaeth – cafodd yr ail a'r drydedd genhedlaeth eu darganfod wrth i gyflymyddion gronynnau mwyfwy pwerus ddod ar gael.

Termau allweddol

Cwarc = gronyn sylfaenol sy'n profi'r grym niwclear cryf.

Gwrthronyn = gronyn isatomig sydd â'r un màs â gronyn penodol, ond gwefr ddirgroes.

Lepton = gronyn sylfaenol sy'n profi'r grym niwclear gwan (ond nid y grym niwclear cryf).

Gwella gradd

Rhaid i chi sicrhau eich bod yn gwybod yr holl ddiffiniadau hyn, yn ogystal â pha ronynnau sy'n profi pa rymoedd.

Cofiwch

Electron: 1897 (J. J. Thompson)
Proton: cafodd ei dderbyn yn yr 1920au
Niwtron: 1932 (James Chadwick)
Niwtrino electron: cafodd ei ragfynegi yn yr 1930au, a'i ganfod yn 1956
Cwarciau: cawsant eu rhagfynegi yn yr 1960au, a'u canfod yn 1969
Bosonau W a Z: 1983 (CERN)
Boson Higgs: 2013 (CERN)

Gwella gradd

Gofalwch eich bod wedi dysgu'r holl ronynnau a gwrthronynnau a'u symbolau yn Nhabl 1.7.1.

cwestiwn cyflym

① Y symbol ar gyfer y cwarc rhyfedd yw s. Ysgrifennwch symbol ei wrthronyn ac awgrymwch enw arno.

>> *Cofiwch*

Ar gyfer y rhan fwyaf o ronynnau, mae'r symbol ar gyfer y gwrthronyn yr un peth â'r symbol ar gyfer y gronyn 'normal', gyda bar uwch ei ben. Yr eithriadau yw e⁺, gwrthronyn e⁻; μ⁺, gwrthronyn μ⁻, a τ⁺, gwrthronyn τ⁻.

>> *Cofiwch*

Mewn meysydd gwahanol o ffiseg, mae pobl yn defnyddio symbolau gwahanol ar gyfer yr electron:

e, e⁻, $_{-1}^{0}e$ a β⁻

Yn yr un ffordd, ar gyfer y positron, maen nhw'n defnyddio:

e⁺, $_{+1}^{0}e$ a β⁺

mewn cyd-destunau gwahanol.

>> *Cofiwch*

Mae'r math symlaf o ddifodiad yn digwydd pan mae gronyn a gwrthronyn yn cynhyrchu dau ffoton. Gall rhyngweithiadau difodi fod yn fwy cymhleth, e.e.

$p + \bar{p} \rightarrow 2\pi^+ + 2\pi^- + \pi^0$

>> *Cofiwch*

Dylai myfyrwyr Safon Uwch allu defnyddio $E = mc^2$ i ddangos bod egni'r ffotonau a gynhyrchir yn ystod difodiad electron–positron yn cael ei roi fel y mae yn Ffig 1.7.2.

1.7.2 Gwrthfater

Mae gwrthronyn cyfwerth gan bob cwarc a lepton. Mae'r un priodweddau â'r gronyn cyfatebol gan y gwrthronynnau hyn, heblaw bod y wefr yn ddirgroes. Er enghraifft, mae gan electron wrthronyn o'r enw positron (neu wrthelectron, e⁺ neu β⁺). Mae màs positron yr un peth â màs electron (9.11×10^{-31} kg), ond mae ei wefr yn ddirgroes ($+1.60 \times 10^{-19}$ C). Mae'r un màs â phroton gan wrthronyn y proton, sef y gwrthbroton, ($\bar{p}$), ond mae ei wefr yn ddirgroes. Yn yr un modd, mae gan wrthgwarc i fyny ($\bar{u}$) yr un priodweddau â chwarc i fyny (u), ond mae ei wefr yn ddirgroes

($-\frac{2}{3}e$ yn lle $+\frac{2}{3}e$).

Sylwch fod gan hyd yn oed y niwtrino electron (ν_e) wrthronyn cyfatebol, er ei fod yn niwtral. Gwrthronyn y niwtrino electron (ν_e) yw'r gwrthniwtrino electron ($\bar{\nu}_e$).

Mae Tabl 1.7.1 yn cynnwys gronynnau a gwrthronynnau y dylech fod yn gyfarwydd â'u henwau a'u symbolau.

Gronyn	Symbol	Gwrthronyn	Symbol
Cwarc i fyny	u	Gwrthgwarc i fyny	$\bar{u}$
Cwarc i lawr	d	Gwrthgwarc i lawr	$\bar{d}$
Proton	p	Gwrthbroton	$\bar{p}$
Niwtron	n	Gwrthniwtron	$\bar{n}$
Electron	e⁻ (neu e)	Positron neu wrthelectron	e⁺
Niwtrino electron	ν_e	Gwrthniwtrino electron	$\bar{\nu}_e$

Tabl 1.7.1 Gronynnau a symbolau y dylech eu gwybod

1.7.3 Difodiad, neu'r hyn sy'n digwydd pan fydd gwrthfater a mater yn cyfarfod

Dyma'r broses sy'n gyfrifol bod yr holl fàs, neu bron yr holl fàs, yn cael ei golli a'i drawsnewid yn egni yn ôl hafaliad enwog Einstein, $E = mc^2$. Enghraifft o ddifodiad sy'n digwydd yn naturiol yn yr atmosffer o ganlyniad i belydrau cosmig yw difodiad electron–positron.

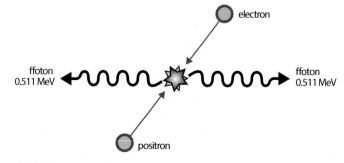

Ffig. 1.7.2 Difodiad e⁺ e⁻

Yma, pan mae'r positron yn cyfarfod ag electron, mae'r gronynnau gwreiddiol yn colli eu holl fàs. Mae'r màs a gollir yn cael ei drawsnewid yn egni ar ffurf y ddau ffoton sy'n cael eu hallyrru i gyfeiriadau dirgroes (o ganlyniad i gadwraeth momentwm).

>> **Cofiwch**

Nid yw niwtronau mewn niwclysau yn gallu dadfeilio oni bai bod gormodedd o niwtronau, e.e. mewn $^{14}_{6}C$.

1.7.4 Cwarciau, hadronau, baryonau a mesonau

Er ei bod yn debygol bod ffurf ar fater o'r enw 'cawl cwarciau' yn bodoli yn y tymereddau eithriadol uchel yn fuan ar ôl y Glec Fawr, ni welir cwarciau ar eu pen eu hunain o gwbl erbyn hyn. Maen nhw bob amser yn ymddangos mewn **hadronau**, sef gronynnau cyfansawdd a all fod yn un o ddau fath:

Baryonau = tri chwarc (qqq) **Mesonau** = parau cwarc–gwrthgwarc (q$\bar{q}$)

(a) Baryonau ('y rhai trwm') a gwrthfaryonau

Drwy ddiffiniad, mae baryon yn ronyn cyfansawdd o unrhyw 3 chwarc, ac mae gwrthfaryon yn ronyn cyfansawdd wedi'i wneud o unrhyw 3 gwrthgwarc. Dim ond un baryon sefydlog sy'n bodoli – y proton. Mae gan niwtron rhydd hanner oes o tua 10 munud, ond fel arfer mae niwtronau sydd yn niwclysau atomau yn sefydlog. Mae protonau mor sefydlog fel nad oes neb wedi dod ar draws dadfeiliad proton rhydd erioed. Mae hyn i gyd yn newyddion gwych ar gyfer mater, gan fod mater wedi'i wneud, yn bennaf, o brotonau a niwtronau. Ond beth yw cyfansoddiad cwarc protonau a niwtronau?

Mae Tabl 1.7.2 yn rhoi holl briodweddau'r cwarciau i fyny ac i lawr sydd eu hangen arnoch. Er mwyn adeiladu **proton** o'r cwarciau u a d, rhaid i ni gael gwefr derfynol, Q, o +e (neu +1), a rhif baryon, B, o 1. (Mae'n un baryon, felly, 1 yw ei rif baryon.)

Gronyn (symbol)	cwarciau	
	I fyny (u)	I lawr (d)
Gwefr, Q/e	$+\frac{2}{3}$	$-\frac{1}{3}$
Rhif baryon, B	$+\frac{1}{3}$	$+\frac{1}{3}$

Tabl 1.7.2 Priodweddau cwarciau

Yr unig gyfuniad posibl o dri chwarc u a d a fydd yn cynhyrchu'r priodweddau hyn yw uud oherwydd bod

$$Q = \frac{2}{3} + \frac{2}{3} - \frac{1}{3} = 1 \quad a \quad B = \frac{1}{3} + \frac{1}{3} + \frac{1}{3} = 1$$

Mae cysyniad rhif baryon yn bwysig iawn am ei fod yn swm sy'n cael ei gadw, h.y. nid yw cyfanswm y rhif baryon fyth yn newid yn rhyngweithiadau gronynnau (gweler Adran 1.7.5)

>> Termau allweddol

Hadron = gronynnau cyfansawdd, sy'n cynnwys cwarciau a/neu wrthgwarciau.

Baryon = gronyn cyfansawdd sydd wedi'i wneud o dri chwarc.

Gwrthfaryon = gronyn cyfansawdd sydd wedi'i wneud o dri gwrthgwarc.

Meson = gronyn cyfansawdd sydd wedi'i wneud o gwarc a gwrthgwarc.

>> **Cofiwch**

Ni all protonau ddadfeilio oni bai eu bod mewn niwclews sydd â gormodedd o brotonau, e.e. mewn $^{11}_{6}C$.

Mae mesuriadau diweddar yn gosod terfyn is ar gyfer hanner oes proton rhydd, sef 6×10^{33} blwyddyn o leiaf, sydd ~10^{16} gwaith oed y bydysawd!

cwestiwn cyflym

(2) Dangoswch mai udd yw cyfansoddiad cwarc y niwtron ($Q = 0$, $B = 1$).

>> Cofiwch

Mae gan Δ^+ yr un cyfansoddiad cwarc â phroton. Felly, sut mae'n ronyn gwahanol? Mae'r holl ddeltâu (Δâu) 30% yn drymach na phrotonau a niwtronau. Daw'r rhan fwyaf o fàs gronynnau o ffactorau heblaw am fasau'r cwarciau unigol.

>> Cofiwch

Mae rhif baryon o $\frac{1}{3}$ gan bob cwarc; rhif baryon o $-\frac{1}{3}$ sydd gan wrthgwarciau.

cwestiwn cyflym

③ Cyfansoddiad cwarc o $\overline{u}\overline{u}\overline{d}$ sydd gan wrthronyn y genhedlaeth gyntaf. Nodwch ei wefr, a rhowch ddau enw posibl arno.

cwestiwn cyflym

④ Nodwch gyfansoddiad cwarc $\overline{\Delta^-}$.

>> Cofiwch

Yn ogystal â rhif baryon cyffredinol, mae diffinio rhifau cwarc unigol yn ddefnyddiol: y rhif i fyny (U) a'r rhif i lawr (D). Byddwn yn dod yn ôl at hyn yn Adran 1.7.6.

	u	d	
$\overline{u}$	$u\overline{u}$ $Q=0$ π^0	$\overline{u}d$ $Q=-1$ π^-	Cyfansoddiad gwefr symbol
$\overline{d}$	$u\overline{d}$ $Q=1$ π^+	$d\overline{d}$ $Q=0$ π^0	

Ffig. 1.7.5 Cyfansoddiad pionau

Baryonau'r genhedlaeth gyntaf – y set gyflawn

gronyn	p	n	Δ^{++}	Δ^+	Δ^0	Δ^-
adeiledd	uud	udd	uuu	uud	udd	ddd
hyd oes	sefydlog	~10 mun	5.6 × 10⁻²⁴ s			

Tabl 1.7.3. Baryonau'r genhedlaeth gyntaf

Nodwch fod yr un adeiledd cwarc gan p a Δ^+, yn rhyfedd iawn; felly hefyd n a Δ^0 (gweler 'Cofiwch'). Y Δâu yw'r baryonau delta: delta dwbl plws, delta plws, delta sero a delta minws.

Gwrthfaryonau

I gynhyrchu gwrthfaryonau hefyd, mae angen tabl priodweddau cwarc ychydig mwy cyflawn arnom, sef Tabl 1.7.4:

Gronyn (symbol)	cwarciau		gwrthgwarciau	
	I fyny (u)	I lawr (d)	Gwrth-i fyny ($\overline{u}$)	Gwrth-i lawr ($\overline{d}$)
Gwefr, Q/e	$\frac{2}{3}$	$-\frac{1}{3}$	$-\frac{2}{3}$	$\frac{1}{3}$
Rhif baryon, B	$\frac{1}{3}$	$\frac{1}{3}$	$-\frac{1}{3}$	$-\frac{1}{3}$

Tabl 1.7.4 Priodweddau $q\overline{q}$

Sylwch fod gwerthoedd Q a B y gwrthgwarciau yn union yr hyn y byddech yn disgwyl iddynt fod, h.y. yn hafal ond yn ddirgroes.

Enghraifft

Darganfyddwch gyfansoddiad (gwrth)gwarc y gwrthniwtron.

Ateb

Ar gyfer y gwrthniwtron, mae $Q = 0$ a $B = -1$.

Rhaid ei fod wedi'i wneud o 3 gwrthgwarc (fel pob gwrthfaryon):
$-\frac{1}{3} - \frac{1}{3} - \frac{1}{3} = -1$.

Felly, mae $\overline{n} = \overline{u}\overline{d}\overline{d}$ oherwydd bod $Q = -\frac{2}{3} + \frac{1}{3} + \frac{1}{3} = 0$.

(b) Mesonau ('y rhai canol')

Drwy ddiffiniad, mae meson yn ronyn cyfansawdd wedi'i wneud o un cwarc ac un gwrthgwarc. Dim ond cwestiynau ar fesonau sydd â chyfuniadau o gwarciau u, d, $\overline{u}$ a $\overline{d}$ y mae'n rhaid i chi eu hateb. Dim ond 4 posibilrwydd sydd ar gyfer y mesonau hyn, sef pionau. Mae Tabl 1.7.5, sef 'sgwâr Punnett' y pionau, yn dangos eu cyfansoddiad.

Pi-plws (π^+), pi-minws (π^-) a pi-sero (π^0), yw enwau'r pionau, gyda'r uwchysgrif yn dangos eu gwefr.

Dylech chi nodi dau beth ynglŷn â phionau:

1. Gan eu bod yn cynnwys pâr cwarc a gwrthgwarc, $B = 1 - 1 = 0$ yw eu rhif baryon. **Mae hyn yn wir i bob meson, nid pionau yn unig**, a bydd hyn yn bwysig wrth i ni edrych ar ryngweithiadau gronynnau.

2. Mae'n ymddangos bod dau gyfansoddiad posibl gan y pion niwtral, π^0: uu a dd. Mae'r gwirionedd hyd yn oed yn fwy rhyfedd (gweler 'Cofiwch'), ond dyma'r cyfan mae'n rhaid i chi ei wybod.

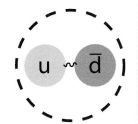

Ffig. 1.7.3 Adeiledd π^+

Yn union fel y baryonau, mae fersiynau trymach o'r pionau i'w cael hefyd; yr enw ar y rhain yw'r mesonau rho (ρ^+, ρ^0 a ρ^-) a'r meson omega (ω^0). Peidiwch â synnu os bydd yr arholwr yn eu taflu atoch yn yr arholiad!

1.7.5 Leptonau ('y rhai ysgafn')

Yn wahanol i hadronau (baryonau a mesonau), ond fel cwarciau, mae electronau a niwtrinoeon yn **ronynnau elfennol**. Fodd bynnag, yn wahanol i gwarciau, nid ydynt yn cyfuno i gynhyrchu gronynnau isatomig cyfansawdd[1] – maen nhw bob amser yn bodoli ar wahân. Dyma briodweddau pwysig leptonau:

1. Gwefr, Q: mae $Q = 1$ gan electronau (yn ogystal â miwonau a tawonau); mae'r holl niwtrinoeon yn ddi-wefr.

2. Rhif lepton: mae rhif lepton, $L = 1$ gan electronau (e^-) a niwtrinoeon electron (ν_e); ar gyfer positronau (e^+) a gwrthniwtrinoeon electron ($\overline{\nu}_e$), $L = -1$.

Beth am y rhif baryon? Nid yw leptonau (fel mesonau) yn faryonau, felly 0 yw eu rhif baryon. Yn yr un ffordd, 0 yw rhif lepton pob baryon a meson.

1.7.6 Deddfau cadwraeth

Rydym bron yn barod i ystyried rhyngweithiadau gronynnau. Cyn gwneud hyn, mae'n rhaid i chi ddeall a rhoi tair deddf cadwraeth sylfaenol ar waith, ac mae dwy ohonynt yn newydd (gweler 'Gwella gradd' hefyd).
(i) Cadwraeth gwefr, Q;
(ii) Cadwraeth rhif baryon, B;
(iii) Cadwraeth rhif lepton (electron), L.

Mae'r tair deddf hyn yn berthnasol i **bob** rhyngweithiad gronynnau, a byddwch yn eu defnyddio i ddadansoddi gwahanol ryngweithiadau ac i enwi gronynnau 'anhysbys'.

Edrychwn ar sut mae'r holl ddeddfau cadwraeth hyn yn berthnasol i ddadfeiliad β^+ fflworin-18. Gan edrych ar y niwclews cyfan, dyma'r adwaith:

$$^{18}_{9}F \rightarrow {}^{18}_{8}O + {}^{0}_{1}\beta + X,$$

lle mae X yn ronyn sydd, am y tro, yn anhysbys i ni!

---

[1] Mae electronau yn cysylltu â phrotonau a niwtronau mewn atomau, wrth gwrs.

>> *Cofiwch*

Mewn gwirionedd, mae'r π^0 yn gyfuniad o uu a dd. Mae i'w gael yn y naill gyflwr neu'r llall (fel cath Schrödinger!)

cwestiwn cyflym

5. Esboniwch pam mai meson π^- yw gwrthronyn y meson π^+.

>> *Cofiwch*

Mae gan y mesonau ρ ac ω yr un adeiledd cwarc â'r pionau cyfwerth.

Symbol	Q/e	L
e^-	-1	1
ν_e	0	1
e^+	1	-1
$\overline{\nu}_e$	0	-1

Tabl 1.7.6 Priodweddau leptonau

>> *Cofiwch*

A dweud y gwir, mae rhifau lepton unigol, L_e, L_μ ac L gan y cenedlaethau gwahanol o leptonau. Dim ond am L_e y mae'n rhaid i chi wybod, felly byddwn yn ei alw'n L yma.

▲ *Gwella gradd*

A dweud y gwir, mae pedwaredd ddeddf cadwraeth yn bod: cadwraeth màs–egni. Dyma'n syml gadwraeth egni yn ystyried yr egni sydd wedi'i gloi ym màs y gronynnau yn ôl $E = mc^2$.

>> *Cofiwch*

Nodwch fod y symbolau $^{18}_{8}O$ a $^{18}_{9}F$ yn cynrychioli *niwclysau* ac nid *atomau* yn y cyd-destun hwn.

Gwella gradd

(I fyfyrwyr Safon Uwch) Mae niwtron yn fwy masfawr na phroton, felly sut gall proton ddadfeilio'n niwtron? Ateb: nid yw proton arunig yn gallu gwneud hyn – mae'n sefydlog. Ond mae'r $^{18}_{8}O$ wedi'i fondio'n fwy tyn na'r $^{18}_{9}F$. Mae'r egni y mae hyn yn ei ryddhau yn caniatáu iddo gynhyrchu niwtron a gronyn beta, yn ogystal â gronyn X.

⑥ Dangoswch sut mae'r tair deddf cadwraeth yn caniatáu'r adwaith $p + \bar{p} \rightarrow 2\pi^+ + 2\pi^- + \pi^0$

≫ Cofiwch

Gallwn anwybyddu'r rhyngweithiad disgyrchol o ran ffiseg ronynnol, oni bai ein bod yn union ar gyrion gorwel digwyddiad twll du! Mae grym disgyrchiant yn gymaint gwannach na'r grymoedd eraill.

Mae'r adwaith hwn yn digwydd pan fydd un proton yn y niwclews yn trawsnewid yn niwtron, gan allyrru positron ac X. Felly, awn ati i ailysgrifennu hyn yn nodiant ffiseg ronynnol, a rhoi'r deddfau ar waith:

$$p \rightarrow n + e^+ + X$$

Gwefr $\qquad Q$: $\qquad 1 = 0 + 1 + Q_X \qquad \therefore$ mae $Q_X = 0$

(Felly rydym yn gwybod bod X yn ddi-wefr.)

Rhif baryon $\qquad B$: $\qquad 1 = 1 + 0 + B_X \qquad \therefore$ mae $B_X = 0$

(Felly, rydym yn gwybod nad yw X yn faryon, a'i fod yn ddi-wefr. Felly, gallai fod yn lepton neu'n feson di-wefr. Ond nid ydym wedi gorffen eto.)

Rhif lepton $\qquad L$: $\qquad 0 = 0 + (-1) + L_X \qquad \therefore$ mae $L_X = 1$

Felly, mae X yn lepton di-wefr sydd â rhif lepton o 1, h.y. mae'n niwtrino electron, ν_e.

Fe ddown yn ôl at ddadfeiliad β (β^- yn ogystal â β^+) ar ôl i ni edrych ar y pedwar grym.

1.7.7 Pedwar grym y bydysawd

Mae ffisegwyr yn cydnabod pedwar rhyngweithiad sylfaenol rhwng gronynnau defnyddiau. Mae'r maes llafur, yn garedig iawn, yn rhoi'r tabl defnyddiol hwn i chi. Dylech ddysgu'r tabl:

Rhyngweithiad	Yn cael effaith ar	Amrediad	Sylwadau
Disgyrchiant	Pob mater	Anfeidraidd	Gwan iawn – dibwys ac eithrio rhwng gwrthrychau mawr megis planedau.
Gwan	Pob lepton, pob cwarc, felly pob hadron	Byr iawn	Yn arwyddocaol yn unig pan nad oes rhyngweithiadau electromagnetig a chryf yn gweithredu.
Electromagnetig (e-m)	Pob gronyn wedi'i wefru	Anfeidraidd	Mae hadronau niwtral yn teimlo'r rhain hefyd oherwydd bod gan gwarciau wefr.
Cryf	Pob cwarc, felly pob hadron	Byr	*Mae'n rhwymo cwarciau â'i gilydd mewn hadronau. Mae'n rhwymo protonau a niwtronau yn y niwclews.*

Tabl 1.7.6 Y pedwar grym sylfaenol

Nid yw'r testun mewn teip italig yn ymddangos yn y maes llafur, ond rydym wedi ei ychwanegu i roi'r wybodaeth yn gyflawn. Mae'r grymoedd hyn yn rheoli holl ryngweithiadau gronynnau, yn cynnwys:

1. Gwrthdrawiadau elastig, e.e. $e^- + e^- \rightarrow e^- + e^-$

2. Difodi a chynhyrchu gronynnau, e.e. $p + \bar{p} \rightarrow 2\pi^- + 2\pi^+ + \pi^0$

3. Dadfeiliad gronynnau, e.e. $n \rightarrow p + e^- + \bar{\nu}_e$

Dyma rai arwyddion sicr ynglŷn â'r rhyngweithiad sy'n rheoli adwaith:

(a) Rhyngweithiad cryf

- Mae oesau byr iawn gan ddadfeiliad gronynnau, $\sim 10^{-24}$ s fel arfer.
- Mae'r rhyngweithiad yn debygol iawn o ddigwydd pan fydd gronynnau'n gwrthdaro, e.e. rhyngweithiad 2.
- Mae'r holl ronynnau sydd yn y rhyngweithiad yn hadronau.
- Nid yw blas cwarc yn newid.

Mae'n rhaid archwilio'r pwynt olaf. Rydym yn cadw golwg ar gyfanswm rhif y cwarciau u, U, a chyfanswm rhif y cwarciau d, D. Fel gyda'r rhif lepton a'r rhif baryon, $U = -1$ sydd gan y gwrth-u. Edrychwch ar ryngweithiad 2 ar dudalen 72: $p + \bar{p} \rightarrow 2\pi^- + 2\pi^+ + \pi^0$

yn nhermau cwarciau: $uud + \overline{uud} \rightarrow 2\bar{u}d + 2u\bar{d} + u\bar{u}$ (neu $d\bar{d}$)

rhif y cwarciau u, U: 2 $+(-2)(-2)$ $+$ 2 $+$ 0 (gweler 'Cofiwch')

rhif y cwarciau d, D: 1 $+(-1)2$ $+(-2) +$ 0

Felly caiff U a D, fel ei gilydd, eu cadw yn y rhyngweithiad – mae'r ddau yn 0 cyn ac ar ôl y rhyngweithiad.

(b) Rhyngweithiad electromagnetig

- Mae oesau byr gan ddadfeiliad gronynnau, $\sim 10^{-12} - 10^{-18}$ s, fel arfer.
- Mae'r holl ronynnau sydd yn y rhyngweithiad wedi'u gwefru, neu mae ganddynt gydrannau wedi'u gwefru, e.e. rhyngweithiad 1 ar dudalen 72.
- Mae'r rhyngweithiad yn debygol iawn o ddigwydd pan fydd gronynnau yn gwrthdaro, e.e. rhyngweithiad 1 ar dudalen 72.
- Gall un neu ragor o ffotonau gael eu hallyrru.
- Nid yw blas cwarc yn newid.

(c) Rhyngweithiad gwan

- Mae oesau hir gan ddadfeiliad gronynnau, $\sim 10^{-10}$ s neu fwy fel arfer.
- Mae leptonau niwtral (niwtrinoeon) yn y rhyngweithiad.
- Mae blas cwarc yn gallu newid, e.e. rhyngweithiad 3 ar dudalen 72.
- Mae'r rhyngweithiad yn annhebygol iawn o ddigwydd pan fydd dau ronyn yn gwrthdaro, e.e. $p + p \rightarrow {}^2_1H + e^+ + v_e$.

(ch) Pa ryngweithiad sy'n rheoli digwyddiad penodol?

Y rheol yw mai'r rhyngweithiad cryfaf a allai fod yn gyfrifol yw'r un sy'n digwydd.

Er enghraifft, mae'n *bosibl* i'r rhyngweithiad $p + p \rightarrow p + n + \pi^+$ fynd yn ei flaen drwy gyfrwng y rhyngweithiad gwan, ond mae'n llawer mwy tebygol mai'r grym cryf sy'n gyfrifol amdano.

❯❯ Cofiwch

Nid oes gwahaniaeth pa un ai $u\bar{u}$ neu $d\bar{d}$ yw'r π^0. Yn y ddau achos, mae $U = D = 0$.

cwestiwn cyflym

⑦ Mae'r π^0 fel arfer yn dadfeilio yn ddau ffoton:
$$\pi^0 \rightarrow \gamma + \gamma$$
Esboniwch beth fyddech yn disgwyl i hyd oes π^0 fod.

❯❯ Cofiwch

Y cam cyntaf yng nghadwyn proton–proton yr Haul yw'r enghraifft o ryngweithiad gwan, $p + p \rightarrow {}^2_1H + e^+ + v_e$. Tua 10^9 blwyddyn yw hyd oes unrhyw broton yng nghraidd yr Haul.

Gwella gradd

Os gall rhyngweithiad fynd rhagddo drwy gyfrwng y rhyngweithiad cryf, bydd yn gwneud hynny. Os nad yw'n gallu gwneud hynny, bydd yn mynd rhagddo drwy'r grym e-m, oni bai bod blas cwarc yn newid; yn yr achos hwnnw, mae'n wan.

cwestiwn cyflym

⑧ Sut ydych chi'n gwybod, yn nhermau'r 'arwyddion sicr', mai'r rhyngweithiad gwan sy'n rheoli dadfeiliad β⁻?

cwestiwn cyflym

⑨ Nodwch werthoedd U a D ar gyfer Δ^+ a $p + \pi^0$. Rhowch sylw.

cwestiwn cyflym

⑩ Mae dadfeiliad cyffredin arall Δ^+ yn cynhyrchu pion wedi'i wefru, ynghyd â gronyn arall. Ysgrifennwch y dadfeiliad hwn:
  (a) Ar lefel gronyn.
  (b) Ar lefel cwarc.

cwestiwn cyflym

⑪ (a) Esboniwch pam nad yw'r grym cryf yn gallu rheoli'r adwaith
$$e^+ + e^- \rightarrow \pi^+ + \pi^-$$
  (b) Esboniwch pam mae'r rhyngweithiad electromagnetig yn rheoli'r adwaith.

1.7.8 Rhai rhyngweithiadau gronynnau

(a) Dadfeiliad β⁻ – dadfeiliad gwan

Dyma ddadfeiliad β⁻ nodweddiadol: $^{14}_{6}C \rightarrow \,^{14}_{7}N + e^- + \bar{\nu}_e$.

Gallwn ei ysgrifennu fel $n \rightarrow p + e^- + \bar{\nu}_e$ gan ei fod yn digwydd pan fydd niwtron yn dadfeilio yn broton. Gallwn hefyd edrych ar y dadfeiliad ar lefel y cwarc, gan gofio bod n = udd a bod p = uud. Felly, yn y bôn,

$$udd \rightarrow uud + e^- + \bar{\nu}_e \text{ yw'r dadfeiliad}$$

neu, yn syml $\quad d \rightarrow u + e^- + \bar{\nu}_e$

Tua 5700 o flynyddoedd yw hanner oes C-14. Caiff y wefr, rhif y baryon a rhif y lepton eu cadw, ond ni chaiff blas y cwarc ei gadw. Gan ddefnyddio'r wybodaeth hon, dylech allu dangos bod y rhyngweithiad gwan yn rheoli'r dadfeiliad.

(b) Dadfeiliad D

Tua 5×10^{-24} s yw hyd oes gronynnau Δ, ac un o ddulliau dadfeilio cyffredin Δ^+ yw:

$$\Delta^+ \rightarrow p + \pi^0$$

Pa rym sy'n rheoli'r dadfeiliad hwn? Ydych chi'n gallu cyfiawnhau eich ateb?[2]

(c) Difodiad e⁻e⁺

Mae difodiad electron–positron egni isel fel arfer yn arwain at allyrru dau ffoton, fel sydd yn Ffig. 1.7.2. Gall pionau gael eu cynhyrchu ar gyfer gwrthdrawiadau egni uchel:

$$e^+ + e^- \rightarrow \pi^+ + \pi^-$$

Dylech allu dangos bod y digwyddiad hwn yn ufuddhau i'r holl ddeddfau cadwraeth, ond pa rym sy'n ei reoli?

Awgrymiadau:

- Caiff y rhifau U a D eu cadw (gwiriwch hyn).
- Mae yna leptonau yn ogystal â chwarciau.
- Mae pob gronyn wedi'i wefru.

(Gweler 'Cwestiwn cyflym 11')

---

[2] Rhyngweithiad cryf: oes fyr iawn, pob un yn hadron, dim newid mewn blas cwarc (gweler 'Cwestiwn cyflym 9')

Cwestiynau ychwanegol

1. Cyfrifwch gyfanswm y rhifau U a D cyn ac ar ôl yr adwaith

$$p + p \rightarrow p + n + \pi^+.$$

2. O'r hyn rydych yn ei wybod am y grym cryf a'r grym e-m, sut ydych chi'n gwybod nad yw niwtrinoeon (na gwrthniwtrinoeon) yn gallu profi'r naill na'r llall?

3. Gall π^+ (weithiau) ddadfeilio drwy: $\pi^+ \rightarrow e^+ + \nu_e$. Dangoswch fod y dadfeiliad hwn yn bodloni'r rheolau cadwraeth ac esboniwch pa ryngweithiad sy'n gyfrifol.

4. Gall π^- ddadfeilio drwy ddull tebyg i'r un yng nghwestiwn 3. Ysgrifennwch yr hafaliad dadfeilio.

5. Mae'r meson ρ^+ yn dadfeilio, drwy'r rhyngweithiad cryf, yn π^+ a hadron arall. Ysgrifennwch yr hafaliad ar gyfer y dadfeiliad hwn, ac esboniwch pam mai hwn yw'r unig bosibilrwydd.

6. Mae'r canlynol yn digwydd yn y gadwyn proton–proton o adweithiau yn yr Haul:

$$^7_4Be + e^- \rightarrow \, ^7_3Li + Y$$

Ysgrifennwch yr adwaith hwn ar lefel y cwarc, ac enwch ronyn Y. Esboniwch eich ateb.

7. Cam olaf y gangen ppI yng nghadwyn proton–proton yr Haul yw

$$^3_2He + \, ^3_2He \rightarrow \, ^4_2He + 2^1_1H$$

lle rydym wedi defnyddio'r symbol niwclear ar gyfer y protonau.

Pa un o'r rhyngweithiadau sy'n gyfrifol?

8. Gallwch gael hyd i niwtrinoeon yr haul ar y Ddaear drwy ddefnyddio hylif sychlanhau! Yn y broses, bydd niwclews $^{37}_{17}Cl$ yn cael ei drawsnewid yn $^{37}_{18}Ar$ weithiau, gan allyrru gronyn arall. Ysgrifennwch hafaliad ar gyfer yr adwaith hwn, gan enwi'r gronyn sy'n cael ei allyrru.

9. Mae fflwcs niwtrinoeon yr haul (h.y. nifer y niwtrinoeon y m² yr eiliad) ar y Ddaear yn enfawr: $\sim 7 \times 10^{14}$ m^{-2} s^{-1}. Er gwaethaf hyn, mae'r canfodydd niwtrinoeon, cyfaint 1000 m³, ddim ond yn dod o hyd i ychydig niwtrinoeon y flwyddyn. Awgrymwch reswm am hyn.

10. Mae rhai (y rhan fwyaf) o'r 'adweithiau' canlynol yn methu digwydd gan eu bod yn torri un neu ragor o'r deddfau cadwraeth. Enwch y rhain. Ar gyfer y lleill, nodwch y rhyngweithiad sy'n eu rheoli.

    (i) $\bar{p} + \bar{p} \rightarrow \bar{n} + \bar{p} + \pi^+$, (ii) $e^+ + e^- \rightarrow n$, (iii) $p + p \rightarrow n + \overline{\Delta^-} + \pi+$,

    (iv) $\overline{\Delta^-} \rightarrow \pi^+ + \bar{n}$, (v) $u + e^- \rightarrow d + \nu_e$, (vi) $p + e^+ \rightarrow n + \overline{\Delta^-} + \nu_e$,

    (vii) $\rho^- \rightarrow \pi^- + \pi^0$

Uned 2 — Gwybodaeth a Dealltwriaeth

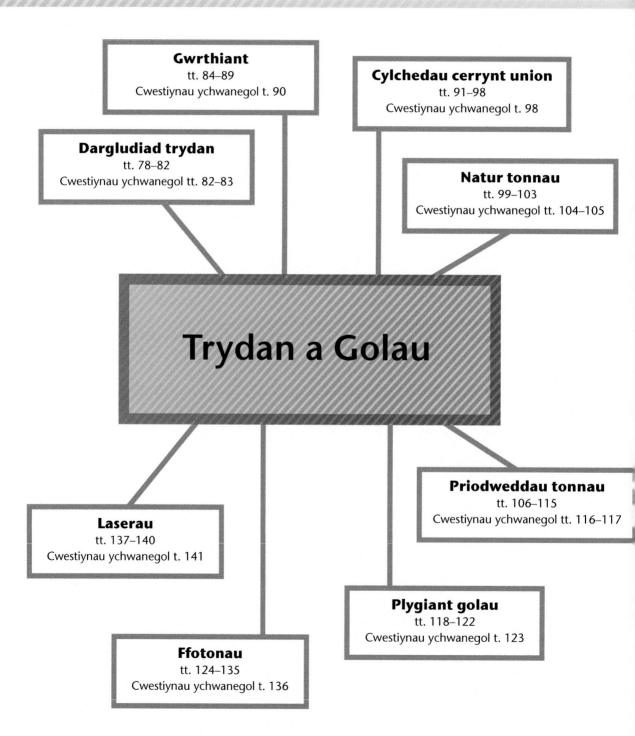

Gwrthiant
tt. 84–89
Cwestiynau ychwanegol t. 90

Cylchedau cerrynt union
tt. 91–98
Cwestiynau ychwanegol t. 98

Dargludiad trydan
tt. 78–82
Cwestiynau ychwanegol tt. 82–83

Natur tonnau
tt. 99–103
Cwestiynau ychwanegol tt. 104–105

Trydan a Golau

Priodweddau tonnau
tt. 106–115
Cwestiynau ychwanegol tt. 116–117

Laserau
tt. 137–140
Cwestiynau ychwanegol t. 141

Plygiant golau
tt. 118–122
Cwestiynau ychwanegol t. 123

Ffotonau
tt. 124–135
Cwestiynau ychwanegol t. 136

Dargludiad trydan

Y syniadau sylfaenol am wefr a cherrynt trydanol; natur cludwyr gwefrau mewn dargludyddion.

tt. 78–82

Gwrthiant

Y berthynas rhwng cerrynt a gwahaniaeth potensial; gwrthiant a gwrthedd; effaith wresogi cerrynt trydanol; ymchwilio i amrywiad gwrthiant gyda thymheredd metelau.

tt. 84–89

Cylchedau cerrynt union

Cylchedau trydanol cyfres a pharalel, gan gynnwys cyfuniadau o wrthyddion; defnyddio rhannwr potensial; grym electromotif a gwrthiant mewnol.

tt. 91–98

Natur tonnau

Priodweddau sylfaenol tonnau ardraws a thonnau arhydol, a'r gwahaniaethau rhyngddynt; yr hafaliad tonnau; y syniadau a'r sgiliau sylfaenol sy'n angenrheidiol i astudio tonnau electromagnetig a thonnau sain, fel ei gilydd.

tt. 99–103

Priodweddau tonnau

Diffreithiant ac ymyriant; patrymau ymyriant dwy ffynhonnell; y gratin diffreithiant; ffynonellau cydlynol ac anghydlynol; yr amodau angenrheidiol ar gyfer ymyriant dwy ffynhonnell; tonnau cynyddol a thonnau unfan.

tt. 106–115

Plygiant golau

Plygiant a deddf Snell mewn perthynas â'r model tonnau ar gyfer lledaeniad golau; adlewyrchiad mewnol cyflawn, a chymhwyso hyn i ffibrau optegol amlfodd; cymharu â ffibrau optegol unmodd.

tt. 118–122

Ffotonau

Yr effaith ffotodrydanol a phriodweddau ffotonau; y sbectrwm electromagnetig; cynhyrchu sbectra allyrru llinell a sbectra amsugno llinell; ymddygiad tonnau–gronynnau mater a phelydriad e-m; y berthynas de Broglie.

tt. 124–135

Laserau

Allyriad ysgogol yn arwain at allyriad golau cydlynol; adeiledd laser; gwrthdroad poblogaeth, a chyflawni hynny; manteision ac anfanteision mathau gwahanol o laser.

tt. 137–140

Nodiadau bras · Gafael dda · Adolygu'n llawn

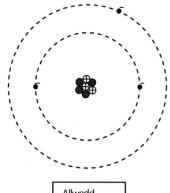

Allwedd
- • electron
- ⊕ proton
- ● niwtron

Ffig. 2.1.1 Adeiledd atomig

cwestiwn cyflym

① Mynegwch feintiau y gronynnau atomig a nodir yn y prif destun yn y ffurf safonol.

≫ *Cofiwch*

e yw'r symbol ar gyfer maint y wefr ar yr electron, ac 1.60×10^{-19} C yw ei werth. $-e$ yw'r wefr ar yr electron ac e yw'r wefr ar y proton.

cwestiwn cyflym

② Wrth rwbio rhoden ebonit â ffwr mae'n ennill 2.5×10^{10} o electronau gan y ffwr. Beth yw'r wefr ar y rhoden o ganlyniad i hyn?

Gwella gradd

Mae'n syndod pa mor aml y mae'n rhaid i chi luosi neu rannu ag 1.6×10^{-19} (e) mewn Ffiseg Safon Uwch. Yr unig broblem yw penderfynu p'un ai rhannu neu luosi. Os nad ydych yn siŵr, gwnewch y ddau i weld pa un sy'n edrych yn fwyaf tebygol!

2.1 Dargludiad trydan

Cyn dechrau ar unrhyw beth newydd, dyma ychydig o ffeithiau sylfaenol iawn y dylech fod yn eu gwybod eisoes:

- Mae gwefr bositif gan brotonau (sydd yn niwclews yr atom).
- Mae gwefr negatif gan electronau (sy'n cylchdroi o gwmpas y niwclews).
- Mae gwefrau tebyg yn gwrthyrru ei gilydd, mae gwefrau dirgroes yn atynnu ei gilydd.
- Llif o wefr yw cerrynt trydanol.
- Mae gwefr yn cael llifo drwy ddargludyddion.
- Nid yw gwefr yn cael llifo drwy ynysyddion.

Mae cynrychioliad 'cysawd yr haul' o atom $^7_3$Li yn Ffig. 2.1.1 yn un sgematig iawn. Nid yw electronau yn 'cylchdroi' yn yr ystyr confensiynol, ac mae'r atom yn sffêr yn hytrach nag yn blân. Mae maint y gronynnau'n gamarweiniol hefyd: mae diamedr atom ~0.1 nm, mae'r niwclews ~1 fm, ac nid yw'n bosibl mesur maint yr electron (yn aml caiff ei roi fel 1 am).

2.1.1 Gwefr drydanol

Rydych yn mynegi gwefr mewn unedau coulomb (C), a dyfais o'r enw coulombmedr sy'n ei fesur. Mae rhai coulombmedrau yn mesur gwefr statig (gweler Ffig. 2.1.2), ac mae eraill wedi'u gosod mewn cylched fel amedr ac yn dweud beth yw cyfanswm y wefr sydd wedi pasio drwyddi.

Mae'r coulomb yn uned gwefr eithaf mawr, ac rydych yn cael rhyw syniad o hyn o wybod mai -1.60×10^{-19} C yw'r wefr ar electron. Q yw symbol gwefr.

Ffig. 2.1.2 Coulombmedr

Enghraifft

Wrth rwbio rhoden wydr â chadach sidan, mae'n ennill gwefr o +25.0 nC. Esboniwch hyn yn nhermau electronau.

Ateb

Mae rhwbio â chadach sidan yn achosi trosglwyddo electronau o'r rhoden wydr i'r cadach sidan, gan adael llai o electronau na phrotonau yn y rhoden. O ganlyniad, mae gwefr bositif net gan y rhoden.

Rydym yn cyfrifo nifer yr electronau fel a ganlyn:

$$\text{Nifer yr electronau} = \frac{Q}{e} = \frac{25.0 \times 10^{-9}}{1.60 \times 10^{-19}} = 1.56 \times 10^{11}$$

2.1.2 Cerrynt a gwefr

Rydych yn gwybod eisoes mai llif o wefr yw **cerrynt**, ond efallai nad ydych wedi dod ar draws y diffiniad manylach. Cyfradd llif gwefr yw cerrynt. Mae hyn yn ymddangos ar ffurf hafaliad yn Llyfryn Data CBAC:

$\dfrac{\Delta Q}{\Delta t}$ ond fel arfer gallwch ysgrifennu $\dfrac{Q}{t}$ heb golli marciau!

Os ydych chi'n edrych ar unrhyw bwynt mewn cylched, a bod gwefr Q yn pasio'r pwynt hwnnw mewn amser t, mae'r hafaliad hwn yn golygu mai $\dfrac{Q}{t}$ yw'r cerrynt.

Uned cerrynt yw'r amper (A), ond o'r hafaliad, mae A = C s^{-1} (h.y. mae cerrynt o un amp yn hafal i 1 coulomb o wefr yn pasio fesul eiliad).

Enghraifft

Os oes 25 C o wefr yn pasio drwy bwynt mewn cylched mewn 1.0 munud, faint yw'r cerrynt?

Ateb

$I = \dfrac{\Delta Q}{\Delta t} = \dfrac{25}{60} = 0.40$ A   (sylwch ein bod wedi trawsnewid 1 munud = 60 s)

Enghraifft ychydig yn fwy anodd

35.2 mA yw'r cerrynt mewn LED. Sawl electron sy'n llifo drwyddo mewn 1 awr?

[Nid yw hwn mor anodd â hynny a dweud y gwir, ond mae dau gam iddo: ad-drefnu fformiwla, a thrawsnewid unedau.]

Ateb

$I = \dfrac{\Delta Q}{\Delta t} \quad \rightarrow \quad \Delta Q = I\Delta t = 35.2 \times 10^{-3} \times 3600 = 127$ C

$\therefore$ Mae nifer yr electronau $= \dfrac{127}{1.60 \times 10^{-19}} = 7.9 \times 10^{20}$

cwestiwn cyflym

③ 18.6 C oedd cyfanswm y wefr a basiodd bwynt mewn cylched a 450 mA cyson oedd y cerrynt. Am ba hyd roedd y wefr yn llifo?

≫ Cofiwch

Mae'r cwestiwn ar yr LED ychydig yn fwy anodd am ei fod yn gwestiwn dau gam. Mae angen i chi feddwl ymlaen, e.e. gallaf ddarganfod y wefr o'r cerrynt a'r amser, yna gallaf ddarganfod nifer yr electronau drwy rannu ag 1.60×10^{-19} C.

cwestiwn cyflym

④ 7.87×10^{23} yw cyfanswm yr electronau sy'n pasio drwy fatri mewn 1 awr. Cyfrifwch y cerrynt cymedrig.

≫ Cofiwch

Mae'r un patrwm gan y ddau hafaliad
$$v = \dfrac{\Delta x}{\Delta t} \text{ ac } I = \dfrac{\Delta Q}{\Delta t},$$
gyda'r cyfatebiaethau:
$$v \leftrightarrow I \text{ a } \Delta x \leftrightarrow \Delta Q$$
Felly, os mai v yw graddiant graff x–t, I yw graddiant graff Q–t.

2.1.3 Cyfrifiadau yn ymwneud â cheryntau eiledol

Yn Adran 1.2, gwelsom ein bod yn gallu defnyddio graddiannau graffiau $x–t$ a $v–t$ a'r arwynebedd o dan graff $v–t$ i gyfrifo cyflymder, cyflymiad a dadleoliad pan mae'r gwerthoedd hyn yn amrywio. Yn yr un ffordd, gallwn ddefnyddio priodweddau'r graffiau gwefr a cherrynt canlynol:

- Graddiant graff $Q–t$ yw'r cerrynt (gweler 'Manylyn').
- Yr arwynebedd o dan graff $I–t$ yw cyfanswm y wefr sy'n llifo.

Enghraifft

Mae generadur Van der Graaf yn yr ysgol yn dadwefru, ac mae Ffig. 2.1.3 yn dangos amrywiad y cerrynt gydag amser. Amcangyfrifwch gyfanswm y wefr a gafodd ei storio'n wreiddiol.

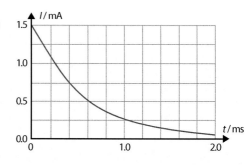

Ffig. 2.1.3 Generadur Van der Graaf yn dadwefru

Ateb

Mae pob sgwâr ar y grid yn cynrychioli 0.05 µC.

Gan ddefnyddio'r dull cyfrif sgwariau: mae 18 sgwâr o dan y llinell (drwy gyfrif > ½ sgwâr yn sgwâr cyfan a < ½ sgwâr yn 0), felly mae

$$Q = 18 \times 0.05 \text{ µC} = 0.90 \text{ µC}$$

2.1.4 Dargludiad mewn metelau

Bondio mewn metelau

Rydych wedi dysgu eisoes yn eich cwrs TGAU Cemeg bod atomau mewn metelau yn cael eu bondio drwy golli un electron neu ragor, ac felly'n dod yn ïonau positif. Yn aml, yr enw ar yr electronau 'coll' hyn yw *electronau dadleoledig* [neu 'electronau rhydd'] gan eu bod yn rhydd i symud drwy'r metel i gyd, yn hytrach na bod mewn un atom. Yr electronau symudol â gwefr negatif sy'n dal yr ïonau positif gyda'i gilydd. Yn y gwaith sy'n dilyn, mae'n bwysig gwahaniaethu rhwng yr electronau symudol hyn, sy'n achosi'r cerrynt drwy eu symudiad, a mwyafrif yr electronau, sydd mewn orbitau mewnol. Nid yw'r electronau mewnol yn mynd i unman, ac felly nid ydynt yn gallu cyfrannu at y cerrynt trydanol.

Mudiant hap yw mudiant yr electronau rhydd ac mae'n debyg i fudiant gronynnau nwy, h.y. maen nhw'n symud o gwmpas yn gyflym iawn ac yna'n gwrthdaro yn erbyn ei gilydd. Oherwydd hyn, weithiau rydym yn galw'r electronau rhydd mewn metel yn 'nwy electronau rhydd'. Fel arfer, mae electronau'n teithio tua 40 nm ar fuanedd o tua 2×10^6 m s^{-1} rhwng gwrthdrawiadau. Mae hyn yn golygu mai tua 20 fs yw'r amser rhwng gwrthdrawiadau. Cyn rhoi gwahaniaeth potensial (gp neu foltedd) ar waith, union sero yw cyflymder cymedrig yr electronau hyn – mae eu mudiant yn gwbl hap i bob cyfeiriad, felly sero yw cyfartaledd fector eu cyflymderau. Cyn gynted ag y caiff gp ei roi ar waith, bydd y gp yn cyflymu'r electronau hyn rhwng gwrthdrawiadau. Byddant yn diweddu â chyflymder cyfartalog bychan bach a fydd yn creu cerrynt.

Ystyriwch y trawstoriad canlynol o wifren, lle mae gennym lawer o electronau, bob un yn symud i'r dde â **chyflymder drifft**, v.

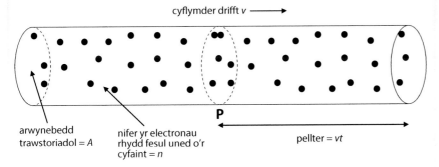

Ffig. 2.1.4 Drifft electronau mewn gwifren

Mae pob un o'r dotiau hyn yn cynrychioli electron rhydd. I gyfrifo'r cerrynt, mae'n rhaid i chi wybod pa wefr sy'n pasio pwynt penodol bob eiliad – beth am edrych ar bwynt P? Rhaid i chi ystyried rhyw gyfwng amser, t. Yn ystod yr amser hwn, mae'r electronau wedi symud ymlaen bellter vt. Felly, os ydych yn gallu cyfrif yr holl electronau yn y tiwb i'r dde o bwynt P, gallwch gyfrifo'r cerrynt.

Dyma'r pedwar cam hanfodol:

1. Cyfaint (i'r dde i P) = $A \times vt$ (arwynebedd trawstoriadol × hyd y silindr)
2. Nifer yr electronau = $nAvt$ (nifer = n × cyfaint)
3. Gwefr = $nAvte$ (gwefr = nifer × gwefr electronig)
4. Cerrynt, $I = \dfrac{nAvte}{t} = nAve$ (cerrynt = gwefr/amser)

h.y. mae $I = nAve$ QED

Cofiwch: i ddeillio $I = nAve$, mae diagram clir a'r pedwar cam uchod yn hen ddigon.

Enghraifft

Mewn copr, mae 8.5×10^{28} electron rhydd i bob metr ciwbig (sy'n golygu bod $n = 8.5 \times 10^{28}$ m^{-3}). Mae gwifren gopr, diamedr 0.213 mm, yn cludo cerrynt o 0.35 A. Cyfrifwch gyflymder drifft yr electronau.

Gwella gradd

Mae'n bwysig cofio'r diagram a'r pedwar cam. Mae arholwyr yn hoff iawn o'r prawf hwn.

Gwella gradd

Weithiau, gofynnir i chi nodi ystyr n. Ateb cyffredin sy'n cael ei roi yw, 'nifer yr electronau mewn m^3'. Anghywir! Nifer yr electronau *rhydd* [neu *electronau dadleoledig*] y m^3 yw'r ateb cywir.

cwestiwn cyflym

⑤ 1.20 A yw'r cerrynt mewn gwifren dwngsten a 2.35 mm s^{-1} yw cyflymder drifft yr electronau. 6.3×10^{28} m^{-3} yw nifer yr electronau rhydd mewn m^3 mewn twngsten. Defnyddiwch y tabl i ddarganfod lled y wifren.

Lled Safonol Gwifren	Diamedr/ mm
31	0.295
32	0.274
33	0.254
34	0.234
35	0.213
36	0.193
37	0.173
38	0.152

Cofiwch

I ddarparu'r un cerrynt, mae'n rhaid i electronau symud yn gyflymach yn y wifren deneuach. Mae'n werth cofio hyn.

Ateb

$$\text{Mae } A = \pi r^2 = \pi \frac{d^2}{4} = \pi \frac{(0.213 \times 10^{-3})^2}{4} = 35.6 \times 10^{-9} \text{ m}^2$$

Yna, gan ddefnyddio $I = nAve$

$$\rightarrow \quad v = \frac{I}{nAe} = \frac{0.35}{8.5 \times 10^{28} \times 35.6 \times 10^{-9} \times 1.60 \times 10^{-19}} = 7.2 \times 10^{-4} \text{ m s}^{-1}$$

Mae dau beth pwysig i'w cofio am y ffigurau hyn:

1. Mae n, nifer yr electronau rhydd mewn m^3, yn rhif mawr iawn ar gyfer metelau – tua 10^{28} electron rhydd mewn m^3.

2. Mae v, y cyflymder drifft, yn rhif bach ar gyfer metelau – llai na mm yr eiliad hyd yn oed ar gyfer y wifren denau hon.

Cwestiynau ychwanegol

1. Ar ôl cribo gwallt unigolyn, -25 pC yw'r wefr drydanol ar y grib. Esboniwch hyn yn nhermau electronau.

2. Yn aml, caiff cynhwysedd batri ei fynegi mewn amper oriau (A awr).

   (a) Esboniwch pam mae A awr yn uned gwefr.

   (b) Mae cynhwysedd dynodedig o 500 mA awr gan fatri. Mynegwch hyn mewn coulombau.

3. Cyfrifwch:

   (a) Cyfanswm y wefr ar atom $^{235}_{92}U$.

   (b) Y wefr net ar ïon Al^{3+}.

   (c) Cyfanswm y wefr ar yr holl electronau mewn 1 mol o $^{12}_{6}C$. ($N_A = 6.02 \times 10^{23}$ mol^{-1})

4. Caiff generadur Van der Graaf ei wefru. Yn ystod y broses hon, mae'r wefr sy'n cael ei storio arno yn amrywio gydag amser, fel mae'r graff yn dangos. Gan fod mor gywir â phosibl, lluniadwch graff o'r cerrynt gwefru yn erbyn amser.

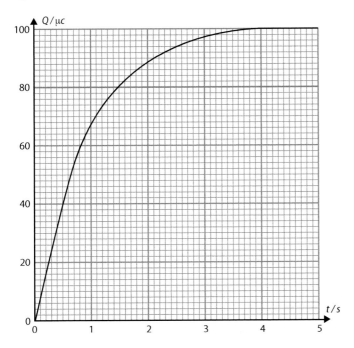

5. Mae dwy wifren ddargludo, **A** a **B**, wedi'u gwneud o'r un defnydd. Mae diamedr **A** ddwywaith diamedr **B**. Mae hyd **A** deirgwaith hyd **B**. Mae gwifren **B** yn cludo cerrynt sydd ddwywaith y cerrynt yn **A**. Cymharwch:

(a) Nifer yr electronau rhydd yn **A** a **B**.

(b) Crynodiad yr electronau rhydd yn **A** a **B**.

(c) Cyflymder drifft yr electronau yn **A** a **B**.

Y **gwahaniaeth potensial** (gp), *V*, rhwng dau bwynt yw'r egni sy'n cael ei drawsnewid o egni potensial trydanol i ffurf arall am bob uned gwefr sy'n llifo o'r naill bwynt i'r llall.

Uned: folt, V = J C⁻¹

Yr hafaliad:

$$R = \frac{V}{I}$$

sy'n diffinio **gwrthiant**, *R*, dargludydd, lle *V* yw'r gp ar ei draws, ac *I* yw'r cerrynt drwyddo.

Uned: ohm, Ω = V A⁻¹

>> *Cofiwch*

Mae gp hyd yn oed yn fwy dryslyd oherwydd bod y symbol (*V*) a'r uned (V) mor debyg – ac wrth eu hysgrifennu, maen nhw'n edrych yn union yr un fath. Chwiliwch am wallau prawfddarllen posibl gan yr awdur.

cwestiwn cyflym

① Cyfrifwch yr egni sy'n cael ei drosglwyddo pan mae gwefr o 28 C yn llifo drwy gp o 12 V.

cwestiwn cyflym

② 72 mA yw'r cerrynt mewn gwrthydd 82 Ω. Cyfrifwch:

(a) Y gp ar draws y gwrthydd.

(b) Y wefr sy'n llifo mewn 1 funud 20 eiliad.

(c) Yr egni sy'n cael ei afradloni yn y gwrthydd yn ystod yr amser hwn.

2.2 Gwrthiant

Er mai gwrthiant yw teitl yr adran hon, mae'r testun yn ymdrin ag ystod eang o briodweddau dargludyddion a cherrynt trydanol, gan gynnwys trosglwyddo egni. Rydym yn dechrau gyda **gwahaniaeth potensial** – sydd fel arfer yn cael ei dalfyrru i gp. Yn aml, rydym yn cyfeirio ato fel foltedd – efallai mai hwn yw'r cysyniad mwyaf anodd mewn Ffiseg UG (ond peidiwch â gadael i hynny godi ofn arnoch!)

2.2.1 Gwahaniaeth potensial (gp) a gwrthiant

Mae'r diffiniad go iawn o gp yn y Termau allweddol. Mae hwn yn ymddangos yn rheolaidd ar bapurau Ffiseg. Efallai nad ydych yn deall y diffiniad – dyma lle mae'r pengwiniaid yn dod i achub y dydd.

Os edrychwch ar y tegan yn Ffig 2.2.1, gwelwch ei fod yn gweithio drwy gael codwr mecanyddol i godi'r pengwiniaid i'r top. Yna, mae'r pengwiniaid yn llithro i'r gwaelod, lle mae'r codwr yn eu codi unwaith eto. Mae hyn yn debyg iawn i sut mae gwefrau yn llifo o

Ffig. 2.2.1 Pengwiniaid yn chwarae

amgylch cylched. Mae'r codwr yn debyg i gell: mae'n cyflenwi egni potensial disgyrchiant (EPD) i'r pengwiniaid, sydd wedyn yn colli'r holl EPD hwn yn raddol, nes iddynt ddychwelyd i'r codwr, sy'n darparu'r EPD unwaith eto.

Mewn cylched drydanol, mae'r gell yn cyflenwi egni potensial trydanol (EPT) i'r gwefrau, sydd wedyn yn colli'r EPT hwn yn raddol hyd nes iddynt ddychwelyd i'r gell, lle maen nhw'n ennill EPT unwaith eto.

Mae'r gymhariaeth hon yn esbonio bod gp yn gysylltiedig ag **egni fesul uned gwefr**. Dyma sut:

- Petai'r codwr yn wag, ni fyddai'n gwneud unrhyw waith (mae'r codwr yn hynod o ysgafn ac yn ddiffrithiant!).
- Y mwyaf o bengwiniaid sydd ar y codwr, y mwyaf o waith sy'n cael ei wneud gan y codwr. A dweud y gwir, mae'r gwaith sy'n cael ei wneud gan y codwr mewn cyfrannedd â nifer y pengwiniaid sydd wedi'u codi ganddo.

Yn yr un modd, mae'r gwaith sy'n cael ei wneud gan gell mewn cylched mewn cyfrannedd â swm y wefr sy'n llifo drwyddi. $W = QV$ yw'r gwaith (*W*) sy'n cael ei wneud gan gell sydd â g.e.m. (*V*) pan fydd gwefr (*Q*) yn llifo. Mae ad-drefnu hyn yn rhoi $V = \frac{W}{Q}$, sef diffiniad y gp sy'n gweithredu ar y gylched gyfan.

Yr hafaliad $R = \frac{V}{I}$ sy'n diffinio **gwrthiant** dargludydd.

2.2.2 Graffiau *I–V* a deddf Ohm

Dim ond dau graff **nodweddiadol** y mae'n rhaid i chi eu gwybod. Mae'n rhaid i chi hefyd allu disgrifio sut i gael graffiau fel hyn drwy arbrawf – gweler Adran 2.2.6.

(a) Dargludydd metelig ar dymheredd cyson

Llinell syth drwy'r tarddbwynt (sy'n dynodi bod *I* ∝ *V*) yw'r graff. Dyma pam mae'r gp, fel arfer (ond nid bob amser), wedi'i blotio ar yr echelin *x*: y gp yw'r newidyn yr ydych fel arfer yn ei newid, a'r cerrynt yw'r newidyn yr ydych yn ei fesur wedyn. Rhywbeth arall rydych yn ei wneud yn aml ar graff *I–V* yw plotio'r gwerthoedd negatif yn ogystal â'r gwerthoedd positif. Rydych yn gwneud hyn oherwydd nid yw pob dyfais drydanol yn ymddwyn yn yr un ffordd pan gaiff y foltedd ei gildroi, e.e. deuod.

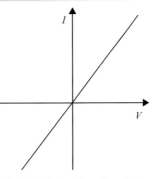

Ffig. 2.2.2 Graff I–V ar gyfer metel ar dymheredd cyson

(b) Ffilament lamp

Mae dwy ran bwysig i'r graff hwn a dylech wybod amdanynt:

- Ar gyfer folteddau isel, mae'r graff yn syth, h.y. mae *I* ∝ *V*.
- Mae'r graddiant yn lleihau'n llyfn wrth i'r gp gynyddu. Mae hyn oherwydd bod y gwrthiant yn cynyddu.

Pam mae'r gwrthiant yn cynyddu? Am fod tymheredd y ffilament yn codi.

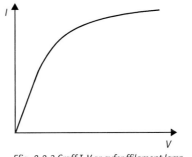

Ffig. 2.2.3 Graff I–V ar gyfer ffilament lamp

Ar ei gyfradd lawn, mae'r ffilament twngsten fel arfer yn gweithredu ar tua 2500°C.

(c) Deddf Ohm

Mae metelau ar dymheredd cyson yn enghreifftiau o **ddargludyddion ohmig**, h.y. mae **deddf Ohm** yn berthnasol iddynt. Mae deddf Ohm yn berthynas arbrofol. I ddeall pam nad yw deddf Ohm yn berthnasol i ffilamentau lampau, rhaid i ni ddychwelyd at y model 'nwy electronau rhydd' (gweler Adran 2.1.4), ac archwilio tarddiad gwrthiant.

Pan mae gp ar waith ar draws dargludydd, mae'n rhoi grym ar bob electron rhydd. Caiff yr electronau rhydd eu cyflymu (tuag at ben positif y gp). Mae'r cyflymder ychwanegol hwn, nad yw'n gyflymder hap, yn para tan y gwrthdrawiad nesaf. Mae'r gwrthdrawiad nesaf yn achosi i gyflymder

Termau allweddol

Mewn cylchedau trydanol, graff o gerrynt (*I*) yn erbyn gp (*V*) yw **graff nodweddiadol**.

Mae **deddf Ohm** yn datgan bod y cerrynt drwy ddargludydd mewn cyfrannedd â'r gp ar ei draws (*I* ∝ *V*).

Mae'n berthnasol i fetelau, yn ogystal â nifer o ddargludyddion eraill o un sylwedd ar dymheredd cyson.

Mae **dargludydd ohmig** (neu ddyfais ohmig) yn ddyfais lle mae *I* ∝ *V*.

≫ Cofiwch

Er mai'r ddau graff hyn yw'r unig rai y mae'n rhaid i chi eu gwybod, gallai'r arholwr roi unrhyw graff nodweddiadol i chi a gofyn cwestiynau amdano, e.e. graff y deuod yn yr enghraifft.

cwestiwn cyflym

 Mae elfen tegell trydan sy'n gweithio oddi ar y prif gyflenwad (230 V) yn afradloni pŵer o 3.0 kW. Cyfrifwch:

(a) Y cerrynt.

(b) Gwrthiant elfen y tegell.

⏫ Gwella gradd

Mae myfyrwyr yn aml yn datgan mai 1/*R* yw graddiant graff *I–V* nodweddiadol. Dim ond ar gyfer dyfeisiau ohmig y mae hyn yn wir. Ar gyfer unrhyw graffiau eraill, e.e. yn Ffig. 2.2.3, rhaid cyfrifo *R* gan ddefnyddio *V*/*I*.

yr electron fod yn gyflymder hap unwaith eto. Mae'r holl gyflymderau ychwanegol hyn i'r un cyfeiriad, felly mae'r electronau'n 'drifftio' tuag at y positif ar gyfartaledd – y drifft hwn sy'n creu'r cerrynt.

Mae dau beth pwysig yn digwydd wrth i'r tymheredd godi:

- Mae'r electronau'n teithio'n gyflymach rhwng gwrthdrawiadau.
- Mae ïonau'r ddellten fetel yn dirgrynu mwy (h.y. gyda mwy o egni).

Mae'r ddwy effaith hyn yn lleihau'r amser rhwng gwrthdrawiadau. Os yw'r gwrthdrawiadau'n digwydd yn amlach, yna bydd cyflymder drifft is gan yr electronau. Mae hyn oherwydd nid yw'n bosibl eu cyflymu gymaint rhwng gwrthdrawiadau ($\Delta v = a\Delta t$). Mae hyn yn arwain at gerrynt gostyngol ar gyfer yr un foltedd, ac felly gwrthiant uwch.

Gwella gradd

Dim ond hafaliad [1], $P = IV$, sydd yn y Llyfryn Data. Bydd rhaid i chi ddysgu'r ddau arall, neu ddysgu sut i'w deillio. Yn well fyth, dysgwch bob un o'r tri, **yn ogystal â** sut i'w deillio!

cwestiwn cyflym

④ Mae pŵer o 1.2 kW gan sychwr gwallt prif gyflenwad (230 V). Cyfrifwch wrthiant yr elfen sydd ynddo.

[Gwnewch hyn mewn un cam, yn hytrach na chyfrifo I ac yna R.]

2.2.3 Pŵer trydanol

Os ydym yn cyfuno diffiniad gp â diffiniadau pŵer a cherrynt, gallwch ddeillio tri hafaliad defnyddiol iawn ar gyfer pŵer trydanol:

Yn gyntaf, dechreuwch gyda'r gwaith sy'n cael ei wneud: $\qquad W = QV$

Yna rhannwch â'r amser a gymerwyd: $\qquad \dfrac{W}{t} = \dfrac{QV}{t}$

Ond mae $\dfrac{W}{t}$ = pŵer, P ac mae $\dfrac{Q}{t}$ = cerrynt, I $\;\therefore\;$ $P = IV$ [1]

Ond mae $V = IR$, felly drwy amnewid yn [1] ar gyfer V, a symleiddio $\qquad \rightarrow P = I^2 R$ [2]

Neu drwy amnewid yn [1] neu [2] ar gyfer I, a symleiddio $\rightarrow P = \dfrac{V^2}{R}$ [3]

2.2.4 Gwrthiant dargludydd trydanol

Mae'n rhaid i chi gofio sut mae gwrthiant dargludydd yn dibynnu ar ei gyfansoddiad, ei ddimensiynau a'i dymheredd. Mae'n rhaid i chi hefyd ddisgrifio sut i ymchwilio i'r perthnasoedd hyn yn arbrofol. Gweler hefyd Adran 2.2.6.

(a) Gwrthedd

Tra bod gwrthiant, R, yn briodwedd darn penodol o ddefnydd (e.e. gwrthydd), priodwedd y defnydd ei hun yw gwrthedd, ρ.

Ar gyfer gwifrau a wnaed o'r un defnydd, mae'r gwrthiant:

- mewn cyfrannedd union â'r hyd, l $\qquad\qquad R \propto l$
- mewn cyfrannedd gwrthdro â'r arwynebedd trawstoriadol, A $\qquad R \propto \dfrac{1}{A}$

Mae gwrthiant gwifrau hefyd yn dibynnu ar ddefnydd y wifren. Rydym yn diffinio'r gwrthedd, ρ, drwy'r hafaliad:

$$R = \frac{\rho l}{A} \text{ (gweler Gwella gradd)}$$

Gwella gradd

Wrth ddiffinio mesur drwy hafaliad, mae'n bwysig diffinio'r holl dermau yn yr hafaliad, h.y. mae

l = hyd y dargludydd

A = arwynebedd trawstoriadol y dargludydd

R = gwrthiant y dargludydd.

I ddarganfod unedau ρ, byddwn yn ei wneud yn destun yr hafaliad: $\rho = \dfrac{RA}{l}$.

Yna, mae uned ρ, $[\rho] = \dfrac{\Omega\ m^2}{m} = \Omega\ m$

cwestiwn cyflym

⑤ Ad-drefnwch

$R = \dfrac{\rho l}{A}$ i wneud

(a) l a (b) A yn destun.

(b) Amrywiad gwrthiant gyda thymheredd

Fel mae graff nodweddiadol lamp ffilament yn ei ddangos, mae gwrthiant metel yn cynyddu gyda thymheredd. Mae amrywiad gwrthiant gyda thymheredd fwy neu lai yn llinol ar gyfer amrediadau tymheredd mewn labordy ysgol (fel arfer rhwng 0° a 100°C). Mewn gwirionedd, ar gyfer metelau pur, mae'r ymddygiad llinol hwn yn ymestyn i lawr hyd at dymereddau is na –200°C. Mae'r graff yn Ffig. 2.2.4 yn dangos hyn ar gyfer platinwm pur.

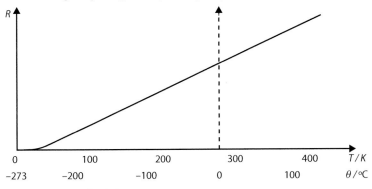

Ffig. 2.2.4 Graff R–T ar gyfer platinwm

> **≫ Cofiwch**
> Mae amrywiad gwrthiant sampl o fetel gyda thymheredd yn ganlyniad llwyr, bron, i newidiadau yn y gwrthedd. Mae'r hyd a'r arwynebedd trawstoriadol hefyd yn newid, ond mae'r effaith hon yn ddibwys.

cwestiwn cyflym

⑥ 10.3 Ω yw gwrthiant gwifren gopr ar 20°C. Ar 100°C, 13.4 Ω yw ei gwrthiant. Amcangyfrifwch ei gwrthiant ar 200°C. Nodwch eich tybiaeth.

2.2.5 Uwchddargludedd

Ar 8 Ebrill 1911, darganfu'r ffisegydd o'r Iseldiroedd, Heike Kamerlingh Onnes, fod gwrthiant gwifren fercwri solet ar 4.2 K (–269°) yn disgyn yn sydyn i sero, fel y dangosir yn Ffig. 2.2.5. Roedd hwn yn ddarganfyddiad anhygoel a ddechreuodd faes ymchwil cwbl newydd i **uwchddargludyddion**. Yn ddiweddarach enillodd Heike Kamerlingh Onnes Wobr Nobel.

Mae nifer o fetelau, ond nid pob un, yn uwchddargludyddion ar dymereddau sy'n agos at sero absoliwt (h.y. ar dymereddau o ychydig kelvin, neu o gwmpas –270°). Ymhlith yr enghreifftiau o uwchddargludyddion mae alwminiwm, tun, plwm a mercwri. Wrth iddynt gael eu hoeri drwy dymheredd arbennig, sef y **tymheredd trosiannol uwchddargludol**, T_c, mae eu gwrthiant yn disgyn yn sydyn i sero.

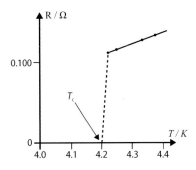

Ffig. 2.2.5 Trosiad uwchddargludol mewn mercwri

(a) Uwchddargludyddion tymheredd uchel

Mae'r tymheredd trosiannol uwchddargludol ar gyfer metelau pur bob amser o fewn ychydig kelvin i sero absoliwt (islaw ~30 K). Ers 1986, rydym wedi darganfod sawl dosbarth o ddefnyddiau ceramig sydd â thymheredd trosiannol uwch na berwbwynt nitrogen hylifol. **Uwchddargludyddion tymheredd uchel (HTS – high temperature superconductors)** yw'r enw ar y rhain.

Termau allweddol

Uwchddargludydd yw dargludydd sydd â gwrthiant sero ar dymereddau isel iawn.

Y **tymheredd trosiannol uwchddargludol**, T_c, yw'r tymheredd lle mae'r defnydd, wrth gael ei oeri, yn colli ei holl wrthiant trydanol yn sydyn.

Uwchddargludydd tymheredd uchel yw uwchddargludydd sydd â thymheredd trosiannol uwch na berwbwynt nitrogen hylifol (77 K).

(b) Defnyddio uwchddargludyddion

Mae magnetau enfawr cyflymyddion gronynnau CERN yn rhai uwchddargludol. Mae heliwm hylifol yn eu hoeri i dymheredd sy'n agos at sero absoliwt. Gan mai sero yw eu gwrthiant, nid ydynt yn afradloni unrhyw egni wrth gludo cerrynt (os yw $R = 0$, yna mae $P = I^2R = 0$ hefyd), felly:

- Nid oes angen cynllunio systemau i ddargludo gwres ymaith.
- Mae costau egni'n cael eu cadw'n isel.

Wrth ddefnyddio uwchddargludyddion mewn meysydd meddygol a diwydiannol, mae'r heriau peirianegol o weithio ar dymereddau mor isel, heb sôn am y gost, yn ormod. Mewn achosion fel hyn, er enghraifft sganwyr MRI mewn ysbytai, defnyddir uwchddargludyddion tymheredd uchel.

2.2.6 Gwaith ymarferol penodol

(a) Nodweddion *I–V*

Dangosir y gylched symlaf i'w llunio ar gyfer y gwaith ymarferol hwn yn Ffig. 2.2.6, lle mae'r saeth drwy symbol y gell yn cynrychioli cyflenwad foltedd newidiol.

Mae'r ddwy gylched bosibl arall yn Ffig. 2.2.7 yn defnyddio cyflenwad foltedd sefydlog ac (a) gwrthydd newidiol neu (b) potensiomedr.

Ffig. 2.2.6 Cylched I–V syml

Pa gylched bynnag sy'n cael ei defnyddio, mae'r dull yn cynnwys gosod y cerrynt (neu'r gp) ar werth isel [drwy ostwng cyflenwad y pŵer newidiol, cynyddu'r gwrthydd newidiol neu ostwng y potensiomedr] a darllen gwerthoedd y cerrynt a'r gp. Yna cynyddu'r cerrynt (neu'r gp) mewn cyfres o gamau i gael pum pâr o leiaf o ddarlleniadau cerrynt/gp. Yn yr arbrawf hwn, nid oes angen ailadrodd unrhyw gamau, ac eithrio i wirio darlleniadau anghywir. Yn olaf, plotiwch graff o gerrynt yn erbyn gp.

Wrth ymchwilio i wifren ar dymheredd cyson, dylech chi naill ai gadw'r cerrynt yn ddigon isel i beri i'r tymheredd godi cyn lleied â phosibl, neu gynnwys switsh gwthio i roi'r cerrynt ymlaen am gyn lleied o amser â phosibl. Fel arall, dylech chi drochi'r wifren (ynysedig) mewn baddon dŵr i gynnal tymheredd cyson.

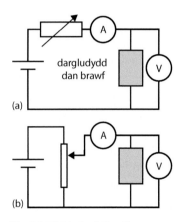

Ffig. 2.2.7 Cylchedau I–V eraill

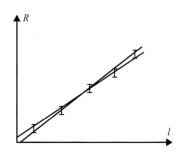

Ffig. 2.2.8 Graff R–l gyda barrau cyfeiliornad

(b) Darganfod gwrthedd y defnydd mewn gwifren

Y dull mwyaf hawdd yw tapio darn (> 1 m) o'r wifren heb ei hynysu at riwl fetr. Wedyn ei chysylltu ag amlfesurydd sydd wedi'i osod ar yr amrediad gwrthiant isaf, drwy ddefnyddio lidiau'r amlfesurydd a'r clipiau crocodeil – gweler Ffig. 2.2.9.

Cymerwch gyfres o ddarlleniadau gwrthiant, R, ar gyfer cyfres o ddim llai na phum hyd gwahanol, l, o'r wifren, gan ddefnyddio'r raddfa mm ar y riwl metr. Clipiwch y clipiau crocodeil gyda'i gilydd a chymerwch ddarlleniad i gael gwrthiant y lidiau (tua 0.5 Ω, fel arfer) a thynnwch hwn o bob un o'r darlleniadau.

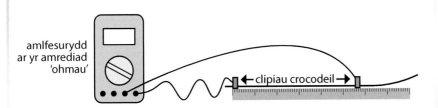

Ffig. 2.2.9 Gwrthedd gwifren

O'r canlyniadau, caiff graff o R yn erbyn l ei blotio, a chaiff graddiant, m, y llinell ffit orau, ei fesur. Defnyddir micromedr neu galiper digidol i fesur diamedr, d, y wifren ar sawl pwynt gwahanol, a defnyddir y gwerth cymedrig i gyfrifo'r arwynebedd trawstoriadol, A gan ddefnyddio $A = \pi\dfrac{d^2}{4}$.

Dadansoddiad: Drwy gymharu $R = \dfrac{\rho l}{A}$, ag $y = mx + c$, $\dfrac{\rho}{A}$ yw graddiant y graff a dylai'r rhyngdoriad fod yn 0. Felly, drwy ad-drefnu, mae: $\rho = mA$.

Os ydym yn llunio'r barrau cyfeiliornad, fel sydd yn Ffig. 2.2.8, gallwn ddarganfod yr ansicrwydd yn m. Mae hyn, ynghyd â'r ansicrwydd yn A, yn caniatáu i ni gyfrifo'r ansicrwydd yn ρ.

(c) Amrywiad gwrthiant gwifren gyda thymheredd

Gosodwch yr offer fel y maen nhw yn Ffig. 2.2.10. Mae'r ohmedr fel arfer yn amlfesurydd sydd wedi'i osod ar yr amrediad gwrthiant. Mae'n well defnyddio gwifren ynysedig, e.e. gwifren gopr enamlog, gan fod dŵr yn ddargludydd trydanol, er nad yw'n un da iawn. Rhowch y bicer ar drybedd a defnyddiwch losgydd Bunsen i roi'r gwres.

Defnyddiwch y darlleniad sero ar yr ohmedr fel yn yr arbrawf blaenorol a gosodwch yr offer gan ddefnyddio dŵr oer. Mesurwch y gwrthiant a'r tymheredd. Cynheswch y bicer nes bod y tymheredd wedi codi tua 10°C. Cymerwch y llosgydd Bunsen i ffwrdd a chymysgwch y dŵr (i gyrraedd ecwilibriwm). Cymerwch y darlleniadau unwaith eto. Gwnewch hyn eto nes byddwch wedi cyrraedd berwbwynt dŵr (100°C). Lluniadwch graff o'r gwrthiant (wedi'i gywiro ar gyfer gwrthiant y lidiau) yn erbyn tymheredd.

>> **Cofiwch**

Mae Ffig. 2.2.8 yn dangos canlyniadau'r arbrawf R–l gyda barrau cyfeiliornad. I ddarganfod yr ansicrwydd yng ngwerth l, caiff y graddiannau mwyaf/lleiaf eu mesur.

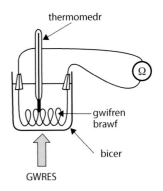

Ffig. 2.2.10 Amrywiad R–θ

>> **Cofiwch**

I estyn yr amrediad, gallwch ddefnyddio cymysgedd o ddŵr ac iâ, sy'n rhoi tymheredd cychwynnol o 0°C.

Cwestiynau ychwanegol

1. Cyfrifwch:

   (a) Pŵer gwresogydd tanc pysgod 12 V, sy'n cymryd cerrynt o 2.5 A.

   (b) Cerrynt y mae lamp fflworoleuol gryno 230 V, 15 W yn ei gymryd.

   (c) Gwrthiant LED sy'n gweithredu ar 2.1 V, 19 mA.

   (ch) Pŵer y pelydriad y mae'r LED yn rhan (c) yn ei allyrru, os yw'r LED yn 35% effeithlon.

   (d) Gp gweithredu gwresogydd 1.5 kW sydd â gwrthiant o 10.3 Ω.

2. Mae label 230 V, 900 W ar degell teithio a gynlluniwyd i'w ddefnyddio ym Mhrydain. Mae'n cymryd 3 munud 20 eiliad i ferwi 500 cm^3 o ddŵr.

   (a) Cyfrifwch wrthiant yr elfen.

   (b) Caiff y tegell ei gludo i UDA, lle mae gp y prif gyflenwad tua hanner y gwerth ym Mhrydain. Caiff plwg gwahanol ei roi arno a chaiff ei ddefnyddio i ferwi 500 cm^3 o ddŵr. Amcangyfrifwch yr amser y mae'n ei gymryd, gan nodi unrhyw dybiaethau.

3. 15.8 Ω yw gwrthiant darn 80.0 cm o wifren, diamedr 0.305 mm. Cyfrifwch wrthedd y defnydd yn y wifren.

4. Mae gan ddefnydd gwifren **A** ddwywaith gwrthedd gwifren **B**. Mae'r wifren hefyd ddwywaith mor hir, ac mae ganddi ddwywaith y diamedr.

   (a) Cymharwch wrthiannau gwifrau **A** a **B**.

   (b) Mae crynodiad yr electronau yng ngwifrau **A** a **B** yn gyfartal. Caiff y ddwy wifren eu cysylltu ar draws yr un gp. Cymharwch gyflymderau drifft yr electronau yn y ddwy wifren.

5. Mae label 240 V, 60 W ar lamp ffilament twngsten sy'n gweithredu ar 2500°C. Pan gaiff ei chysylltu ar draws batri 3.0 V ar dymheredd ystafell, mae'n cymryd cerrynt o 60 mA. Amcangyfrifwch y gp angenrheidiol i gynhyrchu'r un cerrynt ar 500°C.

2.3 Cylchedau cerrynt union

Mae'r adran hon o'r llyfr yn cymhwyso syniadau'r ddwy adran flaenorol, ynghyd ag egwyddor cadwraeth egni a gwefr, i gylchedau CU *syml*. Yn yr achos hwn, ystyr *syml* yw dim ond un cyflenwad trydanol – gall rhai o'r rhwydweithiau gwrthyddion fod yn eithaf cymhleth. Y ffordd orau i lwyddo gyda phroblemau sy'n ymwneud â chylchedau trydanol yw sefydlu dull systematig a chyfathrebu'n glir.

2.3.1 Cadwraeth gwefr

Mae hwn yn berthnasol i bob cylched ac yn y bôn gallwn ni ei symleiddio fel hyn – ni chaiff electronau eu creu na'u dinistrio mewn cylched.

Yn ogystal, gan eu bod yn gwrthyrru ei gilydd, ni fydd electronau yn cronni yn unman yn y gylched (gweler 'Cofiwch').

Mae hyn yn ein galluogi i chwalu'r camsyniad sydd gan rai disgyblion fod y cerrynt yn lleihau rywsut wrth iddo fynd o gwmpas y gylched. Yn y gylched yn Ffig. 2.3.1, mae

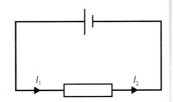

Ffig. 2.3.1 $I_1 = I_2$

$I_1 = I_2$ gan nad yw electronau yn diflannu'n sydyn (nac yn lluosi, nac yn cronni) yn y gwrthydd. Os oes 2×10^{16} electron rhydd yn mynd i mewn i'r gwrthydd bob eiliad, yna mae 2×10^{16} electron rhydd yn ei adael bob eiliad hefyd, h.y. mae Q_{mewn} bob eiliad = Q_{allan} bob eiliad.

Casgliad: Mae'r cerrynt yr un fath ym mhob pwynt mewn **cylchedau cyfres** (hyd yn oed yng nghanol y cyflenwad pŵer).

Gallwn gymhwyso'r syniad hwn i **gylchedau paralel**:

Edrychwch ar gyswllt **A** yn Ffig. 2.3.2, lle mae'r cerrynt, I_1, yn hollti'n I_2 ac I_3. Ni allwch ennill na cholli unrhyw electronau yn y cyswllt (naill ai **A** neu **B**), ac felly y canlyniad fydd: $I_1 = I_2 + I_3$

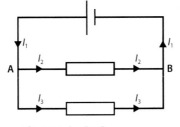

Ffig. 2.3.2 $I_1 = I_2 + I_3$

Casgliad: Mae swm y ceryntau sy'n mynd i mewn i gyswllt yn hafal i swm y ceryntau sy'n gadael y cyswllt.

Enghraifft

Darganfyddwch y ceryntau anhysbys w, x, y a z.

Ateb

Gallech ysgrifennu'r ateb yn unig, ond beth am geisio bod yn systematig, yn ogystal â chyfathrebu'n dda?

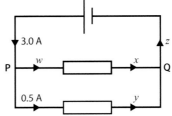

Ffig 2.3.3 Problem ceryntau

Yng nghyswllt **P**, mae: cerrynt i mewn = cerrynt allan

≫ Cofiwch

Gwelsom, yn Adran 2.2.4, fod gwifrau metel yn meddu ar wrthiant trydanol (oni bai eu bod yn uwchddargludo). Ond yn gyffredinol, mae gwrthiant y gwifrau cysylltu mewn cylchedau trydanol yn Ffiseg UG/Safon Uwch dipyn yn llai na gwrthiant cydrannau'r gylched. Rydym yn cymryd ei fod yn ddibwys o fach (h.y. sero). Felly, gallwn gymryd mai sero yw'r egni a drosglwyddir yn y gwifrau cysylltu.

Termau allweddol

Bydd cydrannau wedi'u cysylltu **mewn cyfres** os ydynt wedi'u cysylltu gan dddargludydd sengl, sydd heb unrhyw ddargludyddion eraill wedi'u cysylltu ag ef.

Cylchedau cyfres yw cylchedau lle mae'r holl gydrannau wedi'u cysylltu mewn cyfres.

Bydd cydrannau wedi'u cysylltu **mewn paralel** os yw dau ben y ddwy gydran wedi'u cysylltu gan ddargludyddion sengl yn unig.

≫ Cofiwch

Deddf gyntaf Kirchhoff neu reol cysylltau Kirchhoff yw'r enw ar y rheolau hyn sy'n ymwneud â cherrynt.

cwestiwn cyflym

① Yn yr enghraifft, dangoswch drwy ddull gwahanol fod $z = 3.0$ A. [Awgrym: ystyriwch y cyflenwad pŵer.]

∴ Mae $3.0 = w + 0.5$. ∴ mae $w = 2.5$ A

Ar hyd **PQ**, mae: cerrynt i mewn i'r gwrthydd = cerrynt allan, ∴ mae $x = w = 2.5$ A

Yn yr un ffordd, mae $y = 0.5$ A (y cerrynt i mewn i'r gwrthydd gwaelod ac allan ohono).

Yng nghyswllt **P**, mae: cerrynt allan = cerrynt i mewn, ∴ mae $z = 2.5 + 0.5 = 3.0$ A

cwestiwn cyflym

② Yn y gylched yn Ffig. 2.3.4, mae $I = 0.5$ A ac mae $V_1 = 1.2$ V. Cyfrifwch

 (a) Yr egni y mae'r cyflenwad pŵer yn ei drosglwyddo i'r gylched mewn 10 s.

 (b) Gwrthiant y gwrthydd.

 (c) Y gp ar draws y lamp.

 (ch) Y pŵer sy'n cael ei afradloni yn y lamp.

2.3.2 Cadwraeth egni

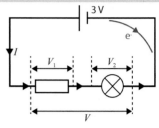

Mae'r ddeddf cadwraeth egni yn ddeddf gyffredinol, felly gallwn ei chymhwyso i gylchedau trydanol, er enghraifft yr un sydd yn Ffig. 2.3.4. I wneud hyn, byddwn yn defnyddio diffiniad gp: $W = QV$.

Yn gyntaf, byddwn yn meddwl am bâr **cyfres** y gwrthydd a'r lamp, ac yn ystyried hanes electron wrth iddo deithio o gwmpas y gylched.

Ffig. 2.3.4 $V = V_1 + V_2$

Mae'n dod allan o derfynell negatif y batri (y saeth grom) gyda pheth egni potensial trydanol. Wrth iddo basio drwy ffilament y bwlb mae'n trosglwyddo eV_2 ac mae'r bwlb yn pelydru'r egni hwn i ffwrdd. Yna, mae'n pasio drwy'r gwrthydd, lle mae'n trosglwyddo eV_1. Os mai V yw'r gp ar draws y cydrannau, yna eV yw cyfanswm yr egni sy'n cael ei drosglwyddo.

∴ Mae $eV = eV_1 + eV_2$ a, thrwy rannu ag e, mae $V = V_1 + V_2$

Casgliad: Cyfanswm y gp ar draws cydrannau mewn cyfres yw swm pob gp ar draws y cydrannau unigol.

Yn ogystal, yn Ffig. 2.3.4, mae'r egni sy'n cael ei drosglwyddo i'r electron gan y gell = $e \times 3$ V. Nid yw'r gylched yn gallu storio egni trydanol yn unman, felly, yn yr achos hwn, mae $V_1 + V_2 = 3$ V.

Casgliad: Mewn cylched gyfres, y gp ar draws y cyflenwad yw swm pob gp ar draws y cydrannau.

≫ Cofiwch

Mae'r gwahaniaethau potensial ar draws holl offer trydanol y prif gyflenwad yr un fath (230 V yn y DU) oherwydd eu bod wedi'u cysylltu mewn paralel. Ni fydd ychwanegu dyfais arall yn newid y gp ar draws y lleill; ni fydd diffodd dyfais yn effeithio ar unrhyw ddyfais arall.

Gallwn hefyd gymhwyso cadwraeth egni i gydrannau mewn paralel. Y tro hwn, byddwn yn meddwl am *ddau* electron sy'n gadael terfynell negatif y cyflenwad pŵer, ac yn teithio i gyswllt **A**. Maen nhw'n cyfarfod eto yn **B**, yn 'cymharu nodiadau', ac yn parhau at y cyflenwad pŵer. Dechreuodd y ddau electron â'r un egni potensial trydanol ac maen nhw wedi colli'r un maint erbyn y diwedd.

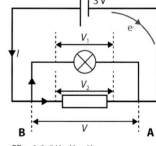

Ffig. 2.3.5 $V = V_1 = V_2$

cwestiwn cyflym

③ Caiff tegell trydan 2.5 kW, a gwresogydd darfudol 2.0 kW, eu cysylltu â phrif gylched cylch domestig 230 V. Cyfrifwch gyfanswm y cerrynt pan mae'r ddwy ddyfais ymlaen.

Mae gwrthiant o sero gan y gwifrau, felly'r lamp a'r gwrthydd yw'r unig fannau lle gallai'r electronau fod wedi colli egni. Mae un wedi colli eV_1, ac mae'r llall wedi colli eV_2. Felly, gallwn ddod i'r casgliad bod $V_1 = V_2$. Byddai'r darlleniad yr un peth ar foltmedr a osodwyd i fesur V oherwydd bod gwrthiant o sero gan y gwifrau (unwaith eto).

Yn ogystal, drwy gadwraeth egni, mae'r naill electron a'r llall yn colli'r 3 V $\times$ e ar ei ffordd o gwmpas y gylched. ∴ mae $V = V_1 = V_2 = 3$ V

Casgliad: Mae'r gp ar draws pob cydran mewn paralel yn hafal.

2.3.3 Cyfuniadau o wrthiannau

(a) Mewn cyfres

Gwrthiant cyfunol cydrannau mewn cyfres yw swm eu gwrthiannau unigol. Gallwch ddangos hyn yn hawdd drwy gymhwyso rheolau foltedd a cherrynt. Y dasg yw amnewid y set o wrthyddion yn Ffig. 2.3.6(a) am y gwrthydd sengl yn (b) heb i weddill y gylched (na chaiff ei ddangos) sylwi ar y newid!

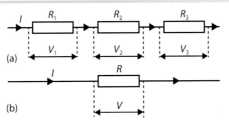
Ffig. 2.3.6 Cyfuniad cyfres o wrthiannau

Felly mae'r cerrynt, y gp, a'r pŵer sy'n cael ei afradloni, i gyd yn aros yr un fath. Drwy lwc, os ydym yn ymdrin â'r cerrynt ac â'r gp, bydd y pŵer yn gofalu amdano ei hun (gweler 'Cofiwch').

Ar gyfer cyfnewidiad nad yw'r gylched yn gallu ei ganfod, rhaid i ni gael

$$V = V_1 + V_2 + V_3$$

Rhaid i'r cerrynt beidio â newid, felly mae

$$\frac{V}{I} = \frac{V_1}{I} + \frac{V_2}{I} + \frac{V_3}{I}$$

Ond caiff R ei ddiffinio drwy $R = \frac{V}{I}$, $\quad \therefore \quad R = R_1 + R_2 + R_3$

(b) Mewn paralel

Unwaith eto, ein tasg yw darganfod gwrthydd sengl a fydd yn effeithio ar y gylched yn yr un modd â'r tri sydd i'w gweld.

Y tro hwn, dechreuwn gydag

$$I = I_1 + I_2 + I_3$$

Yna

$$\frac{V}{R} = \frac{V}{R_1} + \frac{V}{R_2} + \frac{V}{R_3}$$

$$\therefore \quad \frac{1}{R} = \frac{1}{R_1} + \frac{1}{R_2} + \frac{1}{R_3} + ...$$

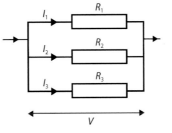
Ffig. 2.3.7 Cyfuniad paralel o wrthiannau

Rydym wedi bod braidd yn ddrwg yma, ond mae'r '+ ...' yn dangos y gallwn barhau i ychwanegu gwrthyddion mewn paralel, a bydd yr hafaliad yn ymestyn yn yr un modd.

Enghraifft

Cyfrifwch y gwrthiant cyfunol rhwng **A** a **B**.

Ateb

Yn gyntaf, rydym yn cyfrifo gwrthiant y cyfuniad paralel:

$$\frac{1}{R} = \frac{1}{10} + \frac{1}{15} \rightarrow R = 6\ \Omega.$$

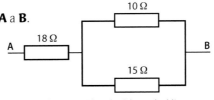
Ffig. 2.3.8 Rhwydwaith gwrthyddion

Mae'r 6 Ω hwn mewn cyfres â'r gwrthydd 18 Ω.
∴ Mae'r gwrthiant cyfunol = 18 Ω + 6 Ω = 24 Ω

》 Cofiwch

Dim ond cadwraeth egni wedi'i hailysgrifennu ar gyfer electronau yw'r rheolau gp!

》 Cofiwch

Mae gwrthiant cyfunol dau wrthiant hafal mewn paralel yn hanner gwrthiant y gwrthiannau unigol. Ar gyfer tri gwrthydd cyfartal, mae'n un traean: ar gyfer n gwrthiant hafal, mae'n $1/n$. Enghraifft: 20 Ω yw gwrthiant effeithiol pum gwrthydd 100 Ω mewn paralel.

cwestiwn cyflym

④ Cyfrifwch wrthiant effeithiol gwrthydd 22 Ω a gwrthydd 33 Ω wedi'u cysylltu (a) mewn cyfres a (b) mewn paralel.

⩘ Gwella gradd

Wrth ddefnyddio $\frac{1}{R} = \frac{1}{R_1} + \frac{1}{R_2}$, peidiwch ag anghofio gwrthdroi gwerth $1/R$. Fel arall mae eich ateb yn debygol o fod yn nonsens.

Gwella gradd

Nid yw'r hafaliad

$$R = \frac{R_1 R_2}{R_1 + R_2}$$

yn Llyfryn Data CBAC, ond mae'n ffordd hawdd iawn o gyfrifo cyfanswm gwrthiant **dau** wrthydd mewn paralel. Yn anffodus, nid yw'n gweithio ar gyfer mwy na dau! Ydych chi'n gallu profi hyn?

≫ Cofiwch

Sylwch ar ddau beth yn enghraifft y rhannwr potensial:

1. Mae ychwanegu ail wrthydd mewn paralel yn lleihau'r gwrthiant bob tro.
2. Mae llwytho rhannwr potensial, h.y. ychwanegu gwrthydd at ei allbwn, yn lleihau'r foltedd allbwn bob tro.

Symbolau cylchedau:

LDR

[Yn aml caiff hwn ei luniadu heb y cylch.]

Thermistor

thermistor nct = thermistor cyfernod tymheredd negatif.

2.3.4 Y rhannwr potensial

(a) Cylched sylfaenol

Os nad oes cerrynt yn y lidiau V_{ALLAN}, mae'r cerrynt, I, yr un peth yn y ddau wrthydd

∴ mae $\quad V_{MEWN} = IR_1 + IR_2 \quad$ [1]

ac mae $\quad V_{ALLAN} = IR_2 \quad\quad$ [2]

Drwy rannu [2] ag [1], a diddymu I

→ $\quad \dfrac{V_{ALLAN}}{V_{MEWN}} = \dfrac{R_2}{R_1 + R_2}$

Mae'r *potensiomedr* yn rhannwr potensial sydd wedi'i wneud o ddargludydd sengl gyda chyswllt llithr.

$$V_{ALLAN} = V_{MEWN} \frac{l}{l_0}.$$

sy'n rhoi'r allbwn, V_{ALLAN}, yn Ffig. 2.3.9.

Mae defnyddio cylched y potensiomedr yn beth cyffredin mewn teclynnau sy'n rheoli sŵn mwyaduron (*amplifiers*).

Enghraifft

Cyfrifwch V_{ALLAN} yn Ffig. 2.3.11 pan mae'r switsh

(a) ar agor (fel sydd i'w weld) a

(b) ar gau.

Ateb

(a) Nid yw'r gwrthydd 82 Ω yn rhan o'r gylched, felly mae:

$$V_{ALLAN} = \frac{27}{56 + 27} \times 12 = 3.9 \text{ V}$$

(b) Mae V_{ALLAN} ar draws y cyfuniad paralel o 27 Ω ac 82 Ω.

$$R = \frac{27 \times 82}{27 + 82} = 20.3 \text{ Ω}$$

yw gwrthiant, R, y cyfuniad paralel (gweler Gwella gradd)

$$\therefore V_{ALLAN} = \frac{20.3}{56 + 20.3} \times 12 = 3.2 \text{ V}.$$

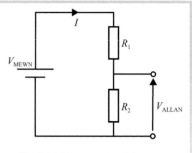

Ffig. 2.3.9 Rhannwr potensial

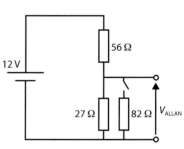

Ffig. 2.3.10 Potensiomedr

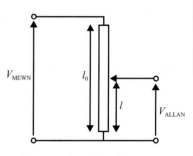

Ffig. 2.3.11 Rhannwr potensial wedi'i lwytho

(b) Cylchedau rhannwr potensial sy'n synhwyro

Y rhannwr potensial sy'n cael ei ddefnyddio gydag LDR neu thermistor yw sail cylchedau sy'n synhwyro golau a thymheredd. Bydd rhaid i chi allu lluniadu a dehongli'r cylchedau hyn. Mae gwrthiant yr LDR yn gostwng wrth i lefelau'r golau gynyddu. [Mae gwrthiant y thermistor yn gostwng wrth i'r tymheredd godi.] Os ydych chi'n rhoi un o'r cydrannau hyn yn y safle uchaf yn y gylched, fel sydd yn Ffig. 2.3.12, bydd V_{ALLAN} yn amrywio gyda lefel y golau/tymheredd; e.e. ar gyfer LDR, mae:

$$V_{ALLAN} = \frac{R}{R_L + R} V_{MEWN} \text{, lle } R_L \text{ yw gwrthiant yr LDR.}$$

Wrth i lefel y golau gynyddu, mae R_L yn gostwng, felly mae V_{ALLAN} yn cynyddu (gweler 'Cofiwch').

Os ydych chi'n rhoi thermistor (neu LDR) yn safle isaf y gylched, h.y. fel bod V_{ALLAN} ar ei draws, yna mae:

$$V_{ALLAN} = \frac{R_T}{R + R_T} V_{MEWN} \text{, lle } R_T \text{ yw gwrthiant y thermistor.}$$

Dylech chi allu esbonio pam, yn yr achos hwn, mae'r foltedd allbwn yn gostwng gyda'r tymheredd.

Enghraifft

Mae larwm rhew yn cynnwys y gylched synhwyro tymheredd a ddangosir yn Ffig. 2.3.13. Ar 20°C, 200 Ω yw gwrthiant y thermistor, R_T.

(a) Cyfrifwch V_{ALLAN} ar 20°C.

(b) Esboniwch pam mae V_{ALLAN} yn cynyddu wrth i'r tymheredd ddisgyn.

Ateb

(a) Ar 20°C, mae, $V_{ALLAN} = \dfrac{200}{1000 + 200} \times 5 = 0.83$ V.

(b) Wrth i'r tymheredd ddisgyn, mae gwrthiant y thermistor yn codi, felly mae R_T yn ffracsiwn mwy o gyfanswm y gwrthiant. Mae'r allbwn ar draws R_T, felly mae V_{ALLAN} yn codi.

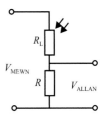

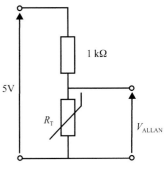

Ffig. 2.3.12 Cylched synhwyro golau

Ffig. 2.3.13 Larwm rhew

≫ Cofiwch

Os ydych yn cael trafferth dilyn y ddadl yn rhan (b) yr enghraifft, meddyliwch beth fyddai V_{ALLAN} pe byddai R_T yn (a) anfeidraidd (tymheredd isel iawn) a (b) sero (tymheredd uchel iawn).

2.3.5 Mynd i'r afael â chylchedau mewn modd systematig

Y pethau pwysig i'w cofio wrth ddatrys cylchedau mewn arholiad yw:

(a) Cael cynllun. (b) Cyfathrebu.

Mae cyfathrebu'n bwysig iawn. Mae'n ddigon hawdd ysgrifennu $V = IR$, ond at beth yr ydych yn ei gymhwyso – gwrthydd sengl, cyfuniad, y gylched gyfan? Beth am edrych ar ychydig enghreifftiau – ond bydd rhaid i chi wneud y rhan fwyaf o'r gwaith!

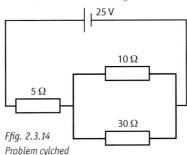

Ffig. 2.3.14
Problem cylched

Enghraifft

Cyfrifwch y pŵer sy'n cael ei afradloni yn y gwrthydd 10 Ω yn Ffig. 2.3.14.

cwestiwn cyflym

⑤ Rhowch y cynllun ar waith yn yr enghraifft o broblem cylched:

(i) Dangoswch mai 7.5 Ω yw gwrthiant y cyfuniad paralel.

(ii) Dangoswch mai 15 V yw'r gp ar draws y cyfuniad 7.5 Ω.

(iii) Cofiwch fod y gp ar draws cyfuniad paralel yr un peth â'r gp ar draws pob un o'r cydrannau yn y cyfuniad. Felly, cyfrifwch y pŵer sy'n cael ei afradloni yn y gwrthydd 10 Ω.

Gwella gradd

Cofiwch gyfathrebu, e.e.

1. I ddarganfod gwrthiant cyfunol y cyfuniad paralel ...
2. Mae'r gp ar draws y cyfuniad paralel yn cael ei roi gan...

>> Cofiwch

Mae'n siŵr mai'r cynllun sy'n rhoi'r datrysiad mwyaf taclus i'r broblem. Ond mae datrysiadau eraill ar gael. Mae'n rhaid i chi wneud rhan 1 gyntaf bob tro. Yna gallech:

- Cyfrifo cyfanswm y gwrthiant.
- Cyfrifo cyfanswm y cerrynt.
- Defnyddio'r cerrynt i gyfrifo'r gp ar draws y pâr paralel ...

Mae'n siŵr eich bod yn gallu meddwl am ddulliau eraill. Rhowch gynnig arnynt!

cwestiwn cyflym

⑥ Rhowch gynnig ar y ddau ddull a awgrymir ar gyfer y pos cylched i ddarganfod gwerth *R*.

Term allweddol

G.e.m. (grym electromotif) cyflenwad pŵer yw'r egni sy'n cael ei drawsnewid o un ffurf (cemegol, yn achos cell) yn egni potensial trydanol am bob coulomb o wefr sy'n pasio drwyddo.

Gwella gradd

Mae disgyblion yn aml yn dweud mai'r g.e.m. yw'r 'gp ar draws y gell heb unrhyw gerrynt'. Mae hyn yn wir ond nid hwn yw'r diffiniad, a bydd yn golygu colli marciau!

Ateb

Yn gyntaf, y cynllun:

1. Cyfrifwch wrthiant y cyfuniad paralel.
2. Cyfrifwch y gp ar draws y cyfuniad paralel gan ddefnyddio damcaniaeth rhannwr potensial.
3. Cymhwyswch y gp hwn at y gwrthydd 10 Ω, a chyfrifwch y pŵer.

Nesaf, rhowch y cynllun ar waith: eich gwaith chi yw hyn – gweler 'Cwestiwn cyflym 5'.

Mae nifer y cylchedau y gall arholwr feddwl amdanynt yn eithaf cyfyng, ond mae sawl ffordd o roi'r wybodaeth. Mae hyn yn golygu bod ateb cwestiynau am gylchedau yn debyg i ddatrys posau. Beth am edrych ar Ffig. 2.3.15?

Os yw'r cwestiwn yn gofyn, 'Beth yw gwerth y gwrthydd, *R*, mae'n rhaid i'r lamp ei gael i weithredu ar ei gwerth llawn?', mae angen i ni feddwl am gynllun cyfrwys.

Beth am: cyfrifo'r cerrynt drwy'r gwrthydd 240 Ω, ac yna defnyddio cyfanswm y cerrynt a'r gp hysbys ar draws y gwrthydd i ddarganfod ei werth?

Beth am: cyfrifo gwrthiant y lamp, yna'r gwrthiant cyfunol gyda'r 240 Ω, ac yna defnyddio fformiwla'r rhannwr potensial ar gyfer *R*?

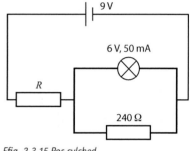

Ffig. 2.3.15 Pos cylched

2.3.6 G.e.m. a gwrthiant mewnol cyflenwad pŵer

Mae'r diffiniad o **g.e.m.**, *E*, cyflenwad pŵer (ei 'wmff') yn fesur y mae papurau arholiad yn gofyn amdano'n rheolaidd – felly ewch ati i'w ddysgu.

Gwrthiant mewnol, *r*, cyflenwad pŵer yw gwrthiant ei gydrannau (e.e. electrolyt y gell, gwifrau'r dynamo). Mae arholwyr yn aml (ond nid bob tro) yn cynnwys y gwrthiant mewnol gyda diagramau o gelloedd mewn cwestiynau, os ydynt am i chi ystyried ei effeithiau – gweler Ffig. 2.3.16.

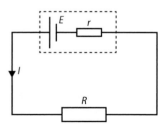

Ffig. 2.3.16 E ac r

Mae'r gp, *V*, ar draws terfynellau cyflenwad pŵer yn hafal i'r g.e.m. pan nad yw'r gell yn cyflenwi unrhyw gerrynt. Fel arfer, mae'n llai. Gallwn weld pam drwy gymhwyso cadwraeth egni:

Pŵer sy'n cael ei drosglwyddo o ffurfiau eraill i bŵer trydanol = EI

Pŵer sy'n cael ei gyflenwi i'r gylched = VI

Pŵer sy'n cael ei wastraffu yn y cyflenwad pŵer = $I^2 r$

∴ drwy gadwraeth egni, mae: $\quad\quad EI = VI + I^2 r$

Drwy rannu ag *I* a gwneud *V* yn destun → $\quad V = E - Ir$

Weithiau, mae'r arholwr yn hoffi gofyn beth yw ystyr $V = E - Ir$ yn nhermau egni:

E Yr egni mewn cell sy'n cael ei drawsnewid o egni cemegol i egni potensial trydanol fesul coulomb. [Gallech hefyd ddweud, 'Yr egni sy'n cael ei drawsnewid yn y gylched gyfan fesul coulomb', gan fod y gell yn rhan o'r gylched.]

V Yr egni sy'n cael ei drawsnewid fesul coulomb y tu allan i'r gell (neu'r egni sy'n cael ei afradloni yn y gwrthydd fesul coulomb).

Ir Yr egni sy'n cael ei afradloni yn y gell (neu'r gwrthiant mewnol) fesul coulomb.

Enghraifft

Mae gan gell g.e.m. o 1.63 V, a gwrthiant mewnol o 0.23 Ω. Cyfrifwch y cerrynt pan mae'r gell wedi'i chysylltu â gwrthydd 8.20 Ω.

Ateb

$$I = \frac{E}{R + r} = \frac{1.63}{8.20 + 0.23} = \frac{1.63}{8.43} = 0.193 \text{ A (gweler 'Cofiwch')}$$

Sylwch y gallai'r mathau o gylchedau yn Adran 2.3.5 gynnwys cyflenwadau pŵer â gwrthiant mewnol hefyd, felly byddwch yn barod am hynny.

Cylchedau â chelloedd lluosol mewn cyfres

Mae'r rheolau'n syml:

- Mae gwrthiannau mewnol bob amser yn adio (gwrthiannau mewn cyfres).
- Mae'r g.e.m. yn adio – oni bai bod un o'r celloedd 'o chwith'; yn yr achos hwn rhaid tynnu'r g.e.m.

2.3.7 Gwaith ymarferol penodol – gwrthiant mewnol cell

Y ffordd symlaf o ddarganfod gwrthiant mewnol cell yw drwy ddefnyddio'r gylched yn Ffig. 2.3.17.

Dyma'r dull:

- Cau'r switsh a mesur y cerrynt a'r gp drwy ddefnyddio'r amedr a'r foltmedr.

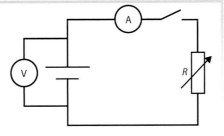

Ffig. 2.3.17 Darganfod y gwrthiant mewnol

- Drwy addasu'r gwrthydd newidiol, cymryd cyfres o barau o ddarlleniadau cerrynt, gp.
- Plotio graff o gp, V, yn erbyn cerrynt, I, a mesur y graddiant (negatif).
- Minws y graddiant yw'r gwrthiant mewnol, fel mae hafaliad y graff yn ei ddangos: $V = E - Ir$

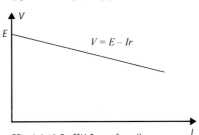

Ffig. 2.3.18 Graff V–I ar gyfer cell

cwestiwn cyflym

⑦ Mae cell drydanol yn trawsnewid 15 J o egni cemegol bob eiliad, ac mae'n cyflenwi pŵer o 12 W i gylched â cherrynt o 1.5 A. Cyfrifwch

  (a) Y pŵer sy'n cael ei wastraffu yn y gell.

  (b) Y gwrthiant mewnol.
   Awgrym: EI, VI, I^2R

≫ Cofiwch

Yn Ffig. 2.3.16, mae $V = IR$. Mae amnewid ar gyfer V yn $V = E - Ir$ yn rhoi $IR = E - Ir$ Gallwch ad-drefnu hwn i roi

$$I = \frac{E}{R + r}.$$

Nid yw'r hafaliad hwn yn y Llyfryn Data, ond mae'n un defnyddiol iawn i'w ddysgu. Mae'n gadael i chi feddwl: E yw 'cyfanswm y foltedd' yn y gylched; y cerrynt yw 'cyfanswm y foltedd wedi'i rannu â chyfanswm y gwrthiant'.

cwestiwn cyflym

⑧ Beth yw g.e.m. a gwrthiant mewnol batri 6 cell, bob un â g.e.m. o 1.50 V a gwrthiant mewnol o 0.05 Ω?

cwestiwn cyflym

⑨ Mae rhyngdoriad o 1.65 V a graddiant o −2.5 Ω gan graff foltedd/cerrynt cell. Nodwch y g.e.m. a'r gwrthiant mewnol, a chyfrifwch y cerrynt mwyaf y gall y gell ei gyflenwi (h.y. pan mae $R = 0$).

Gwella gradd

Yn yr arbrawf hwn, nid oes unrhyw werth mewn cymryd darlleniadau eto, oherwydd bydd y gell yn colli swm sylweddol o'r egni cemegol sydd wedi'i storio ganddi wrth gyflenwi'r ceryntau mawr y mae eu hangen i gael canlyniadau da.

Nodyn: Mae'r switsh yn Ffig. 2.3.17 yn bwysig oherwydd ei fod yn eich galluogi i gymryd darlleniadau cerrynt a gp yn gyflym, fel nad yw'r gell yn mynd yn 'fflat' cyn diwedd yr arbrawf.

Amrywiad bach yn y dull

Os ydym yn defnyddio set o wrthyddion â gwerthoedd hysbys ar gyfer y gwrthydd newidiol, gallwn wneud heb naill ai'r amedr neu'r foltmedr: gallwn gyfrifo'r gp o'r gwrthiant a'r cerrynt (neu'r cerrynt o'r gwrthiant a'r gp), ac yna blotio'r graff.

Cwestiynau ychwanegol

1. Mae gan fyfyriwr set o dri gwrthydd â gwerthoedd o 4.7 Ω, 6.8 Ω ac 8.2 Ω. Drwy gymryd y rhain yn unigol, neu drwy gysylltu dau neu dri ohonynt mewn cyfres ac mewn paralel, pa werthoedd gwahanol ar gyfer y gwrthiant y gall y myfyriwr eu cael? [Mae'r awdur yn credu ei bod yn bosibl cael 17 gwerth gwahanol.]

2. Mae LED yn mynd i gael ei ddefnyddio fel 'dangosydd ymlaen'. Cyfrifwch y gwrthiant cyfres y dylech chi ei ddefnyddio os caiff ei bweru gan gyflenwad 5 V, fel bod gp o 1.9 V ar ei draws gan yr LED, a cherrynt o 15 mA drwyddo.

3. Mae gwrthydd 100 Ω wedi'i gysylltu mewn paralel â chyfuniad cyfres o wrthydd 47 Ω a gwrthydd 33 Ω. Mae'r rhwydwaith wedi'i gysylltu â chyflenwad pŵer. 13.2 V yw'r gp ar draws y gwrthydd 33 Ω. Cyfrifwch y gp ar draws y cyflenwad pŵer, a'r cerrynt drwyddo.

4. Wrth archwilio amrywiad gwrthiant thermistor gyda thymheredd, dyma'r canlyniadau:

Tymheredd/°C	−20	−10	0	10	20	30	40
Gwrthiant / kΩ	97	55	32	20	12	8	5

Mae'n cael ei ddefnyddio mewn cylched rhannwr potensial gyda gwrthydd 10 Ω i wneud synhwyrydd tymheredd, sydd â gp mewnbwn o 9 V, lle mae'r allbwn yn cynyddu gyda'r tymheredd. Lluniadwch graff o'r gp allbwn gyda thymheredd.

5. Mae label gan deledu diffiniad uchel (HDTV) newydd sy'n nodi mai 52 W yw ei bŵer a'i fod yn defnyddio 76 kW awr o egni bob blwyddyn. Beth oedd y dybiaeth wrth gyfrifo'r egni mae'n ei ddefnyddio bob blwyddyn?

6. Lluniadwch ddiagram cylched ar gyfer synhwyrydd golau, lle mae'r foltedd allbwn yn gostwng gyda lefel y golau. Esboniwch sut mae'n gweithio.

2.4 Natur tonnau

Mae tonnau dŵr, tonnau daeargrynfeydd a sain, i gyd yn teithio mewn ffordd debyg. Rydym am astudio hyn nawr. Rydym hefyd am ddechrau astudio natur *golau*.

2.4.1 Sut mae ton yn teithio

Cynnwrf sy'n teithio drwy gyfrwng yw *ton gynyddol* (ton yw'r enw arferol arni). Enghraifft: mae aer yn gyfrwng i donnau sain.

Fel arfer, gwrthrych sy'n *osgiliadu* (dirgrynu) wrth gyffwrdd â'r cyfrwng yw *ffynhonnell* ton. Mae'r ffynhonnell hon yn cadw gronynnau'r cyfrwng sydd nesaf ati i osgiliadu. Mae'r gronynnau hyn yn trosglwyddo'r osgiliadau i ronynnau cyfagos, ac ati. Felly, mae ton o gynnwrf gronynnau yn *lledaenu* (teithio) drwy'r cyfrwng, gan gludo *egni* gyda hi.

2.4.2 Tonnau arhydol a thonnau ardraws

(a) Tonnau arhydol

Enghreifftiau: tonnau 'cywasgiad' mewn sbring 'Slinky' (Ffig 2.4.1), sain, tonnau 'P' seismig (daeargryn). Dysgwch y diffiniad yn y Termau allweddol: dylai'r ystyr fod yn glir o'r diagram.

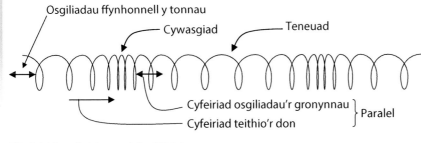

Ffig. 2.4.1 Ton arhydol mewn sbring 'Slinky'

(b) Tonnau ardraws

Enghreifftiau: golau a thonnau electromagnetig eraill, tonnau 'S' seismig, tonnau mewn llinyn tyn (Ffig. 2.4.2).

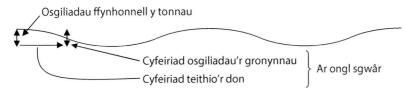

Ffig. 2.4.2 Ton ardraws mewn llinyn tyn

Mewn ton ardraws **bolar** (**plân bolar** a bod yn fanwl gywir), mae'r osgiliadau wedi'u cyfyngu i ddim ond un o'r cyfeiriadau posibl sydd ar ongl sgwâr i gyfeiriad teithio'r don.

Mewn ton ardraws **heb ei pholareiddio**, mae cyfeiriad yr osgiliadau'n newid ar hap – ond mae bob amser ar ongl sgwâr i gyfeiriad teithio'r don.

Polar

Heb ei pholareiddio

Ffig. 2.4.3 Ton bolar a thon heb ei pholareiddio

Osgled, A, gronyn sy'n osgiliadu yw gwerth mwyaf dadleoliad y gronyn (o'i safle ecwilibriwm).

Cyfnod, T, osgiliad yw'r amser y mae'n ei gymryd i gwblhau un gylchred gyfan.

Yr **amledd**, f, yw nifer y cylchredau o osgiliadau fesul uned amser.

Ystyr **cydwedd**, o ran gronynnau sy'n osgiliadu, yw ar yr un pwynt yn eu cylchred ar yr un pryd.

Ystyr **gwrthwedd** yw hanner cylchred yn anghydwedd, felly mae'r dadleoliad *bob amser* i gyfeiriadau dirgroes.

Y **donfedd** yw'r pellter lleiaf, wedi'i fesur ar hyd y cyfeiriad teithio, rhwng dau bwynt ar don sy'n osgiliadu'n gydwedd.

Tonnau electromagnetig

Mae tonnau electromagnetig (e-m) yn arbennig. Nid oes angen cyfrwng arnynt ac maen nhw'n gallu teithio mewn gwactod ar gyflymder o 3.00×10^8 m s^{-1} – c sy'n dynodi'r buanedd hwn. I dri ffigur ystyrlon, yr un yw eu buanedd mewn aer.

Ar gyfer ton e-m, nid gronynnau sy'n osgiliadu, ond *meysydd trydanol* a *meysydd magnetig*. Nid yw'r tonnau'n gallu bodoli heb y ddau faes, ond ni fydd rhaid i ni gyfeirio at y maes magnetig eto. Dyma sut rydych yn dod o hyd i'r maes trydanol sy'n osgiliadu: wrth roi gronyn wedi'i wefru ar lwybr ton e-m, bydd yn profi grym osgiliadu i gyfeiriad sydd ar ongl sgwâr i gyfeiriad teithio'r don.

2.4.3 Polareiddiad

Mae'r don ardraws a ddangosir yn Ffig. 2.4.2 yn **bolar**, fel y diffiniad yn y Termau allweddol. Cyferbynnwch hon â thon **heb ei pholareiddio**, sydd hefyd wedi'i diffinio.

Gallwn grynhoi'r gwahaniaeth drwy ddefnyddio dau ddiagram (Ffig. 2.4.3) a luniadwyd ar gyfer tonnau sy'n teithio allan o'r dudalen tuag atoch. Mae'r saethau'n dangos cyfeiriadau osgiliadau. Ar gyfer ton e-m, cyfeiriadau'r maes trydanol sy'n osgiliadu yw'r rhain.

Golau heb ei bolareiddio yw'r golau a ddaw o'r rhan fwyaf o ffynonellau 'arferol' (gan gynnwys yr Haul, fflam, lamp ffilament). Fodd bynnag, mae'n bosibl ei bolareiddio drwy gael gwared ar bob cydran osgiliadu ac eithrio un gydran sy'n osgiliadu i un cyfeiriad penodol. Gallwn wneud hyn drwy ei basio drwy *hidlydd polareiddio*, sef *polaroid*.

2.4.4 Gronynnau sy'n osgiliadu: graffiau dadleoliad–amser

Ystyriwch ronyn o'r cyfrwng ar lwybr y don. Gall ei ddadleoliad o'i safle digynnwrf amrywio gydag amser, fel yn graff (a) yn Ffig. 2.4.4.

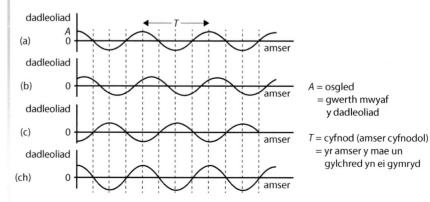

A = osgled
= gwerth mwyaf y dadleoliad

T = cyfnod (amser cyfnodol)
= yr amser y mae un gylchred yn ei gymryd

Ffig 2.4.4 Graffiau dadleoliad–amser

Yr **amledd**, f, yw nifer y cylchredau fesul uned amser. Uned: hertz (Hz). Er enghraifft, os yw $T = 0.10$ s, yna mae $f = 10$ Hz. Dyma'r berthynas:

$$\text{Mae } f = \frac{1}{T} \text{, a gallwch ad-drefnu hyn i roi } T = \frac{1}{f}$$

Mae pob graff yn Ffig. 2.4.4 ar gyfer osgiliadau o'r un amledd.

Mae graffiau (a) ac (ch) yn dangos osgiliadau sydd **yn gydwedd**, hynny yw, maen nhw bob amser ar yr un pwynt yn eu cylchred ar yr un pryd. Beth yw'r gwahaniaeth rhyngddynt?

Mae'r osgiliadau yn graff (b) yn *anghydwedd* â'r osgiliadau yn graff (a). Mae oedi o tua wythfed o gylchred: maen nhw'n cyrraedd eu brig ymhellach ar hyd yr echelin amser.

Mae'r osgiliadau yn graff (c) hanner cylchred yn anghydwedd â'r osgiliadau yn graff (a). Dywedwn eu bod yn **wrthwedd** oherwydd bod y dadleoliadau *bob amser* i gyfeiriadau dirgroes.

2.4.5 Ciplun o don: graffiau dadleoliad–lleoliad

Mae'r graff yn Ffig. 2.4.5 yn dangos dadleoliad y gronynnau mewn cyfrwng ar lwybr ton *ar un amser penodol*. Felly, mae'r echelin lorweddol yn cynrychioli lleoliad – hynny yw, y pellter oddi wrth y ffynhonnell.

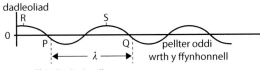

λ = tonfedd
= pellter rhwng gronynnau olynol sy'n osgiliadu'n gydwedd

Ffig. 2.4.5 Graff dadleoliad-pellter

Mae gronyn Q yn osgiliadu'n gydwedd â gronyn P. Mae R ac S yn bâr arall o ronynnau sy'n gydwedd.

2.4.6 Buanedd ton

Mae'r ciplun y mae'r llinell doredig yn ei ddangos yn Ffig. 2.4.6 yn dangos bod y don wedi symud ymlaen bellter o $\lambda/4$ i'r dde o giplun y llinell solet.

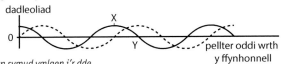

Ffig. 2.4.6 Ton yn symud ymlaen i'r dde

Rhaid bod y symudiad hwn ymlaen wedi cymryd amser $T/4$; er enghraifft, mae gronyn X wedi symud o ddadleoliad brig i ddadleoliad sero, ac mae gronyn Y (sy'n bellach oddi wrth y ffynhonnell, a chwarter cylchred y tu ôl i X) wedi symud o sero i'r brig.

Bydd y don wedyn yn cymryd amser T i symud ymlaen bellter λ.

$$\text{Felly, mae buanedd ton, } v = \frac{\text{pellter a deithiwyd}}{\text{amser a gymerwyd}} = \frac{\lambda}{T} = \frac{1}{T}\lambda$$

cwestiwn cyflym

② Cyfrifwch amledd yr osgiliadau yn Ffig. 2.4.5, os yw'r gwahaniad rhwng y llinellau toredig yn cynrychioli 20 ms (20 milieiliad).

cwestiwn cyflym

③ Mae gronyn yn osgiliadu 3000 cylchred y funud. Mewn unedau SI, cyfrifwch ei amledd a'i gyfnod.

>> *Cofiwch*

Y ffynhonnell sydd bob amser yn pennu amledd, f, y don. Fel arfer, y cyfrwng sy'n pennu buanedd y don.

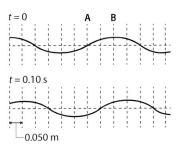

Ffig. 2.4.7 Ton gynyddol

2.4.7 Tonnau'n teithio mewn dau a thri dimensiwn

Mae sawl math o don yn teithio mewn dau ddimensiwn (fel mae'n ymddangos mae crychdonnau ar lyn yn teithio), neu mewn tri dimensiwn, er enghraifft golau a sain. Gallwn ni barhau i ddefnyddio graffiau dadleoliad yn erbyn pellter oddi wrth y ffynhonnell. Bydd yr osgled yn lleihau'n raddol gan fod egni'r don yn cael ei wasgaru fwy a mwy. Mae'r gwasgariad yn eglur mewn math arall o ddiagram, sy'n dangos **blaendonnau**, fel yn Ffig. 2.4.8.

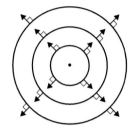

- Mae'r llinellau crwm yn flaendonnau: mae pob gronyn ar unrhyw flaendon yn osgiliadu **yn gydwedd**. [Weithiau, gall blaendonnau fod yn rhannol syth.]

- Fel arfer, rydym yn lluniadu blaendonnau ar gyfyngau o λ, fel brigau ton o ddŵr.

- Mae cyfeiriad teithio ton, ar unrhyw bwynt, ar ongl sgwâr i'r flaendon drwy'r pwynt hwnnw.

Ffig. 2.4.8 Blaendonnau o ffynhonnell fach

2.4.8 Gwaith ymarferol penodol

(a) Ymchwilio i bolareiddiad microdonnau

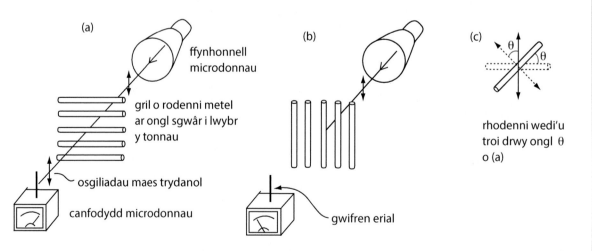

Ffig. 2.4.9 Dangos bod microdonnau yn bolar

Gall tonnau e-m sydd â thonfeddi o ychydig centimetrau (microdonnau) basio'n rhwydd drwy gril o rodenni metel pan fydd y rhodenni'n gorwedd yn un o'r cyfeiriadau sydd ar ongl sgwâr i gyfeiriad teithio'r don. Mae osgled maes trydanol y microdonnau sy'n mynd drwodd yn disgyn yn raddol i sero wrth droi'r gril drwy ongl sgwâr, o (a) i (b) yn Ffig. 2.4.9.

Yn Ffig. 2.4.9 (a), mae'r gril yn gadael i'r tonnau fynd drwodd at y canfodydd, lle mae eu maes trydanol osgiliadol yn gorfodi electronau i symud i fyny ac i lawr yr erial.

Yn Ffig. 2.4.9 (b), caiff yr electronau eu gorfodi i symud i fyny ac i lawr rhodenni'r gril. Ton adlewyrchol yw canlyniad hyn. Ychydig bach iawn o egni'r don sy'n mynd drwodd.

Ni allai hyn ddigwydd oni bai bod y microdonnau'n donnau ardraws, *a hefyd* yn bolar.

Gallwn ymchwilio'n feintiol gan ddefnyddio mesurydd cryfder signalau. Cylchdrowch y gril o'r safle sy'n rhoi cryfder mwyaf y signal, drwy gyfres o onglau, θ. Mesurwch y rhain ag onglydd a darllenwch gryfder y signal, S, bob tro. Plotiwch S yn erbyn $\cos^2 \theta$. Dylai hyn ddangos perthynas gyfrannol (gweler 'Cofiwch').

>> **Cofiwch**

Tybiwch fod y gril yn cael ei droi drwy ongl θ o ongl y darlleniad mwyaf. Bydden ni'n awr yn disgwyl iddo leihau cryfder y maes trydanol i $\cos \theta$ wedi'i luosi â'i werth blaenorol, gan mai'r gydran maes sy'n mynd drwodd yw'r gydran sydd ar ongl sgwâr i'r rhodenni. Saeth doredig yn Ffig. 2.4.9 (c) sy'n dangos hwn.

Mae **arddwysedd** y don (yr egni sy'n pasio bob eiliad fesul m² yn normal i'r cyfeiriad teithio) mewn cyfranedd â sgwâr cryfder y maes trydanol, ac felly hefyd â $\cos^2 \theta$.

(b) Ymchwilio i bolareiddiad golau

Mae polaroid yn ddefnydd gwneud sy'n cynnwys moleciwlau hir, paralel. Mae'r moleciwlau'n gadael i electronau basio'n ôl ac ymlaen ar eu hyd. Yr un yw ei ddiben ar gyfer golau ($\lambda \sim 10^{-6}$ m) â diben y gril o rodenni ar gyfer microdonnau ($\lambda \sim 10^{-2}$ m – gweler 'Cofiwch'). Astudiwch y gyfres hon o arbrofion ...

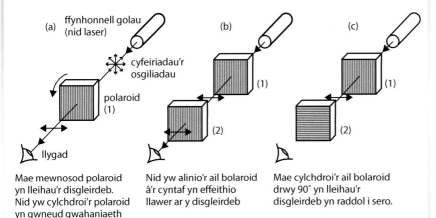

Mae mewnosod polaroid yn lleihau'r disgleirdeb. Nid yw cylchdroi'r polaroid yn gwneud gwahaniaeth	Nid yw alinio'r ail bolaroid â'r cyntaf yn effeithio llawer ar y disgleirdeb	Mae cylchdroi'r ail bolaroid drwy 90° yn lleihau'r disgleirdeb yn raddol i sero.

Ffig. 2.4.10 Ymchwilio i bolareiddio golau

Mae effaith nwl cylchdroi'r polaroid sengl yn Ffig. 2.4.10 (a) yn dangos mai golau heb ei bolareiddio yw golau o ffynhonnell gyffredin. Yn (b) ac (c), dim ond y cydrannau osgiliadu hynny yn y maes trydanol sy'n berpendicwlar i'w foleciwlau mae'r polaroid cyntaf yn eu gadael i fynd drwodd, felly mae'n polareiddio'r golau.

Gallwn ddefnyddio mesurydd arddwysedd golau i ymchwilio'n feintiol. Gan ddechrau gyda'r offer wedi'u gosod fel yn (b), cylchdrowch bolaroid (2) drwy gyfres o onglau, θ, a gafodd eu mesur ag onglydd. Darllenwch yr arddwysedd, I, bob tro. Plotiwch I yn erbyn $\cos^2 \theta$.

>> **Cofiwch**

Yn hytrach nag adlewyrchu, mae polaroid yn *amsugno* cydrannau osgiliadau maes trydanol y don sy'n baralel i'r moleciwlau. Mae electronau symudol yn afradloni egni drwy gyfrwng gwrthdrawiadau, gan eu bod yn cael eu gorfodi i osgiladu yn ôl ac ymlaen drwy'r moleciwlau.

cwestiwn cyflym

(5) Brasluniwch graff o arddwysedd golau yn erbyn ongl, wrth gylchdroi polaroid (2) yn Ffig. 2.4.10 (b) drwy gylchdro cyfan, gan gadw cyfeiriad polaroid (1) yn sefydlog.

Cwestiynau ychwanegol

1. Edrychwch eto ar y ddau graff yn Ffig. 2.4.7. Cafodd tybiaeth ei gwneud yn rhan (a) (ii) Cwestiwn cyflym 4.

   (a) Esboniwch pam mae'n angenrheidiol gwneud tybiaeth i ateb y cwestiwn.

   (b) Os nad ydych yn gwneud y dybiaeth mai < 4 m s⁻¹ yw'r buanedd, ailadroddwch rannau (a) (ii) a (iii) ar gyfer y ddau werth posibl nesaf i'r buanedd.

2. Mae ton ardraws, amledd 50 Hz, yn teithio i'r dde, fel y dangosir yn y ciplun (ar y dde).

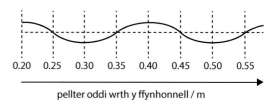

   (a) Cyfrifwch fuanedd y tonnau.

   (b) Sut byddai ciplun a dynnwyd 0.005 s yn hwyrach yn cymharu â'r ciplun ar y dde?

   (c) Esboniwch pam mai tonnau *ardraws* yw'r enw ar y tonnau hyn.

3. Mae darn o bren, sy'n cyffwrdd ag arwyneb dŵr mewn tanc, yn osgiliadu i fyny ac i lawr ar amledd o 5.0 Hz. Mae'r olygfa oddi uchod yn dangos safle brigau'r tonnau ar un ennyd. Sylwch ar y raddfa bellter.

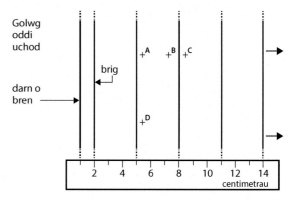

   (a) Cyfrifwch yr amser y byddai'n ei gymryd i frig ton deithio pellter o 10.5 cm.

   (b) Nodwch, gan roi rheswm, a yw'r osgiliadau ar B, C a D *yn gydwedd* â'r osgiliadau ar A ai peidio.

4. Mae'r ddau graff, **A** a **B**, yn dangos yr un don. Mae graff **A** yn giplun o'r don ar amser penodol. Mae graff **B** yn graff dadleoliad–amser ar safle penodol.

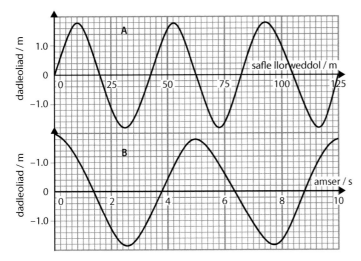

(a) Defnyddiwch y graffiau i ddarganfod:

   (i) tonfedd (ii) amledd a (iii) buanedd y don.

(b) Os yw graff **A** yn giplun ar amser t = 5.0 s, rhowch dri safle posibl ar gyfer graff **B**.

(c) Cyfrifwch fuanedd fertigol uchaf pwynt penodol ar y don.

2.5 Priodweddau tonnau

Yma, byddwn yn ymdrin â diffreithiant ac – o bosibl, y peth mwyaf diddorol y mae tonnau yn ei wneud – ymyriant. Caiff diffreithiant ei drin fel ffenomen (rhywbeth sy'n digwydd), ond mae gofyn i chi ddeall pam mae ymyriant yn digwydd yn y ffordd y mae'n digwydd.

2.5.1 Diffreithiant

Pan fydd tonnau'n cyrraedd rhwystr â hollt ynddo, mae rhai'n pasio drwy'r bwlch ac, i ryw raddau, yn gwasgaru. Mae hyn yn achos **diffreithiant**.

(a) Lled yr hollt ≤ λ

Yn yr achos hwn, mae'r tonnau'n gwasgaru'r holl ffordd o amgylch drwy 90° bob ochr i'r cyfeiriad syth drwodd. Edrychwch ar ddiagram y blaendonnau (Ffig. 2.5.1). Sylwch fod yr osgled yn lleihau ar yr ochrau.

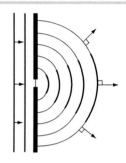

Ffig. 2.5.1 Diffreithiant: Lled yr hollt ≤ λ

Mae'r tonnau'n gwasgaru fel petaent wedi dod o ffynhonnell fach o donnau yn yr hollt ei hun.

(b) Lled yr hollt > λ

Yn yr achos hwn mae prif baladr, neu baladr canolog, nad yw'n gwasgaru yr holl ffordd o amgylch. Mae hefyd baladrau 'ochr', sydd ag osgled llai o lawer.

Y mwyaf llydan yw'r hollt, y mwyaf yw osgled y prif baladr, ond y lleiaf yw ei wasgariad onglaidd.

A dweud y gwir, ychydig iawn o ddiffreithiant sydd i'w gael pan fydd y donfedd lawer iawn yn llai na lled y rhwystr neu'r hollt. Dyma enghraifft.

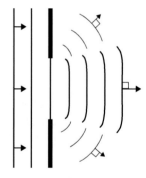

Ffig. 2.5.2 Diffreithiant: Lled yr hollt > λ

(c) Dangos diffreithiant golau

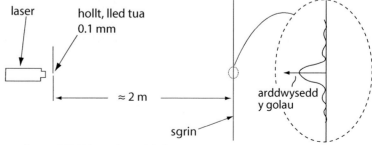

laser   hollt, lled tua 0.1 mm   ≈ 2 m   arddwysedd y golau   sgrin

Ffig. 2.5.4 Dangos diffreithiant golau wrth hollt

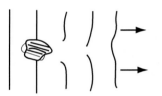

Mae osgled y don ar ei fwyaf pan fydd yr arddwysedd ar ei fwyaf. Sylwch fod graddfa'r pellterau i fyny ac i lawr y sgrin wedi'i chwyddo; dim ond drwy ongl fach iawn y mae'r golau'n gwasgaru. Y rheswm am hyn yw bod tonfedd fwyaf golau (coch eithaf) tua 700 nm, felly mae lled yr hollt dros 100 o donfeddi.

2.5.2 Patrwm ymyriant tonnau o ddwy ffynhonnell

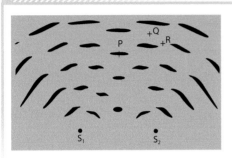

Mae Ffig. 2.5.5 yn dangos blaendonnau sy'n deillio o S_1 ac S_2, sef dwy ffynhonnell gydwedd (ffynonellau'n osgiliadu'n gydwedd). Sylwch ar y 'paladrau' ag osgled uchel sydd wedi'u gwahanu gan 'sianeli' ag osgled sero (neu'n agos iawn at sero).

Ffig. 2.5.5 Patrwm ymyriant dwy ffynhonnell

Mae defnyddio **egwyddor arosodiad** yn esbonio'r patrwm (sy'n seiliedig ar ffotograffau o donnau dŵr oddi ar fforch ddeubig sy'n osgiliadu).

2.5.3 Ymyriant adeiladol a distrywiol

Pan fydd yr osgled ar ei fwyaf (er enghraifft yn P neu Q yn Ffig. 2.5.5), mae'r tonnau o'r ddwy hollt yn cyrraedd yn gydwedd, ac yn ymyrryd yn **adeiladol**, fel y dangosir yn Ffig. 2.5.6 (a), lle mae egwyddor arosodiad ar waith.

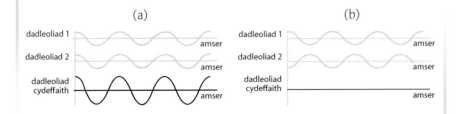

Ffig. 2.5.6 Dangos diffreithiant golau drwy hollt

Pan fydd yr osgled ar ei leiaf (er enghraifft yn R), mae'r tonnau'n cyrraedd yn wrthwedd, ac yn ymyrryd yn **ddistrywiol**, fel y gwelwch yn Ffig. 2.5.6 (b).

cwestiwn cyflym

② Awgrymwch pam mae derbyniad signalau radio FM (amledd o gwmpas 100 MHz) yn aml yn wael mewn cymoedd dwfn, cul, ond mae derbyniad AM 'tonfedd hir' (amledd < 1 MHz) yn iawn. [Tonnau e-m yw tonnau radio.]

≫ *Cofiwch*

Mae *'swm fectorau'* yn awgrymu y bydd dadleoliadau hafal a dirgroes yn adio i sero.
Nid yw hyn yn gallu digwydd mewn dau ddadleoliad ar ongl sgwâr. Felly, mewn tonnau polar, nid yw'r dirgryniadau yn gallu bod ar ongl sgwâr os yw'r tonnau'n mynd i gynhyrchu patrwm ymyriant.

≫ *Cofiwch*

Q yn Ffig 2.5.5 sydd â'r osgled mwyaf, er efallai nad oedd y dadleoliad ar ei fwyaf pan gafodd y diagram ei luniadu.

2.5.4 Gwahaniaeth llwybr

Mae'n hawdd deall *pam* mae ymyriant adeiladol yn gorfod bod ar P yn Ffig. 2.5.5: i gyrraedd P, rhaid i'r tonnau deithio o S_1 ac S_2 ar hyd **llwybrau**, S_1P ac S_2P, *o'r un hyd*. Felly maen nhw'n cyrraedd P yn gydwedd.

S_1Q ac S_2Q yw'r llwybrau ar gyfer pwynt Q. Union un donfedd yw'r **gwahaniaeth llwybr**, $S_1Q - S_2Q$, *felly* mae tonnau o S_1 yn cyrraedd Q un gylchred gyfan yn hwyrach na thonnau o S_2. Mae hyn yn golygu eu bod yn cyrraedd Q yn gydwedd â'r rheini o S_2.

Dyma'r rheol gyffredinol ar gyfer tonnau o ffynonellau cydwedd:

Ar gyfer ymyriant adeiladol ar bwynt X,

mae'r gwahaniaeth llwybr, $S_1X - S_2X = 0$, neu λ, neu 2λ neu 3λ ...

Ar gyfer ymyriant distrywiol ar bwynt X,

mae'r gwahaniaeth llwybr, $S_1X - S_2X = \frac{1}{2}\lambda$, neu $\frac{3}{2}\lambda$, neu $\frac{5}{2}\lambda$ ...

2.5.5 Arbrawf *Eddïau* Young

Yn yr 1800au cynnar, ymchwiliodd Thomas Young i'r golau sy'n pasio drwy ddwy hollt baralel sy'n agos at ei gilydd. Sylwodd ar batrwm o *eddïau* (streipiau) llachar a thywyll ar sgrin a oedd wedi'i gosod gryn bellter o flaen yr holltau. Sylweddolodd fod hyn yn rhan o batrwm ymyriant a daeth i'r casgliad bod golau'n ymddwyn fel ton. Aeth ati wedyn i ddarganfod tonfeddi golau o liwiau gwahanol.

Mae Ffig. 2.5.7 yn dangos fersiwn modern o arbrawf Young. Fel arfer, mae $a = 0.50$ mm a $D = 2.0$ m. Gwelwn mai tua 2.5 mm yw y ar gyfer golau coch. Sylwch fod y raddfa fertigol wedi'i chwyddo ar y graff.

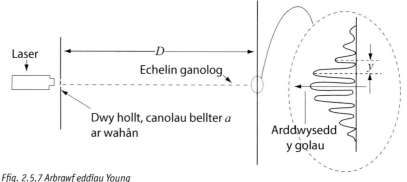

Ffig. 2.5.7 Arbrawf eddïau Young

(a) Rôl diffreithiant yn arbrawf Young

Mae golau'n diffreithio ychydig wrth basio drwy bob hollt, felly mae ardal (eithaf bach) lle mae'r golau o'r naill hollt a'r llall yn gorgyffwrdd – ac yn ymyrryd.

(b) Hafaliad arbrawf Young

Gallwch ddarganfod tonfedd golau o'r hafaliad

$$\lambda = \frac{ay}{D}$$

Mae hwn yn frasamcan sy'n seiliedig ar reol y gwahaniaeth llwybr ar gyfer ymyriant adeiladol. Ar yr amod bod $a \ll D$ ac $y \ll D$, mae'r hafaliad bron yn union.

(c) Mesur tonfeddi yn fanwl gywir

Mae'n rhaid i ffisegwyr fesur tonfeddi'n fanwl gywir, er enghraifft wrth geisio enwi atomau yn atmosffer seren drwy'r golau y maen nhw'n ei amsugno a'i allyrru.

Byddai arbrawf eddïau Young yn rhy wallus am dri rheswm:

- Nid yw'r eddïau'n glir: mae eddïau llachar yn pylu'n raddol i dywyllwch.
- Felly, nid yw'r eddïau 'llachar' yn llachar iawn.
- Mae'r gwahaniad eddïau yn fach.

Mae'r **gratin diffreithiant** (Adran 2.5.7) yn mynd i'r afael â phob un o'r tri mater hyn.

2.5.6 Amodau sylwi ar ymyriant: cydlyniad

Mae laser yn ffynhonnell ddelfrydol i oleuo'r holltau yn arbrawf Young gan ei fod yn cynhyrchu **golau cydlynol** (gweler y 'Termau allweddol'). Mae hyn yn sicrhau bod yr holltau'n gweithredu fel ffynonellau cydwedd neu, os nad yw paladr y laser yn pwyntio'n union syth atynt, bod *perthynas gwedd gyson* rhyngddynt, o leiaf. Gallem ddweud bod y ffynonellau yn 'gydlynol y naill i'r llall'.

Mae ffynhonnell golau 'gyffredin', er enghraifft LED neu lamp ffilament, yn **ffynhonnell anghydlynol**. Ni fydd yn cynhyrchu eddïau os caiff ei gosod yn safle'r laser (Ffig. 2.5.7). Ni fydd perthynas gwedd gyson rhwng y golau sy'n dod o'r ddwy hollt. [Mae'n *bosibl* cynhyrchu eddïau drwy ddefnyddio golau o ffynhonnell gyffredin, os ydych yn defnyddio trefniant arbennig i oleuo'r holltau. Nid oes rhaid iddo fod yn drefniant arbennig iawn – dim ond ffynhonnell golau gul iawn, e.e. un ac iddi ffilament planar yr ydych yn edrych arno o'r ochr.]

Os ydym yn goleuo'r naill hollt yn arbrawf Young â golau o ffynhonnell gyffredin (er enghraifft LED), a'r llall â golau o ffynhonnell wahanol (hyd yn oed LED unfath), nid yw'n syndod na allwn *fyth* gynhyrchu eddïau.

Fel yr esboniad yn Adran 2.4.3 ('Cofiwch'), os yw'r golau yn bolar, nid yw cyfeiriadau osgiliadau'r maes trydanol ar gyfer golau o'r ddwy hollt yn gallu bod ar ongl sgwâr os yw ymyriant adeiladol a distrywiol yn mynd i ddigwydd.

cwestiwn cyflym

⑤ Pam mae'n *rhaid* i ddau o'r mesurau *a, y, D*, fod ar linell uchaf ochr dde'r hafaliad, a'r llall ar y gwaelod, yn hytrach nag i'r gwrthwyneb?

cwestiwn cyflym

⑥ Tybiwch fod a = 0.50 mm, D = 2.0 m, a'ch bod yn darganfod bod y = 2.5 mm. Cyfrifwch donfedd y golau.

Termau allweddol

Mae **golau cydlynol** yn olau monocromatig ac mae ganddo flaendonnau sy'n ymestyn ar draws lled ei baladr, fel pe bai wedi dod o ffynhonnell pwynt.

Mae dwy ffynhonnell (neu ragor) yn **gydlynol** (y naill i'r llall) pan fydd perthynas gwedd gyson rhyngddynt.

2.5.7 Y gratin diffreithiant

(a) Beth yw gratin diffreithiant, a ble mae'r diffreithiant yn digwydd?

Ar ei symlaf, mae gratin diffreithiant yn blât gwastad sy'n ddi-draidd ar wahân i filoedd o holltau cul, syth, paralel, sydd bellter cyfartal oddi wrth ei gilydd.

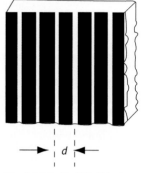

Rydym yn tywynnu golau'n normal (ar ongl sgwâr) ar y gratin, fel bod pob blaendon yn cyrraedd pob hollt ar yr un pryd. Felly, mae'r holltau'n gweithredu fel ffynonellau cydwedd, ac mae pob un, oherwydd nad yw ond ychydig donfeddi o led, yn anfon tonnau allan, sy'n gwasgaru'n eang.

Ffig. 2.5.8 Gratin diffreithiant

cwestiwn cyflym

⑦ Cyfrifwch *d* ar gyfer gratin sydd â 500 hollt am bob milimetr o'i led.

(b) Paladrau a threfnau

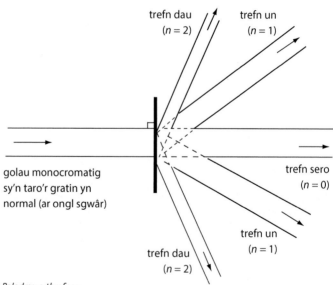

Ffig. 2.5.9 Paladrau a threfnau

» Cofiwch

Efallai y bydd mwy neu lai o drefnau na'r rhai sydd i'w gweld yn Ffig. 2.5.9. Gweler **Enghraifft**.

Gwella gradd

Sylwch ar y ffordd y mae'r paladrau wedi'u labelu yn Ffig 2.5.9. Os mai'r ail baladr (*n* = 2) yw paladr y drefn uchaf, yna bydd 5 paladr yn dod allan. Peidiwch â drysu nifer y trefnau â nifer y paladrau.

Term allweddol

Mae **golau monocromatig** yn olau ag un amledd (mewn gwirionedd, mae ganddo amrediad cul o amleddau).

Mae'r golau diffreithiol o holltau gwahanol yn ymyrryd i gynhyrchu paladrau. Maen nhw'n cyfateb i'r rheini sy'n rhoi'r eddïau llachar yn arbrawf Young, ond maen nhw'n bellach o lawer oddi wrth ei gilydd, gan fod yr holltau dipyn yn nes at ei gilydd. Mae'r paladrau hefyd yn llachar ac wedi'u diffinio'n dda, ac mae ardaloedd tywyll o ymyriant distrywiol llwyr, bron iawn, yn eu gwahanu.

Pan fydd y paladrau'n cyrraedd sgrin, maen nhw'n cynhyrchu smotiau llachar mewn llinell. Os yw'r ffynhonnell golau yn hollt bell, sy'n baralel â holltau'r gratin, ac wedi'i goleuo â **golau monocromatig**, mae'r smotiau bellach yn llinellau. Felly, rydym yn dweud bod 'sbectrwm llinell' gan ffynhonnell golau monocromatig.

(c) Hafaliad y gratin

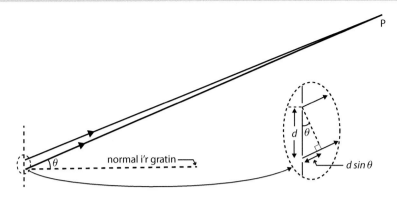

Ffig. 2.5.10 Gwahaniaeth llwybr ar gyfer gratin diffreithiant

Bydd llwybrau golau o holltau cyfagos i bwynt pell, P, fwy neu lai yn baralel. Bydd tynnu llinell perpendicwlar, fel yn Ffig. 2.5.10, yn rhoi triongl ongl sgwâr sy'n cynnwys ongl θ. Mae'r ongl hon yn hafal i'r ongl rhwng y llwybrau golau a'r normal i'r gratin. Mewn golau sy'n cyrraedd P o holltau cyfagos, gwelwn fod

Y gwahaniaeth llwybr $= d \sin \theta$

Rhaid bod hwn yn hafal i sero, neu nifer cyfan o donfeddi, ar gyfer ymyriant adeiladol yn P. Felly, ar gyfer paladrau llachar, mae

$n\lambda = d \sin \theta$ [mae $n = 0$ neu 1, 2, 3 ...]

Ar gyfer unrhyw werth λ, bydd $n = 0$ yn rhoi $\theta = 0$, felly mae $n = 0$ yn cyfateb i drefn sero. Mae $n = 1$ yn cyfateb i drefn 1, ac ati.

Enghraifft

Mae 400 hollt i bob milimetr gan ratin diffreithiant. Mae golau sy'n disgyn arno yn normal o lamp stryd yn cynhyrchu paladrau trefn 3 ar 45° bob ochr i'r normal. Beth yw:

(a) Tonfedd y golau?

(b) Y drefn uchaf a gynhyrchir?

Ateb

(a) Yn gyntaf, gan fod 400 llinell i bob milimetr, rydym yn sylwi bod

$d = \dfrac{1}{400}$ mm $= 2.5 \times 10^{-3}$ mm $= 2.5 \times 10^{-6}$ m

Gallwn ddefnyddio hafaliad y gratin nawr:

$\lambda = \dfrac{d \sin \theta}{n} = \dfrac{2.5 \times 10^{-6} \text{ m} \sin 45°}{3} = 5.9 \times 10^{-7}$ m $= 590$ nm

(b) Un ffordd o wneud hyn yw ad-drefnu hafaliad y gratin i roi $n = \dfrac{d \sin \theta}{\lambda}$.

Nid yw $\sin \theta$ yn gallu bod yn fwy nag 1, felly mae $n \leq \dfrac{d}{\lambda}$.

Yn yr achos hwn, mae $n \leq \dfrac{2.5 \times 10^{-6} \text{ m}}{5.9 \times 10^{-7} \text{ m}}$. Drwy rannu, gwelwn fod

$n \leq 4.2$, felly rhif y drefn uchaf yw 4.

>> *Cofiwch*

Os caiff yr amod bod $n\lambda = d \sin \theta$ [$n = 0$ neu 1, 2, ...] ei fodloni, bydd golau o *bob* un hollt yn ymyrryd yn adeiladol â golau o'i gymydog. Felly bydd y golau o *bob* hollt yn ymyrryd yn adeiladol. Mae hyn yn esbonio pam mae'r paladrau'n llachar.

Pan *na chaiff* yr amod ei fodloni, mae mwy o bosibiliadau ar gyfer ymyriant distrywiol nag sydd gyda dim ond dwy hollt. Mae hyn yn esbonio eglurder y paladrau llachar.

>> *Cofiwch*

θ yw'r ongl rhwng y paladr a'r normal i'r gratin.

cwestiwn cyflym

⑧ Caiff golau monocromatig ei dywynnu'n normal ar ratin sydd â 500 hollt y milimetr. Mae'r paladrau trefn 2 ar ongl o 36° i'r normal. Cyfrifwch:

(a) Y donfedd.

(b) Rhif y drefn uchaf ar gyfer y donfedd hon.

cwestiwn cyflym

⑨ Caiff paladr laser ei dywynnu'n normal ar ratin sydd â 5.00×10^5 hollt y metr; mae 7 paladr yn dod allan. 144° yw'r ongl rhwng y paladrau allanol. Cyfrifwch y donfedd.

Awgrym: Defnyddiwch yr hafaliad, ond byddwch yn ofalus: $n \neq 7$, $\theta \neq 144°$.

2.5.8 Tonnau unfan

Gallwn osod y rhain ar linyn estynedig, fel y gwelwch yn Ffig. 2.5.11. Gyda strobosgop (golau sy'n fflachio ar gyfyngau amser rheolaidd), gallwn eu gwylio'n symud yn araf.

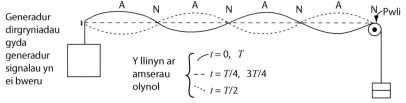

Ffig. 2.5.11 Tonnau unfan ar linyn estynedig

Mae tri chiplun, ar gyfyngau o $T/4$ (chwarter cylchred), wedi'u harosod yn Ffig. 2.5.11. Dylent eich helpu i ddeall y disgrifiad (diffiniad) o don unfan sydd yn y 'Termau allweddol'.

Cyferbynnwch don unfan â thon gynyddol (Adran 2.4), lle mae'r canlynol yn wir:

- Nid yw'r osgled yn newid, neu gall ddisgyn yn gyson, gyda phellter oddi wrth y ffynhonnell. Nid oes unrhyw **nodau** nac **antinodau**.

- Mae'r wedd yn oedi ar gyfradd gyson gyda phellter – un gylchred i bob tonfedd.

- Caiff egni ei drosglwyddo gyda'r don.

(a) Tonnau unfan yn batrymau ymyriant

Pan fydd dwy don gynyddol, sydd ag osgled ac amledd hafal, yn teithio i gyfeiriadau dirgroes yn yr un rhanbarth o ofod, maen nhw'n ymyrryd i gynhyrchu ton unfan.

Yn yr arbrawf a welwch yn Ffig 2.5.11, mae ton gynyddol o'r generadur dirgryniadau yn teithio i'r dde, ac mae ton (adlewyrchol) o'r pwli yn teithio i'r chwith.

Mae'r antinodau'n cyfateb i ymyriant distrywiol. Mae $\lambda/2$ rhyngddynt. Gweler 'Cofiwch'. Mae $\lambda/2$ rhwng y nodau (ymyriant distrywiol) hefyd.

(b) Tonnau unfan ar linynnau tyn sy'n sefydlog ar bob pen

Gan fod rhaid cael nod ar bob pen, dim ond mewn rhai *moddau* penodol mae'r llinyn yn gallu dirgrynu. Mae'r tri modd isaf i'w gweld yn Ffig. 2.5.12.

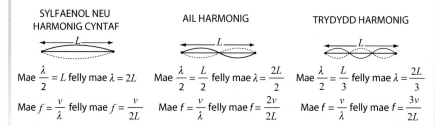

SYLFAENOL NEU HARMONIG CYNTAF

Mae $\dfrac{\lambda}{2} = L$ felly mae $\lambda = 2L$

Mae $f = \dfrac{v}{\lambda}$ felly mae $f = \dfrac{v}{2L}$

AIL HARMONIG

Mae $\dfrac{\lambda}{2} = \dfrac{L}{2}$ felly mae $\lambda = \dfrac{2L}{2}$

Mae $f = \dfrac{v}{\lambda}$ felly mae $f = \dfrac{2v}{2L}$

TRYDYDD HARMONIG

Mae $\dfrac{\lambda}{2} = \dfrac{L}{3}$ felly mae $\lambda = \dfrac{2L}{3}$

Mae $f = \dfrac{v}{\lambda}$ felly mae $f = \dfrac{3v}{2L}$

Ffig. 2.5.12 Moddau tonnau unfan ar linyn

v yw buanedd tonnau ardraws ar hyd y llinyn. [Mae hyn yn dibynnu ar fàs fesul uned hyd y llinyn, yn ogystal â'r tyniant sydd arno.]

Ym *mha* fodd bydd y llinyn yn dirgrynu? Mae'n dibynnu a yw'r llinyn yn cael ei daro, ei blycio neu ei chwarae â bwa. Mae'n dibynnu hefyd *lle* ar y llinyn y caiff hyn ei wneud. A dweud y gwir, bydd y llinyn fel arfer yn dirgrynu mewn *swm* o foddau.

(c) Mathau eraill o donnau unfan

Gall unrhyw fath o don gynyddol gael ton unfan gyfatebol.

Ar gyfer tonnau sain unfan mewn pibau, mae nodau dadleoliad ar y pennau caeedig, ac antinodau dadleoliad ar y pennau agored. Y tonnau unfan hyn sy'n gyfrifol am y seiniau y mae offerynnau chwyth yn eu cynhyrchu.

2.5.9 Gwaith ymarferol penodol

(a) Darganfod tonfedd drwy ddefnyddio arbrawf hollt ddwbl Young

Dylech chi fod wedi dysgu'r drefn sylfaenol, sy'n cael ei ddisgrifio yn Adran 2.5.5. Rydym am fynd i'r afael â'r manylion ymarferol nawr.

Rhagofalon diogelwch

Tybiwn mai 'pwyntydd' laser pŵer isel ($\leq$ 5 mW) fydd y ffynhonnell golau, er efallai y byddwch yn cael ffynhonnell wahanol. Os ydych yn defnyddio laser ...

- Peidiwch ag edrych i'r paladr yn uniongyrchol, neu i adlewyrchiad y paladr oddi ar arwyneb sgleiniog.
- Ceisiwch sicrhau nad oes neb arall yn gallu gwneud hynny. Peidiwch fyth â phwyntio laser at neb.
- Gweithiwch yng ngolau arferol yr ystafell (i beidio â gwneud cannwyll (*pupils*) eich llygaid yn fwy).

Yr holltau eu hunain

Bydd angen dwy hollt baralel arnoch, y naill a'r llall ~0.1 mm o led, mewn arwyneb sydd fel arall yn ddi-draidd. Dylai gwahaniad, *a*, canolau'r ddwy hollt fod $\leq$ 1 mm. Mae'n bosibl *gwneud* yr holltau, ac wedyn mesur *a* drwy ddefnyddio *microsgop teithiol*. Tybiwn fod yr holltau wedi'u prynu gan gyflenwr a'ch bod yn gwybod faint yw gwerth *a* (ynghyd â'i ansicrwydd, yn ddelfrydol).

Mesur gwahaniad eddïau

Dylech osod yr offer fel yn Ffig. 2.5.7. Rhaid dewis y pellter, *D*, rhwng yr holltau a'r sgrin i roi'r siawns orau o fesur y pellter, *y*, rhwng canolau'r eddïau yn fanwl gywir – gweler 'Cwestiwn cyflym 14(a)'. Dylech fesur *D* ei hun â thâp mesur neu riwl fetr.

cwestiwn cyflym

⑩ 128 Hz yw amledd sylfaenol llinyn, hyd 1.50 m. Cyfrifwch fuanedd tonnau ardraws ar y llinyn.

cwestiwn cyflym

⑪ Os bydd taro canol llinyn sy'n sefydlog ar bob pen yn gwneud iddo ddirgrynu, pa harmonigau a fydd yn absennol?

cwestiwn cyflym

⑫ Rhowch ddau reswm pam na ddylai *a* fod yn rhy fawr.

cwestiwn cyflym

⑬ (a) Pam na ddylai D fod yn rhy fach? Cofiwch fod $y = \dfrac{D\lambda}{a}$.
  (b) Heblaw am faint yr ystafell, beth sy'n cyfyngu ar faint mwyaf D?

cwestiwn cyflym

⑭ (a) Tybiwch mai 15.0 mm $\pm$ 0.5 mm yw mesur *w* (gweler Ffig. 2.5.13). Darganfyddwch *y*, ynghyd â'i ansicrwydd canrannol.
  (b) Wrth fesur, rydych yn darganfod mai 1500 mm $\pm$ 5 mm yw D, ac mae *a* yn cael ei roi fel 0.50 mm $\pm$ 0.02 mm. Cyfrifwch donfedd y golau, a'i ansicrwydd absoliwt.

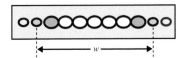

Ffig. 2.5.13 Eddïau Young

Mesurwch y pellter, w, rhwng canol eddi a chanol yr $n$fed eddi i ffwrdd; felly mae $y = w/n$.

Cyfrifo'r donfedd

Rydym yn defnyddio'r hafaliad $\lambda = \dfrac{ay}{D}$. Gweler 'Cwestiwn cyflym 14 (b)'.

Ymestyn yr ymchwiliad

Gallech ymchwilio i ddibyniaeth y ar D, gan blotio'r graff priodol. Neu gallech chi arsylwi ar eddïau golau gwyn a'u dehongli. Ffynhonnell golau addas yw ffilament lamp syth, wedi'i osod fetr neu ddau i ffwrdd oddi wrth yr holltau ac wedi'i alinio'n baralel iddynt.

(b) Darganfod tonfedd drwy ddefnyddio gratin diffreithiant

Wrth ei ddefnyddio gydag offeryn o'r enw *sbectromedr*, mae gratin diffreithiant yn rhoi gwerthoedd cywir iawn ar gyfer y donfedd. Mae Ffig. 2.5.14 yn dangos dull nad yw'n defnyddio galluoedd llawn y gratin, ond mae'n ddull syml iawn.

Yn gyntaf, gofalwch eich bod wedi dysgu'r pethau sylfaenol (Adran 2.5.7).

Rhagofalon diogelwch

Gweler yr arbrawf blaenorol (eddïau Young) os ydych chi'n defnyddio 'pwyntydd' laser.

Darganfod onglau paladrau a'r donfedd

Dylech chi ddewis D i leihau ansicrwydd yn yr onglau – gallwch chi ddarganfod hyn drwy fesur pellterau D, B_1, B_2 (a B_3 os yw trefn 3 yn bresennol) gyda riwl fetr.

Yna, mae $\theta_1 = \tan^{-1}\dfrac{B_1}{2D}$

$\theta_2 = \tan^{-1}\dfrac{B_2}{2D}$

$\left[\theta_3 = \tan^{-1}\dfrac{B_3}{2D}\right]$

cwestiwn cyflym

⑮ Defnyddir gratin, gwahaniad holltau 2000 nm, yn yr arbrawf a ddangosir, gyda D=400 mm. 220 mm yw mesur B_1 a 505 mm yw mesur B_2.

(a) Cyfrifwch werth λ.

(b) Awgrymwch pam mae'n anodd mesur B_3. Ym mha ffordd arall gallech chi fesur θ_3?

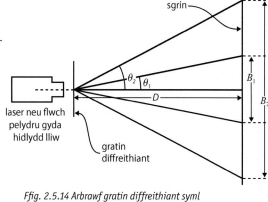

Ffig. 2.5.14 Arbrawf gratin diffreithiant syml

Dylai amnewid y gwerthoedd hyn i hafaliad y gratin (ar gyfer n = 1, 2, [3]) roi'r un gwerth ar gyfer λ bob tro. Felly, cawn werth 'gorau'.

(c) Darganfod buanedd sain mewn aer gan ddefnyddio tonnau unfan

Yma, rydym yn gosod tonnau sain unfan (Adran 2.5.8) mewn 'colofn' aer mewn tiwb. Yn y fersiwn sydd i'w weld yn Ffig. 2.5.15, gallwn addasu 'uchder y llawr' yn raddol drwy ollwng dŵr o'r tiwb.

Y modd sylfaenol yn y golofn aer

Yn y modd hwn, mae nod (N) ar y 'pen caeedig' (arwyneb y dŵr), ac mae antinod (A) ychydig y tu hwnt i'r pen agored (pellter b uwchlaw pen y tiwb), ac nid oes nodau nac antinodau rhyngddynt.

Felly mae $\frac{\lambda}{4} = L_1 + b$ felly mae $L_1 = \frac{v}{4f} - b$

Yma, rydym wedi defnyddio $v = f\lambda$, lle v yw buanedd sain mewn aer, ac f yw amledd sylfaenol y golofn aer.

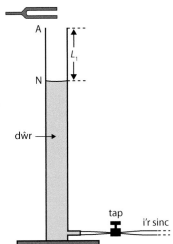

Ffig. 2.5.15 Tiwb cyseinio

Darganfod cyseiniant yn y modd sylfaenol

Os ydych chi'n taro trawfforch (*tuning fork*) yn ysgafn ac yn ei gosod ychydig uwchlaw pen y tiwb, byddwch chi'n clywed sain uwch ar gyfer gwerth penodol o L_1 wrth i L_1 gynyddu'n araf. Gweler 'Cofiwch'. Yr enw ar yr effaith hon yw *cyseiniant*. Mae'n digwydd pan fydd amledd y don unfan yn hafal i amledd y drawfforch – fel sydd wedi'i nodi ar y drawfforch.

Awgrymiadau am sut i drin y canlyniadau

Gallwn ddarganfod gwerthoedd L_1 i gyseiniant ar gyfer pump neu chwech o amleddau gwahanol, f, drwy ddefnyddio trawffyrch gwahanol (neu osodiadau gwahanol ar y generadur signalau). Plotiwch L_1 yn erbyn $\frac{1}{f}$.

Drwy gymharu $L_1 = \frac{v}{4f} - b$ ag $y = mx + c$, gwelwn mai $\frac{v}{4}$ yw'r graddiant ac mai b yw'r rhyngdoriad.

Mae dull arall yn defnyddio un drawfforch, ond nid dim ond L_1 y byddwn yn ei ddarganfod, ond L_3 hefyd. Dyma hyd y golofn aer sy'n rhoi ton unfan o'r un amledd pan fydd antinod (A) a nod (N) *rhwng* y pen caeedig a'r pen agored. Mae hyn yn rhoi'r dilyniant NANA yn lle NA.

Yn yr achos hwn, mae $\frac{3\lambda}{4} = L_3 + b$, felly mae $L_3 = \frac{3v}{4f} - b$. Gweler Cwestiwn cyflym 16.

>> **Cofiwch**

Bydd rhaid i chi 'adfywio' y drawfforch drwy ei tharo eto bob hyn a hyn. Yn lle'r drawfforch, gallwch chi ddefnyddio seinydd bach wedi'i gysylltu â generadur signalau; addaswch hwn fel eich bod prin yn gallu clywed y sain.

>> **Cofiwch**

Mae'n syniad da rhagfynegi gwerth bras ar gyfer L_1 cyn ceisio darganfod cyseiniant. Er enghraifft, gyda thrawfforch 512 Hz, gan wybod bod buanedd sain mewn aer tua 340 m s^{-1}, mae

$\frac{\lambda}{4} = \frac{340}{4 \times 512}$ m $= 0.17$ m.

Felly byddwn yn gwrando am gyseiniant pan fydd L_1 rhwng 0.15 m a 0.17 m, gan fod b fwy neu lai yn hanner radiws y tiwb: eithaf bach.

cwestiwn cyflym

(16) Gan ddefnyddio trawfforch, amledd 512 Hz, byddwch yn darganfod mai 0.157 m ± 0.003 m yw L_1 a 0.489 m ± 0.003 m yw L_3. Cyfrifwch werth buanedd sain, ynghyd â'i ansicrwydd. [Awgrym: tynnwch yr hafaliad ar gyfer L_1 o'r hafaliad ar gyfer L_3, i ddiddymu b.]

Cwestiynau ychwanegol

1. Mewn fersiwn o arbrawf holltau dwbl Young, caiff laser ei ddisgleirio ar holltau, gyda 0.50 mm rhwng pob canol. Mae'r sgrin 1.5 m i ffwrdd oddi wrth yr holltau. 2.00 mm yw'r gwahaniad rhwng canolau'r eddïau cyfagos.

   (a) Cyfrifwch werth tonfedd y golau o'r laser.

   (b) Mae golau'n diffreithio ym mhob hollt.

      (i) Beth yw ystyr y datganiad hwn?

      (ii) Esboniwch pam mae diffreithiant yn hanfodol er mwyn i eddïau ymyriant ddigwydd.

   (c) Esboniwch, yn nhermau gwahaniaeth llwybr a gwedd, sut caiff eddïau tywyll eu cynhyrchu. [Tybiwch fod yr holltau'n gweithredu fel ffynonellau cydwedd.]

   (ch) Nodwch *ddwy* ffordd y byddai golwg yr eddïau ar y sgrin yn newid os ydych chi'n cynyddu'r pellter rhwng yr holltau dwbl a'r sgrin i 7.5 m.

2. (a) Mae'r label sy'n nodi gwahaniad yr holltau (y pellter rhwng canolau'r holltau) ar ratin diffreithiant wedi'i dynnu. Mae myfyriwr yn penderfynu darganfod y gwahaniad drwy ddisgleirio laser yn normal ar y gratin. Mae'n gwybod mai 532 nm yw tonfedd golau'r laser.

   Drwy fesur yr ongl rhwng y paladr trefn 2 sy'n dod allan a'r paladr canolog (trefn sero), mae'n gwybod ei bod yn 28.9°. Dangoswch mai tua 2×10^{-6} m yw gwahaniad yr holltau.

   (b) Mae'r myfyriwr yn defnyddio'r gratin i ddarganfod tonfedd y golau o laser arall. Mae'n mesur ongl o 35.1° ar y paladr trefn 2.

      (i) Cyfrifwch donfedd y golau.

      (ii) Darganfyddwch nifer y paladrau llachar y mae'r gratin yn eu cynhyrchu â'r donfedd hon.

3. Mae'r diagram yn dangos ton *unfan* ar linyn estynedig adeg y dadleoliad mwyaf.

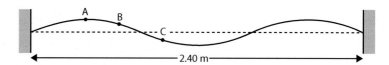

   (a) Darganfyddwch y donfedd.

   (b) 50 Hz yw'r amledd. Darganfyddwch yr amser lleiaf y mae'n ei gymryd i'r llinyn newid o safle'r dadleoliad mwyaf i'r safle y mae'r llinell syth doredig yn ei nodi.

   (c) Cymharwch (i) osgled, (ii) gwedd gymharol pwyntiau A a B ar y llinyn.

   (ch) Cymharwch (i) osgled, (ii) gwedd gymharol pwyntiau B ac C (cytbell y naill ochr a'r llall i nod) ar y llinyn.

   (d) Cyfrifwch amledd y don unfan sydd â'r amledd isaf (sylfaenol) ar yr un llinyn.

4. Mae myfyrwraig yn defnyddio gratin diffreithiant, **G**, sydd heb label, a laser, **L**, tonfedd 659 nm, i fesur tonfedd ail laser, **M**. Mae'r diagram yn dangos yr offer y mae'n eu defnyddio.

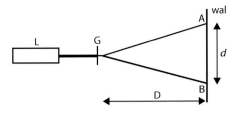

Mae'n mesur y gwahaniad, d, rhwng y ddau sbectrwm trefn n gydag **L** ac **M**, ynghyd â'r pellter, D, o'r gratin i'r wal.

(a) Canlyniadau: D=1500 mm; d_L=365 mm; d_M = 270 mm.

Cyfrifwch donfedd **M**.

(b) Anghofiodd ail fyfyriwr gofnodi gwerth D, ond roedd yn cofio bod $D \gg d$, fel bod y brasamcan $\sin\theta \approx \tan\theta$ yn eithaf da. Beth oedd gwerth λ_M, yn ôl y myfyriwr hwn?

2.6 Plygiant golau

Yn yr adran hon, rydym yn edrych ar donnau sy'n pasio o'r naill gyfrwng i'r llall. Byddwn yn edrych yn benodol ar ymddygiad golau.

2.6.1 Newid cyfrwng: buanedd, amledd a thonfedd

Y cyfrwng y mae'n teithio ynddo sydd fel arfer yn pennu *buanedd* ton. Er enghraifft, ar 20°C, mae sain yn teithio 4.3 gwaith yn gyflymach mewn dŵr nag y mae mewn aer.

Tybiwch fod ton yn pasio o gyfrwng 1, lle mae ei buanedd yn v_1, i gyfrwng 2 (buanedd v_2).

Bydd ei hamledd yn aros yr un fath (sef amledd ffynhonnell y don), wrth i bob cylchred basio ar draws y rhyngwyneb rhwng 1 a 2. Gan ddefnyddio $v = f\lambda$, mae $f = \dfrac{v_1}{\lambda_1} = \dfrac{v_2}{\lambda_2}$.

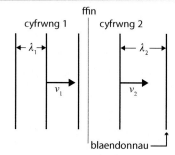

Ffig. 2.6.1 Newid buanedd

2.6.2 Plygiant tonnau

Os yw ton yn pasio'n lletraws o'r naill gyfrwng i'r llall, lle mae'n teithio ar fuanedd gwahanol, mae ei chyfeiriad teithio yn newid. **Plygiant** yw'r enw ar hyn.

Yn Ffig. 2.6.2 (a), mae tonnau'n mynd o gyfrwng 1 i gyfrwng 2 ($v_2 > v_1$), ac mae'r cyfeiriad teithio'n plygu i ffwrdd oddi wrth y normal (llinell ar ongl sgwâr i'r ffin).

Mae Ffig. 2.6.2 (b) yn dangos 'paladr' llydan o donnau. Mae blaendonnau AB ac CD wedi'u lluniadu ar ongl sgwâr i'r cyfeiriadau teithio yng nghyfrwng 1 a chyfrwng 2. A dweud y gwir, mae CD yn dangos safle hwyrach ar gyfer AB.

Gallwn ni weld pam mae'n *rhaid* i'r cyfeiriad teithio newid fel hyn. Wrth i ben A blaendon AB ddal i deithio i C ar fuanedd v_1, mae pen B yn teithio i D ar fuanedd v_2, felly mae BD > AC.

Gan gymryd hyn ymhellach, tybiwch mai t yw'r amser mae'n ei gymryd i AB gyrraedd CD. Yna, mae AC = v_1t ac mae BD = v_2t. Drwy ddefnyddio'r ddau driongl ongl sgwâr, ABC a DCB,

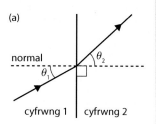

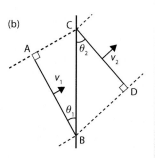

Ffig. 2.6.2 Plygiant

mae $\quad \sin \theta_1 = \dfrac{AC}{BC} = \dfrac{v_1 t}{BC}$ ac mae $\quad \sin \theta_2 = \dfrac{BD}{BC} = \dfrac{v_2 t}{BC}$

Yna, drwy rannu, mae: $\dfrac{\sin \theta_1}{\sin \theta_2} = \dfrac{v_1}{v_2}$

》 Cofiwch

Nid yw'n anodd dangos bod yr onglau θ_1 yn Ffigurau 2.6.2(a) a (b) yn hafal. Mae'r un peth yn wir am onglau θ_2.

2.6.3 Plygiant golau

Mae golau'n teithio'n arafach mewn solidau a hylifau (tryloyw) nag mewn gwactod. Dyma ddiffiniad **indecs plygiant**, n, cyfrwng:

$$n = \frac{\text{buanedd golau mewn gwactod}}{\text{buanedd golau yn y cyfrwng}}, \text{ hynny yw, mae } n = \frac{c}{v}$$

Enghreifftiau: ar gyfer aer, mae $n = 1.00$; ar gyfer dŵr, mae $n = 1.33$; ar gyfer gwydr cyffredin, mae $n \sim 1.5$–1.7.

Gan fod $nv = c$, os ydym yn cymharu dau gyfrwng (cyfrwng 1 a chyfrwng 2), mae: $\quad n_1 v_1 = n_2 v_2$, hynny yw, mae $\dfrac{v_1}{v_2} = \dfrac{n_2}{n_1}$

Gallwn ysgrifennu'r hafaliad plygiant o'r adran flaenorol yn nhermau n_1 ac n_2 ...

Mae $\dfrac{\sin \theta_1}{\sin \theta_2} = \dfrac{v_1}{v_2}$ yn gyfwerth â $\dfrac{\sin \theta_1}{\sin \theta_2} = \dfrac{n_2}{n_1}$

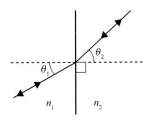

Ffig. 2.6.3 Cildroadedd

Neu, yn hawdd ei gofio, mae: $n_1 \sin \theta_1 = n_2 \sin \theta_2$

Mae llwybrau golau yn gildroadwy (gweler Ffig. 2.6.3, ar gyfer $n_1 > n_2$), felly mae'r hafaliad yn gweithio p'un a yw'r golau yn teithio o gyfrwng 1 i gyfrwng 2, neu i'r gwrthwyneb.

Termau allweddol

$n = \dfrac{c}{v}$, lle c yw buanedd golau mewn gwactod a v yw ei fuanedd yn y defnydd, sy'n diffinio **indecs plygiant**, n, defnydd tryloyw.

Deddf Snell

Ar gyfer paladr golau sy'n teithio o'r naill gyfrwng i'r llall, mae

$$n_1 \sin \theta_1 = n_2 \sin \theta_2$$

lle θ_1 a θ_2 yw onglau'r paladrau i'r normal. Mae n_1 ac n_2 yn gysonion, sef indecsau plygiant y defnyddiau.

Enghraifft

Caiff paladr laser ei dywynnu i danc pysgod drwy un o'i waliau gwydr, fel yn Ffig. 2.6.4. 45° yw ongl θ_a. Darganfyddwch yr onglau θ_g a θ_w.

[Sylwch fod y ddwy ongl y mae θ_g yn eu nodi ddim ond yn hafal oherwydd bod gan wal wydr y tanc wynebau paralel.]

Ffig. 2.6.4 Plygiant i mewn i danc pysgod

Ateb

Ar y ffin rhwng yr aer a'r gwydr, mae:

$$n_a \sin \theta_a = n_g \sin \theta_g \quad \text{felly mae } 1.00 \sin 45° = 1.52 \sin \theta_g$$

Felly, mae $\sin \theta_g = \dfrac{1.00 \sin 45°}{1.52}$ felly mae $\theta_g = \sin^{-1} 0.465 = 28°$

Ar y ffin rhwng y gwydr a'r dŵr, mae:

$$n_g \sin \theta_g = n_w \sin \theta_w \quad \text{felly mae } 1.52 \sin \theta_g = 1.33 \sin \theta_w$$

Felly, mae $\sin \theta_w = \dfrac{1.00 \times 0.465}{1.52} = 0.532$ felly mae $\theta_w = \sin^{-1} 0.532 = 32°$

》 Cofiwch

Nid yw deddf Snell yn y Llyfryn Data. Dyma ffordd dda i'w chofio:

$$n \sin \theta = \text{cysonyn}$$

⋀ Gwella gradd

Dylai'ch cyfrifiannell fod yn y modd *graddau* yn hytrach na *radianau*. I wirio a ydych yn darganfod gwrthdro sin yn gywir, rhowch gynnig ar sin⁻¹ 0.5. Dylai'r ateb fod yn 30°.

》 Cofiwch

Pelydryn trawol yw'r enw ar lwybr golau sy'n agosáu at arwyneb. Yr ongl rhwng y *pelydryn trawol* a'r normal yw'r *ongl drawiad* (e.e. θ_a yn Ffig. 2.6.4).

cwestiwn cyflym

③ Mae golau sy'n teithio drwy aer yn taro arwyneb dŵr ar 45°. Cyfrifwch yr ongl plygiant a chymharwch hon â θ_w yn yr enghraifft. Hefyd edrychwch ar 'Cwestiwn ychwanegol 6'.

Braslunio llwybrau golau plyg

Lluniadwch normal (llinell doredig) lle bynnag mae'r paladr golau yn taro ffin, fel yn Ffig. 2.6.5. Mae golau'n plygu i ffwrdd oddi wrth y normal wrth fynd i gyfrwng sydd ag indecs plygiant llai (lle mae'n teithio'n gyflymach). Mae'n plygu tuag at y normal wrth fynd i gyfrwng sydd ag indecs plygiant mwy. Yn aml, 'pelydrau' yw'r enw ar lwybrau'r golau.

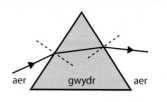

Ffig. 2.6.5 Braslunio pelydrau

2.6.4 Ongl gritigol ac adlewyrchiad mewnol cyflawn

Ystyriwch baladr golau sy'n teithio mewn cyfrwng (1), ac yn agosáu at gyfrwng (2) sydd ag indecs plygiant llai, lle mae'r golau'n teithio'n gyflymach (e.e. golau'n agosáu at aer o wydr).

Yn Ffig. 2.6.6(a), lle mae θ_1 yn weddol fach, mae'r golau'n plygu i ffwrdd oddi wrth y normal, fel y byddem yn ei ddisgwyl.

Nodwch fod peth o'r golau'n cael ei adlewyrchu'n ôl i mewn i gyfrwng 1 (adlewyrchiad rhannol). Mae'r ongl drawiad a'r ongl adlewyrchiad (hynny yw, onglau'r paladrau i'r normal) yn hafal.

Os ydym yn cynyddu θ_1 yn raddol, bydd yn cyrraedd gwerth, θ_c, sef yr **ongl gritigol** lle mae θ_2 yn 90°. Gweler Ffig. 2.6.6 (b).

Yn yr achos hwn, mae $n_1 \sin \theta_c = n_2 \sin 90°$

Ond gan fod sin 90° = 1 mae $n_1 \sin \theta_c = n_2$

Pan fydd $\theta_1 > \theta_c$, mae'r hafaliad plygiant yn rhoi $\sin \theta_1 > 1$, sy'n afresymol, am nad oes gan yr un ongl sin sy'n fwy nag 1. Yn syml, *nid yw'r hafaliad yn berthnasol* pan fydd $\theta_1 > \theta_c$. A dweud y gwir, *nid oes unrhyw* olau yn mynd i mewn i gyfrwng 2. Yn lle hynny, caiff y golau ei **adlewyrchu'n fewnol yn gyflawn** (ar ongl hafal) yn ôl i mewn i gyfrwng 1 – Ffig. 2.6.6 (c).

Adlewyrchiad mewnol cyflawn yw'r effaith sy'n gwneud i ddiemyntau ddisgleirio. Caiff ei ddefnyddio hefyd yn lle adlewyrchiad drych mewn offerynnau optegol o'r radd flaenaf, er enghraifft ysbienddrychau prism. Yn yr adran nesaf, byddwn yn canolbwyntio ar sut mae'n cael ei ddefnyddio mewn ffibr optegol.

≫ *Cofiwch*

Rydym yn dweud bod yr adlewyrchiad yn *fewnol* oherwydd mai solid neu hylif yw cyfrwng 1 fel arfer a dim ond aer yw cyfrwng 2 fel arfer.

cyfrwng 'arafach' n_1 | cyfrwng 'cyflymach' n_2

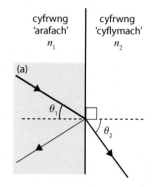

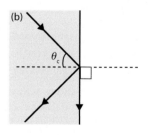

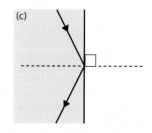

Ffig. 2.6.6 Plygiant ac adlewyrchiad

Enghraifft

Mae golau'n agosáu at y prism plastig clir fel y gwelwch yn Ffig. 2.6.7(a). Dangoswch ei lwybr drwy'r prism ac allan i'r aer, gan wneud y cyfrifiad angenrheidiol. 1.49 yw indecs plygiant y plastig.

Ateb

Mae'r golau'n mynd i mewn i'r prism ar hyd y normal, felly nid yw'n plygu ar yr arwyneb cyntaf, BC. Mae'n taro CA ar ongl drawiad o 45°. A fydd yn gallu dod allan? Rydym yn cyfrifo'r ongl gritigol ...

mae $\quad 1.49 \sin \theta_c = 1.00 \sin 90°$

felly mae $\quad \sin \theta_c = \dfrac{1}{1.49}$

ac mae $\quad \theta_c = \sin^{-1} \dfrac{1}{1.49} = 42°$

Gan fod 45° > 42°, mae adlewyrchiad mewnol cyflawn yn digwydd yn CA. Mae'r un peth yn wir yn AB, felly mae'r llwybr fel y gwelwch yn Ffig. 2.6.7(b).

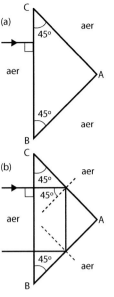

Ffig. 2.6.7 Enghraifft y prism

cwestiwn cyflym

④ Cyfrifwch ongl gritigol golau sy'n agosáu at ddŵr ($n = 1.33$) o wydr ($n = 1.52$).

cwestiwn cyflym

⑤ Ailadroddwch yr enghraifft ar gyfer prism o iâ ($n = 1.31$). Dangoswch nad yw'r pelydryn golau yn dioddef o adlewyrchiad mewnol cyflawn, a brasluniwch ei lwybr drwy'r prism ac allan i'r aer.

Gweler hefyd 'Cwestiwn ychwanegol 7'.

2.6.5 Ffibrau optegol

Craidd hir, tenau, silindrog o wydr yw ffibr optegol, sydd wedi'i amgáu mewn **cladin** o wydr ag indecs plygiant is.

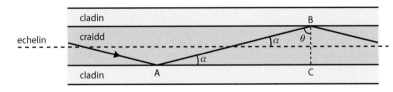

Ffig. 2.6.8 Adlewyrchiad mewnol cyflawn mewn ffibr optegol

Tybiwch fod golau'n mynd i mewn i'r craidd yn un pen, ac yn teithio ar ongl α i'r echelin. Os yw α yn ddigon bach, bydd y golau'n taro'r ffin rhwng y craidd a'r cladin ar ongl θ i'r normal (mae $\theta = 90° - \alpha$), sy'n fwy na'r ongl gritigol. Yna, bydd y golau'n adlewyrchu'n fewnol yn gyflawn yn ôl i mewn i'r craidd, ac yn parhau i deithio ar hyd y ffibr mewn llwybr igam-ogam, heb ddianc. Bydd hyn yn digwydd hyd yn oed os yw'r ffibr yn cael ei blygu'n gromlin (gymedrol). Felly, gall ffibrau optegol gludo golau i leoedd anodd eu cyrraedd (er enghraifft y stumog).

Cludo data mewn ffibrau optegol

Gall data gael eu *hamgodio*, ar ffurf cyfres o guriadau, mewn golau (yn aml o laser) a'u hanfon ar hyd ffibr. Mewn gwydr pur iawn, gall y 'signal' golau deithio am sawl cilomtr heb fod angen ei atgyfnerthu – yn wahanol i signal sy'n cael ei anfon gan geryntau trydan mewn gwifrau copr. Mae'r rhain hefyd yn dioddef o 'siarad croes' o wifrau eraill, ac nid yw dylanwadau o'r tu allan yn gallu ymyrryd â ffibrau (mewn gweiniau di-draidd).

Ffibr optegol yw **ffibr amlfodd** sydd â chraidd digon trwchus i ganiatáu i bob curiad deithio ar hyd sawl llwybr drwy adlewyrchiad mewnol cyflawn.

Gwasgariad amlfodd yw'r broses o wasgaru amser cyrraedd y curiad o ganlyniad i'r llwybrau gwahanol y mae'r golau yn eu cymryd drwy'r ffibr.

Mae craidd gan **ffibr unmodd** sydd yn ddigon tenau i adael i olau deithio ar hyd dim ond un llwybr (yn baralel i'r echelin).

cwestiwn cyflym

⑥ Mae ffibr amlfodd, 250 m o hyd, yn trosglwyddo curiad golau mewn 1.28 µs ar hyd y llwybr byrraf.

(a) Dangoswch mai 1.54 (3 ff.y.) yw indecs plygiant y craidd.

(b) Cyfrifwch yr ongl rhwng yr echelin a'r llwybr hiraf sy'n adlewyrchu'n fewnol yn gyflawn, os yw'r golau'n cymryd 1.31 µs ar hyd y llwybr hwn.

(c) Esboniwch pam nad yw golau'n gallu teithio'n bell ar ongl i'r echelin sy'n fwy na'r ongl yr ydych wedi ei chyfrifo.

cwestiwn cyflym

⑦ (a) Dangoswch mai 2.00×10^8 m s^{-1} yw buanedd golau yn y craidd optegol.

(b) Cyfrifwch yr amser ar gyfer y llwybr byrraf drwy'r ffibr optegol.

2.6.6 Gwasgariad amlfodd

Ffibr amlfodd yw'r enw ar un math o ffibr a ddefnyddir i drosglwyddo data, oherwydd gall pob curiad deithio ar hyd sawl llwybr gwahanol ar yr un pryd. Mae'r llwybr byrraf yn syth ar hyd echelin y ffibr; mae'r llwybrau eraill yn igam-ogam. Mae'r llwybr hiraf ar ongl α i'r echelin, fel bod $\theta = \theta_c$. Gan fod y llwybrau o hyd gwahanol, mae pob curiad yn cael ei wasgaru dros amser wrth iddo deithio. Yr enw ar hyn yw **gwasgariad amlfodd**.

Mae gwasgaru curiadau unigol yn golygu y gallai curiadau sy'n dechrau gyda chyfwng amser byr yn eu gwahanu, orgyffwrdd (Ffig. 2.6.9) ar ôl iddynt deithio drwy ddarn o ffibr. Felly, mae defnyddio ffibrau amlfodd wedi'i gyfyngu i bellterau byr (er enghraifft, y tu mewn i adeiladau) neu i ffrydiau data llai cyflym (llai o guriadau yr eiliad).

Ffig. 2.6.9 Curiadau yn gwasgaru ac yn gorgyffwrdd

Enghraifft

1.60 km yw hyd ffibr optegol a 1.50 yw indecs plygiant ei graidd. 14° yw'r ongl fwyaf, α, i'r echelin (Ffig. 2.6.8) y gall golau deithio arni drwy'r craidd heb ddianc. Cyfrifwch:

(a) Indecs plygiant y cladin.

(b) Y gwahaniaeth rhwng amser teithio'r golau ar hyd y llwybr hiraf a'r llwybr byrraf.

Ateb

(a) $90° – 14° = 76°$ yw'r ongl gritigol ar y ffin rhwng y craidd a'r cladin.

Felly, mae $1.50 \sin 76° = n_{clad} \sin 90° \rightarrow n_{clad} = 1.46$

(b) Mae hyd y llwybr hiraf $= \dfrac{AB}{AC} \, 1600$ m $= \dfrac{1}{\cos 14°} \, 1600$ m $= 1649$ m

Felly mae $t_{mwyaf} = \dfrac{1649 \text{ m}}{2.00 \times 10^8 \text{ m s}^{-1}} = 8.24$ µs

Felly mae $t_{mwyaf} - t_{lleiaf} = 8.24$ µs $– 8.00$ µs $= 0.24$ µs

Mae **ffibrau unmodd** yn cael eu defnyddio i drosglwyddo ffrydiau cyflym o ddata yn bell iawn. Mae creiddiau tenau iawn (diamedrau o ychydig donfeddi) gan y rhain. Nid oes unrhyw lwybrau igam-ogam yn y ffibrau hyn; mae golau ddim ond yn gallu teithio'n baralel i'r echelin. Felly, nid oes unrhyw wasgariad amlfodd. [Mae'r rheswm ymhell y tu hwnt i waith Safon Uwch!]

Cwestiynau ychwanegol

1. Cyfrifwch indecs plygiant y cladin yn 'Cwestiwn cyflym 6'.

2. 1.33 yw indecs plygiant dŵr môr a 1.31 yw indecs rhew.
   - (a) Cyfrifwch ongl gritigol y ffin rhwng y ddau ddefnydd hyn.
   - (b) Nodwch yr amgylchiadau lle byddai adlewyrchiad mewnol cyflawn yn digwydd ar ffin rhwng y defnyddiau hyn.

3. 1.530 yw indecs plygiant craidd ffibr amlfodd a 1.520 yw indecs plygiant y cladin.
   - (a) Darganfyddwch yr ongl fwyaf rhwng llwybr golau ac *echelin* y ffibr, os yw golau'n mynd i deithio'n bell iawn drwy'r ffibr. Lluniadwch ddiagram i gyd-fynd â'ch ateb.
   - (b) Esboniwch pam mae'n fantais wrth drosglwyddo data bod yr ongl hon yn fach.

4. Mae paladr laser yn cael ei gyfeirio at wyneb pen rhoden blastig glir, indecs plygiant 1.35, sydd wedi'i hamgylchynu ag aer.

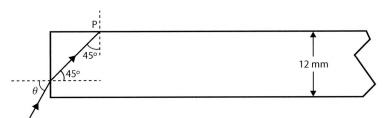

   - (a) Cyfrifwch werth θ.
   - (b) Ar **P**, mae 90% o bŵer y golau yn cael ei blygu allan o'r plastig a 10% yn cael ei adlewyrchu. Pa mor bell mae'r golau sy'n cael ei adlewyrchu yn teithio ar hyd y rhoden *oddi wrth* **P** cyn i'r pŵer ddisgyn i un rhan o filiwn o bŵer y paladr sy'n taro **P**? Dangoswch eich gwaith. [Ystyriwch adlewyrchiadau olynol.]
   - (c) Caiff yr ongl drawiad, θ, ei lleihau ddigon i adlewyrchu'r golau'n fewnol yn **gyflawn** ar P. Cyfrifwch werth newydd θ.

5. Mae buanedd sain mewn aer yn cynyddu gyda thymheredd. Mae tymheredd yr atmosffer yn gostwng gydag uchder. Anfonir ton sain i fyny o'r ddaear ar ongl o 45° i'r llorwedd. Lluniadwch ddiagram i ddangos sut mae ei chyfeiriad yn newid. Esboniwch eich ateb yn fyr.

6. Esboniwch pam mae'r onglau θ_d yn 'Cwestiwn cyflym 3' ac yn enghraifft y tanc pysgod yr un peth (h.y. esboniwch pam mae presenoldeb neu absenoldeb y gwydr yn amherthnasol ar gyfer y cyfrifiad hwn).

7. Ychwanegwch adlewyrchiadau rhannol at eich ateb i 'Cwestiwn cyflym 5'. Gwnewch sylw ar gryfder y rhain.

2.7 Ffotonau

2.7.1 Syniad ffoton

Mae'n ymddangos bod popeth mewn natur yn dod ar ffurf talpiau neu **cwanta**. Er enghraifft, mae mater cyffredin wedi'i wneud o atomau ac mae gwefr drydanol yn dod mewn unedau e. Dim ond yn yr 1900au cynnar yr oedd gwyddonwyr yn dechrau derbyn y talpio neu'r *cwanteiddiad* hwn yn llwyr. Yn 1905 awgrymodd Einstein yn feiddgar fod golau hefyd wedi'i gwanteiddio. Erbyn hyn, **ffotonau** yw'r enw ar gwanta golau.

Mae ffoton, felly, yn becyn arwahanol o egni pelydriad electromagnetig (e-m).

$$E_{ffot} = hf$$

sy'n rhoi **egni ffoton**, lle f yw amledd y pelydriad e-m, a chysonyn o'r enw **cysonyn Planck** yw h. Drwy arbrofion (gweler yr adrannau dilynol), mae $h = 6.63 \times 10^{-34}$ J s.

Drwy ddefnyddio $c = f\lambda$ (lle mae $c = 3.00 \times 10^8$ m s⁻¹), gallwn ni fynegi egni'r ffoton yn nhermau *tonfedd* y pelydriad ...

$$E_{ffot} = \frac{hc}{\lambda}$$

Enghraifft 1

8.19×10^{-14} J yw egni ffoton (un o bâr sy'n deillio o ddifodiad electron a phositron). Beth yw tonfedd y pelydriad y mae hyn yn ei gynrychioli?

Ateb

Gan ad-drefnu'r ail hafaliad a mewnbynnu gwerthoedd, cawn fod:

$$\lambda = \frac{hc}{E_{ffot}} = \frac{6.63 \times 10^{-34} \text{ J s} \times 3.00 \times 10^8 \text{ m s}^{-1}}{8.19 \times 10^{-14} \text{ J}} = 2.43 \times 10^{-12} \text{ m}$$

Mae hyn yn rhanbarth pelydrau γ y sbectrwm e-m (Adran 2.7.2). Sylwch fod tonfedd golau gweladwy tua 200 000 gwaith yn fwy!

Enghraifft 2

Mae deuod allyrru golau yn cynhyrchu 0.70 W o olau, tonfedd gymedrig 630 nm. Sawl ffoton y mae'n eu hallyrru bob eiliad?

Ateb

$$E_{ffot} = \frac{hc}{\lambda} = \frac{6.63 \times 10^{-34} \text{ J s} \times 3.00 \times 10^8 \text{ m s}^{-1}}{630 \times 10^{-14} \text{ m}} = 3.16 \times 10^{-19} \text{ J}$$

$$\text{Mae cyfradd y ffotonau} = \frac{\text{egni bob eiliad}}{\text{egni fesul ffoton}} = \frac{0.7 \text{ J s}^{-1}}{3.16 \times 10^{-19} \text{ J ffoton}^{-1}}$$

$$= 2.2 \times 10^{18} \text{ ffoton s}^{-1}$$

≫ Cofiwch

Mae 'cwanta' yn air lluosog. Y ffurf unigol yw 'cwantwm'.

Termau allweddol

Pecyn arwahanol o egni pelydriad electromagnetig (e-m) yw **ffoton**.

Mae **egni ffoton**, $E_{ffot} = hf$, lle f yw amledd y pelydriad e-m, ac h yw **cysonyn Planck**.

[$h = 6.63 \times 10^{-34}$ J s]

cwestiwn cyflym

① Cyfrifwch egni ffoton o belydriad uwchfioled, tonfedd 100 nm.

≫ Cofiwch

Tystiolaeth dros fodolaeth ffotonau:

- Mae'r effaith ffotodrydanol (Adrannau 2.7.3–2.7.6) yn darparu peth o'r dystiolaeth fwyaf uniongyrchol.
- Mae angen model ffotonau ar sbectra llinell atomig (Adran 2.7.7).
- Gallwch ddefnyddio deuodau allyrru golau (LED) (Adran 2.7.12) i ddarganfod gwerth h, gyda chymorth rhagdybiaeth syml sy'n cynnwys ffotonau.

2.7.2 Y sbectrwm electromagnetig (e-m)

(a) Y sbectrwm gweladwy

Mae gratin diffreithiant (Adran 2.5.7) yn hollti 'golau gwyn' (e.e. golau'r haul) yn sbectrwm di-dor o liwiau. Yn y drefn gyntaf (a threfnau uwch), mae'r lliwiau hyn o olau yn dod allan ar onglau gwahanol, sy'n dangos bod ganddynt donfeddi gwahanol. Mae'r lliwiau'n amrywio o goch tywyll, $\lambda \sim 700$ nm, drwy arlliwiau o oren, melyn, gwyrdd a glas, i fioled ($\lambda \sim 400$ nm).

(b) Y sbectrwm e-m cyfan

Dim ond rhan fach iawn o'r sbectrwm cyfan o donnau e-m mae ein llygaid ni'n gallu'i gweld. Cafodd rhanbarthau eraill y sbectrwm eu darganfod ar adegau gwahanol gan ddefnyddio ffynonellau gwahanol, a rhoddwyd enwau amrywiol arnynt. Gan hynny, mae pelydrau X a phelydrau gama yn gorgyffwrdd yn Ffig. 2.7.1. Er enghraifft, gallai pelydriad â thonfedd 1×10^{-11} m ddod o diwb pelydr X *neu* o niwclysau ymbelydrol penodol.

Mae Ffig. 2.7.1 yn defnyddio graddfeydd logarithmig: mae un radden (*scale division*) yn cynrychioli cynnydd o ffactor o ddeg. Mae hanner gradden yn ffactor o $\sqrt{10}$ (tua 3).

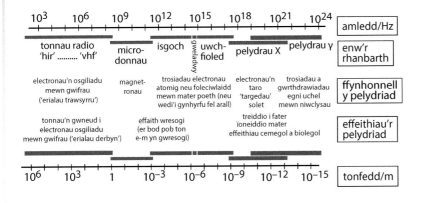

Ffig. 2.7.1 Y sbectrwm electromagnetig

Enghraifft sy'n cynnwys yr electron folt (eV)

Mewn tiwb pelydr X penodol, mae gp o 1.2×10^5 V yn cyflymu electronau sy'n cael eu hallyrru gan ffilament poeth tuag at 'darged' metel. Dywedwn fod pob electron yn colli EP trydanol o 1.2×10^5 **electron folt** (1.2×10^5 eV). Felly mae'n ennill y swm hwn o EC erbyn iddo daro'r targed.

Pan fydd un o'r electronau hyn yn taro'r targed, gall allyrru ffoton. Egni mwyaf posibl ffoton yw 1.2×10^5 eV. Cyfrifwch donfedd ffoton â'r egni hwn.

>> **Cofiwch**

Dyma arolwg cyflym o'r sbectrwm e-m, gydag egnïon y ffotonau mewn cof.

Term allweddol

Uned o egni yw'r **electron folt** (eV). Dyma'r egni cinetig y mae electron sy'n cael ei gyflymu drwy gp o 1 folt yn ei ennill.

Mae 1 eV = 1.60×10^{-19} J

>> **Cofiwch**

Gallwn ddefnyddio'r uned eV hyd yn oed ar gyfer pethau (e.e. ffotonau) nad yw gp wedi eu cyflymu.

cwestiwn cyflym

② Darganfyddwch, mewn J ac eV, egnïon ffotonau golau coch a fioled ar bennau eithaf y sbectrwm gweladwy.

cwestiwn cyflym

③ Mae trosglwyddydd yn darlledu ar bŵer o 50 W, a hynny ar amledd o 100 MHz. Enwch ranbarth y sbectrwm e-m y mae'n darlledu ynddo a chyfrifwch nifer y ffotonau y mae'n eu hallyrru bob eiliad.

④ Mae laser yn allyrru ffotonau, egni 1.27 eV. Cyfrifwch donfedd y pelydriad sy'n cael ei allyrru ac enwch ranbarth y sbectrwm e-m y mae ynddo.

Ateb

Mae $\qquad E_{ffot} = 1.2 \times 10^5$ eV $= 1.2 \times 10^5$V $\times 1.60 \times 10^{-19}$C $= 1.92 \times 10^{-14}$ J.

Felly mae $\qquad \lambda = \dfrac{hc}{E_{ffot}} = \dfrac{6.63 \times 10^{-34} \text{ J s} \times 3.00 \times 10^8 \text{ m s}^{-1}}{1.5 \times 10^5 \text{ V} \times 1.60 \times 10^{-19} \text{ C}} = 1.0 \times 10^{-11}$ m

2.7.3 Yr effaith ffotodrydanol

Pan fydd pelydriad electromagnetig ag amledd digon uchel yn taro arwyneb metel, mae electronau'n cael eu hallyrru o'r arwyneb.

Yn achos y rhan fwyaf o fetelau, mae angen pelydriad uwchfioled. Ar gyfer cesiwm, bydd golau gweladwy (ond nid coch pell) yn rhyddhau electronau.

Yr **effaith ffotodrydanol** yw allyriad electronau o arwyneb metel pan fydd pelydriad e-m ag amledd digon uchel yn ei daro.

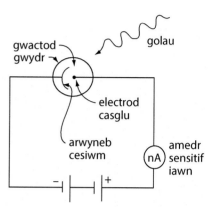

Ffig. 2.7.2 Dangos yr effaith ffotodrydanol

Os ydych chi wedi gweld yr arddangosiad (eithaf trawiadol) sy'n defnyddio plât metel wedi'i gysylltu ag electrosgop deilen aur, gwiriwch eich bod yn gallu cofio'r dull! Mae'r arddangosiad rydym am ei ddisgrifio yn defnyddio **ffotogell wactod** (edrychwch ar y diagram) …

Pan fydd golau (o unrhyw liw ac eithrio coch) yn taro arwyneb y cesiwm, bydd y (nano-) amedr sensitif iawn yn cofnodi cerrynt.

Bydd electronau sy'n cael eu hallyrru o'r arwyneb i'r gwactod yn cael eu hatynnu at yr electrod casglu (y batri sy'n gwneud hwn yn bositif).

Mae'r electronau'n llifo drwy'r amedr a'r batri ac yn ôl at arwyneb y cesiwm.

A dweud y gwir, bydd cerrynt yn llifo hyd yn oed os ydych chi'n amnewid batri am ddarn o wifren. Mae hyn yn digwydd oherwydd bod rhai electronau'n cael eu hallyrru gyda digon o EC i gyrraedd yr electrod casglu ar eu pennau eu hunain.

⑤ Os yw'r nano-amedr yn Ffig 2.7.2 yn dangos 140 nA, cyfrifwch nifer yr electronau sy'n cyrraedd yr electrod casglu bob eiliad.

2.7.4 Mesur $E_{k\,mwyaf}$

Yn y gylched yn Ffig. 2.7.3, rydym yn cynyddu'r gp rhwng arwyneb y cesiwm a'r electrod casglu. Mae hyn yn gwneud yr electrod casglu yn fwy negatif, nes bod y cerrynt *ddim ond prin* yn disgyn i sero.

Ar y pwynt hwn, yr enw ar y gp yw foltedd stopio, V_{stop}, gan ei fod yn stopio'r holl electronau sydd wedi'u hallyrru rhag cyrraedd yr electrod casglu. Mae'r rheini sydd â'r EC mwyaf *bron* â chyrraedd yr electrod casglu cyn cael eu stopio, gan ennill EP trydanol o eV_{stop} yn gyfnewid am yr EC y maen nhw'n ei golli.

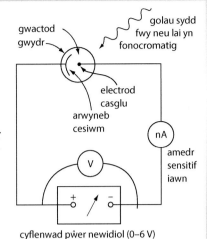

Ffig. 2.7.3 Darganfod $E_{k\,mwyaf}$ electronau sydd wedi'u hallyrru

Felly, mae $E_{k\,mwyaf} = eV_{stop}$

Enghraifft

Os yw $V_{stop} = 1.7$ V, yna mae $E_{k\,mwyaf} = 1.60 \times 10^{-19}$ C $\times 1.7$ V $= 2.7 \times 10^{-19}$ J

Ar y llaw arall, gallwn ddweud (gweler Adran 2.7.2) fod $E_{k\,mwyaf} = 1.7$ eV.

Gwella gradd

Sylwch ar dri gwahaniaeth rhwng y cylchedau yn Ffigurau 2.7.2 a 2.7.3. Gwiriwch eich bod yn gallu cysylltu pob gwahaniaeth â *dibenion* y cylchedau. Gwiriwch eich bod yn gallu llunio'r ddwy gylched.

cwestiwn cyflym

(6) Pan mae golau ag amledd penodol yn goleuo arwyneb cesiwm, 0.35 V yw foltedd stopio'r electronau sy'n cael eu hallyrru. Darganfyddwch eu EC mwyaf mewn eV ac mewn J.

2.7.5 Plotio $E_{k\,mwyaf}$ yn erbyn amledd, f

Rydym yn darganfod yr $E_{k\,mwyaf}$, fel y disgrifiad uchod, ar gyfer tri neu bedwar amledd hysbys, f, o olau sy'n taro arwyneb y metel yn eu tro. Gallai pob un ddod o laser pŵer isel. Byddai'n bosibl mesur y donfedd â gratin diffreithiant a chyfrifo'r amledd drwy ddefnyddio $f = c/\lambda$.

Rydym yn plotio $E_{k\,mwyaf}$ yn erbyn f. Mae'r pwyntiau'n gorwedd ar linell syth (Ffig. 2.7.4).

Term allweddol

Ffwythiant gwaith, ϕ, metel yw'r egni lleiaf mae'n rhaid ei gael i fwrw electron oddi ar ei arwyneb.

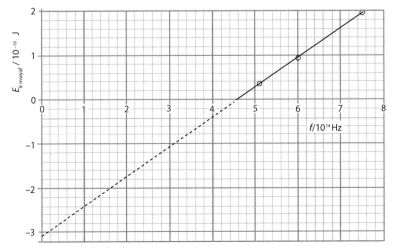

Ffig. 2.7.4 $E_{k\,mwyaf}$ yn erbyn f ar gyfer arwyneb cesiwm

cwestiwn cyflym

(7) Ar gyfer pwynt 6.0×10^{14} Hz ar y graff yn Ffig. 2.7.4, cyfrifwch EC mwyaf electron sy'n cael ei allyrru, mewn eV.

Cofiwch

Peidiwch â chymysgu rhwng ffwythiant gwaith *arwyneb* ac egni ïoneiddiad atom.

2.7.6 Hafaliad ffotodrydanol Einstein

cwestiwn cyflym

⑧ O Ffig. 2.7.4, darganfyddwch:

(a) Ffwythiant gwaith cesiwm.

(b) Gwerth cysonyn Planck.

Er nad yw'r electronau rhydd mewn metel ynghlwm wrth unrhyw atom penodol, mae grymoedd yn eu dal wrth y ddellten atomau (ïonau, a bod yn fanwl gywir) yn ei chyfanrwydd. I ddianc o'r metel, rhaid i electron wneud gwaith yn erbyn y grymoedd hyn. Rhaid i rai electronau wneud llai o waith na'i gilydd, ond mae'n rhaid cael swm lleiaf penodol, sef y **ffwythiant gwaith**, ϕ.

Y syniad allweddol y tu ôl i hafaliad ffotodrydanol Einstein yw bod un ffoton yn bwrw allan unrhyw electron sy'n gadael yr arwyneb. Nid yw ffotonau'n cydweithredu wrth fwrw electronau allan.

Tybiwch fod ffoton yn rhoi ei egni, hf, i electron sy'n gallu dianc. ϕ yw'r egni lleiaf sy'n cael ei ddefnyddio i ddianc, sy'n golygu mai $hf - \phi$ yw'r egni cinetig mwyaf ($E_{k\,mwyaf}$) y gall yr electron sydd wedi dianc ei gael.

Felly, mae $\quad E_{k\,mwyaf} = hf - \phi$

» Cofiwch

$$E_{k\,mwyaf} = h\,f + (-\phi)$$
$$y = m\,x + c$$

(a) Sut mae graff $E_{k\,mwyaf}$ yn erbyn f yn ffitio'r hafaliad $E_{k\,mwyaf} = hf - \phi$

Drwy gymharu'r hafaliad ag $y = mx + c$ (gweler Cofiwch), mae'n amlwg y dylai graff o $E_{k\,mwyaf}$ yn erbyn f fod yn llinell syth, gyda graddiant positif a rhyngdoriad negatif. Mae arbrofion yn profi hyn (Ffig. 2.7.4). Sylwch fod ...

Graddiant y graff = h; rhyngdoriad y graff = $-\phi$

(b) Yr egni ffoton lleiaf i ryddhau electronau

cwestiwn cyflym

⑨ Graff arall y gallwch ei blotio yw foltedd stopio, V_{stop}, yn erbyn amledd, f. Byddai'r graddiant yn h/e. Beth fyddai'r rhyngdoriad ar:

(a) Yr echelin V_{stop}?

(b) Yr echelin f?

I allyrru *unrhyw* electronau, rhaid i'r egni ffoton, hf, fod o leiaf gymaint â'r ffwythiant gwaith, ϕ. Rydym yn ysgrifennu bod

$$hf_{trothwy} = \phi \quad \text{hynny yw, mae } f_{trothwy} = \frac{hc}{\lambda}$$

lle $f_{trothwy}$ yw **amledd trothwy ffotodrydanol** y metel.

Enghraifft

Mae golau, tonfedd 480 nm, yn rhyddhau electronau ag uchafswm egni cinetig o 0.309 eV oddi ar arwyneb sodiwm. Cyfrifwch ffwythiant gwaith sodiwm, ynghyd â thonfedd fwyaf, λ_{mwyaf}, y golau a fydd yn bwrw electronau allan o arwyneb sodiwm.

Ateb

Mae'n rhaid mynegi $E_{k\,mwyaf}$ mewn J. Bydd angen $f = c/\lambda$ arnom hefyd.

Mae $E_{k\,mwyaf} = hf - \phi \quad$ hynny yw, mae $\phi = \dfrac{hc}{\lambda} - E_{k\,mwyaf}$

Felly mae $\phi = \dfrac{6.63 \times 10^{-34}\ \text{J s} \times 3.00 \times 10^{8}\ \text{m s}^{-1}}{480 \times 10^{-9}\ \text{m}} - 0.309 \times 1.60 \times 10^{-19}\ \text{J}$

Term allweddol

Amledd trothwy ffotodrydanol arwyneb yw amledd lleiaf y pelydriad e-m mae'n rhaid ei gael i fwrw electronau oddi ar yr arwyneb.

Mae hyn yn rhoi $\phi = 3.65 \times 10^{-19}$ J [$= 2.28$ eV]

ac $f_{\text{trothwy}} = \dfrac{\phi}{h} = \dfrac{3.65 \times 10^{-19} \text{ J}}{6.63 \times 10^{-34} \text{ J s}} = 5.51 \times 10^{14}$ Hz

Felly mae $\lambda_{\text{mwyaf}} = \dfrac{3.00 \times 10^8 \text{ m s}^{-1}}{5.51 \times 10^{14} \text{ Hz}} = 545$ nm

(c) Effaith arddwysedd golau ar electronau sy'n cael eu hallyrru

Arddwysedd golau ar arwyneb yw egni'r pelydriad electromagnetig sy'n taro'r arwyneb hwnnw fesul m², fesul eiliad.

Tybiwch ein bod yn cynyddu arddwysedd golau ar arwyneb sy'n allyrru, heb newid amledd y golau. Bydd hyn yn cynyddu nifer y ffotonau sy'n taro'r arwyneb fesul eiliad, ond ni fydd yn effeithio ar egni'r ffotonau unigol. Felly, gallwn ni ragfynegi'r canlynol:

- Bydd mwy o ffotonau'n cyrraedd fesul eiliad yn bwrw allan mwy o electronau fesul eiliad. Mae hyn yn ei amlygu ei hun fel cynnydd yn y cerrynt. Gallwn gadarnhau hyn drwy ddefnyddio'r ffotogell wactod yn y gylched yn Ffig. 2.7.2.
- Nid yw $E_{\text{k mwyaf}}$ yn newid. Cofiwch nad yw ffotonau'n cydweithredu wrth fwrw electronau allan. Gallwn gadarnhau hyn yn hawdd: nid yw V_{stop} yn newid.

Nid yw'n bosibl esbonio'r canlyniad diwethaf yn syml ar 'fodel tonnau' pur o olau, heb ffotonau. Nid yw'n bosibl esbonio bodolaeth amledd trothwy chwaith.

2.7.7 Sbectra allyrru llinell atomig

(a) Cynhyrchu ac arsylwi'r sbectra

Mae atomau cynhyrfol rhydd yn allyrru golau â sbectrwm llinell, er enghraifft atomau anwedd sodiwm mewn lamp stryd, neu atomau sy'n daduno o grisialau halen ar ôl eu taflu ar fflam boeth.

Yn y lamp stryd, mae electronau 'taflegryn' yn taro yn erbyn atomau, gan eu **cynhyrfu** (mae eu lefelau egni yn codi). Yn y fflam, mae atomau'n cael eu cynhyrfu wrth gael eu taro ar hap gan foleciwlau sy'n symud yn gyflym.

Rydym yn defnyddio gratin diffreithiant (Adran 2.5.7) i archwilio sbectrwm y golau sy'n cael ei allyrru. Rydym yn darganfod (wedi'i ailadrodd ym mhob trefn) **sbectrwm allyrru llinell** o linellau lliw eglur, llachar, sy'n cyfateb (fwy neu lai) i donfeddi unigol.

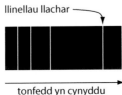

Ffig. 2.7.5 Sbectrwm allyrru llinell

cwestiwn cyflym

⑩ Darllenwch yr amledd trothwy ffotodrydanol ar gyfer cesiwm yn Ffig. 2.7.4. Cyfrifwch y donfedd gyfatebol, a nodwch liw'r golau.

cwestiwn cyflym

⑪ 2.3 eV yw ffwythiant gwaith potasiwm. Cyfrifwch amledd y pelydriad e-m sy'n angenrheidiol i fwrw electronau, EC mwyaf o 3.5 eV, oddi ar arwyneb potasiwm. Nodwch ym mha ranbarth o'r sbectrwm e-m y mae.

>> *Cofiwch*
Mae 'sbectra' yn air lluosog. Y ffurf unigol yw 'sbectrwm'.

Term allweddol

Egni ïoneiddiad atom yw'r egni sy'n angenrheidiol i dynnu electron o'r atom yn ei gyflwr isaf.

Cofiwch

Peidiwch â phoeni am yr egnïon negatif yn Ffig. 2.7.7. Maen nhw'n bodoli, yn syml iawn, oherwydd ein bod fel arfer yn rhoi egni sero i'r lefel ïoneiddiad yn yr atom H.

Gwella gradd

Yr hiraf yw saeth y trosiad, y byrraf yw tonfedd y ffoton!

cwestiwn cyflym

⑫ Defnyddiwch Ffig. 2.7.7 i ddarganfod egni ïoneiddiad atom H. Rhowch yr ateb mewn joules.

cwestiwn cyflym

⑬ Cyfrifwch y tonfeddi sy'n cael eu hallyrru yn nhrosiadau (b) ac (c) yn Ffig. 2.7.7.

cwestiwn cyflym

⑭ Ym mha ranbarth o'r sbectrwm e-m y mae'r pelydriad ar gyfer trosiad (c)? Sut gallwch chi fod yn siŵr y bydd y pelydriad o *bob* trosiad i'r cyflwr isaf mewn atom hydrogen yn y rhanbarth hwn?

(b) Sut mae sbectrwm allyrru llinell yn digwydd

Dim ond mewn cyflyrau penodol yn unig mae atom yn gallu bodoli. Mae egni pendant gan bob un o'r cyflyrau hyn. Mae Ffig. 2.7.6 yn dangos y 'lefelau egni' hyn mewn hydrogen, sef yr atom symlaf sydd ag un electron yn unig. Bydd yr atom yn ei gyflwr isaf (egni isaf) oni bai bod rhywbeth yn ei daro, er enghraifft atomau eraill.

Yr isaf yw egni'r cyflwr, y mwyaf agos at y niwclews y mae'r electron yn debygol o gael ei ddarganfod. Yr **egni ïoneiddiad** yw'r egni sy'n angenrheidiol i *dynnu* electron o atom yn ei gyflwr isaf.

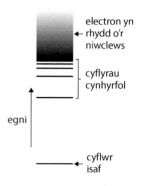

Ffig. 2.7.6 Lefelau egni atom hydrogen

Tybiwch fod yr atom (neu, os yw'n well gennych, ei electron) wedi'i gynhyrfu i'r ail lefel gynhyrfol (gweler Ffig. 2.7.7). Bydd yn dychwelyd i'r cyflwr isaf (sefydlog) yn fuan, naill ai mewn un trosiad, (a), neu mewn dau, (b) ac (c).

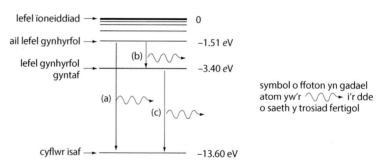

Ffig. 2.7.7 Trosiadau atomig hydrogen

Mewn unrhyw un o'r trosiadau 'i lawr' hyn, mae'r egni y mae'r atom yn ei golli yn cael ei **allyrru'n ddigymell** ar ffurf ffoton sengl. Felly, os yw'r atom yn mynd rhwng lefelau ag egnïon E_U (uchaf) ac E_L (isaf), mae

$$hf = E_U - E_L \quad \text{felly mae} \quad f = \frac{E_u - E_L}{h}$$

e.e. yn nhrosiad (a), mae: $E_U - E_L = -1.51 \ eV - (-13.60 \ eV) = 12.09 \ eV$

Felly, gan drawsnewid 12.09 eV yn J, mae

$$f = \frac{12.09 \times 1.60 \times 10^{-19} \ J}{6.63 \times 10^{-34} \ J \ s} = 2.92 \times 10^{15} \ Hz \ (\text{yn yr uwchfioled})$$

2.7.8 Sbectra amsugno llinell atomig

(a) Cynhyrchu ac arsylwi'r sbectra

Bydd sbectrwm amsugno llinell yn digwydd pan fydd paladr o belydriad e-m, ag amrediad di-dor o amleddau, yn cael ei anfon drwy 'atmosffer' sy'n cynnwys atomau rhydd.

Wrth i'r golau sy'n dod allan basio drwy ratin diffreithiant, rydym yn gweld bod llinellau tywyll yn croesi'r sbectrwm di-dor.

Mae'r llinellau tywyll ar yr union donfeddi â rhai o'r llinellau llachar yn sbectrwm allyrru'r atomau!

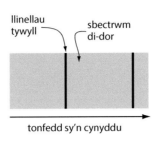

Ffig. 2.7.8 Sbectrwm amsugno llinell

>> **Cofiwch**

Nid ydych wedi cael hafaliadau ar gyfer amleddau ffotonau sy'n cael eu hamsugno. Y rheswm am hyn yw mai'r un hafaliadau yn union ydynt â'r hafaliadau ar gyfer ffotonau sy'n cael eu *hallyrru*!

cwestiwn cyflym

⑮ Tybiwch ein bod yn darganfod llinell dywyll â thonfedd sy'n cyfateb i drosiad (b) (Ffig. 2.7.9) yn sbectrwm amsugno seren. Pa gasgliad gallwn ni ei wneud ynglŷn â thymheredd ei hatmosffer?

(b) Sut mae sbectrwm amsugno llinell yn digwydd

Gall atom wneud trosiad o lefel egni is (E_L) i lefel egni uwch (E_U) drwy amsugno ffoton. Dim ond ffoton ag egni ($E_U – E_L$) sy'n gallu cael ei amsugno. Bydd ffoton ag egni gwahanol yn parhau ar ei ffordd – a'r atom wedi'i anwybyddu!

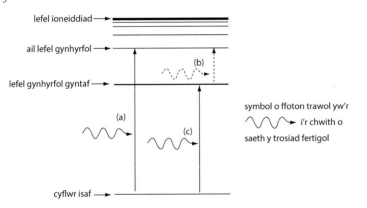

Ffig. 2.7.9 Rhai trosiadau amsugno ar gyfer atom hydrogen

Yn Ffig. 2.7.9, mae (a) ac (c) yn cynrychioli dau ddigwyddiad amsugno posibl ar gyfer atom hydrogen. Ni fydd digwyddiad (b) yn digwydd ar dymheredd ystafell. Mae hyn oherwydd nad yw'r atomau'n cael eu taro ddigon (gan atomau eraill) i achosi i'r un ohonynt gyrraedd y lefel gynhyrfol gyntaf, hyd yn oed, felly ni allant gael eu codi allan ohoni! Dywedwn nad yw'r lefelau cynhyrfol wedi'u 'poblogi' ar dymheredd ystafell.

>> **Cofiwch**

Bydd atom sydd wedi ei gynhyrfu drwy amsugno ffoton yn allyrru ffoton yn ddigymell, a hwnnw â'r un amledd, yn aml iawn. Oni fydd hyn yn ein digolledu am y ffoton a gafodd ei amsugno? Na fydd, oherwydd bod yr atomau'n allyrru i gyfeiriadau ar hap. Felly bydd y paladr gwreiddiol yn parhau yn ddiffygiol ymhlith yr amleddau sydd wedi'u hamsugno.

Gwella gradd

Gwiriwch eich bod yn gallu esbonio sut mae'r llinellau tywyll yn ymddangos mewn sbectrwm amsugno. Peidiwch ag anghofio am 'ailallyriad'.

(c) Adnabod atomau wrth eu sbectra

Mae lefelau egni gwahanol gan atomau elfennau gwahanol a thrwy hynny, sbectra llinell gwahanol. Felly, gallwn adnabod atomau wrth eu sbectra – hyd yn oed atomau sydd flynyddoedd golau i ffwrdd! Gweler Adran 1.6.

Gwella gradd

Mae'r fformiwla $p = \dfrac{h}{\lambda}$ ar gyfer momentwm ffotonau yn wahanol iawn i'r $p = mv$ cyfarwydd, ond rhaid i'r unedau gyfateb. Gwiriwch ei bod yn bosibl ysgrifennu unedau h/λ ar ffurf kg m s⁻¹.

Cofiwch

Oherwydd ei bod yn bosibl ysgrifennu egni ffoton ar ffurf $E_{ffot} = \dfrac{hc}{\lambda}$, mae gennym bellach $E_{ffot} = cp_{ffot}$

Mae hyn yn galonogol oherwydd, hyd yn oed cyn i neb ystyried ffotonau, roedd hi'n hysbys bod egni a momentwm gan belydriad e-m. Ar gyfer y pelydriad sy'n croesi arwynebedd penodol mewn amser penodol, dangoswyd bod:

egni = c × momentwm

cwestiwn cyflym

⑯ Mae niwclews cynhyrfol atom $^{24}_{11}$Na yn allyrru ffoton pelydryn γ, tonfedd 4.50×10^{-13} m. Cyfrifwch:
(a) Momentwm y ffoton.
(b) Buanedd adlamu'r atom. 3.98×10^{-26} kg yw ei fàs.

2.7.9 Momentwm ffotonau

Mae ffoton yn becyn arwahanol o egni tonnau e-m. Nid oes màs ganddo, ond mae ganddo fomentwm o faint pendant, p. Yr hafaliad $p = \dfrac{h}{\lambda}$, sy'n rhoi'r maint, p, lle h yw cysonyn Planck, a λ yw'r donfedd.

Mesur fector yw momentwm ac, yn syml iawn, cyfeiriad momentwm ffoton yw cyfeiriad teithio'r pelydriad e-m.

Gall ffotonau gael eu hamsugno a'u hallyrru a gallant gymryd rhan mewn gwrthdrawiadau. Mae egwyddor cadwraeth momentwm yn gymwys bob tro.

Enghraifft

Mae atom hydrogen, màs 1.67×10^{-27} kg, sy'n ddisymud i ddechrau, yn amsugno ffoton, tonfedd 9.52×10^{-8} m. Cyfrifwch y buanedd y mae'r atom yn ei gyrraedd (mae'r newid yn ei fàs yn ddibwys.)

Ateb

Mae cyfanswm y momentwm cyn = cyfanswm y momentwm wedyn, felly mae $\dfrac{h}{\lambda} + 0 = mv$

Felly mae $v = \dfrac{h}{m\lambda} = \dfrac{6.63 \times 10^{-34} \text{ J s}}{1.67 \times 10^{-27} \text{ kg} \times 9.52 \times 10^{-8} \text{ m}} = 4.2$ m s⁻¹

Cyfrifo grym golau ar arwyneb

Mae'r atom yn yr enghraifft ddiwethaf yn ennill momentwm y ffoton ac mae'n profi grym wrth i'r amsugno ddigwydd.

Os yw corff yn amsugno ffrwd o ffotonau, bydd dilyniant o drawiadau fel hyn. Gallwn gyfrifo'r grym *cymedrig* ar y corff wrth i'r ffotonau ardaro drwy ddefnyddio

$$\text{Grym cymedrig} = \frac{\text{momentwm y ffotonau sy'n cael eu hamsugno}}{\text{amser a gymerwyd}}$$

$$= \frac{\text{nifer y ffotonau sy'n cael eu hamsugno} \times \text{momentwm fesul ffoton}}{\text{amser a gymerwyd}}$$

Os yw'r ffotonau'n bownsio'n ôl, neu os caiff cymaint eu hailallyrru ag sy'n cael eu hamsugno, bydd dwywaith y newid momentwm – a dwywaith y grym cymedrig.

Enghraifft

Mae arwynebedd o 25 m² gan 'hwyl solar' sy'n adlewyrchu'n berffaith ac sydd ynghlwm wrth long ofod. Cyfrifwch y grym sy'n cael ei roi arno gan olau haul, arddwysedd 1.2 kW m⁻², sy'n ei daro'n normal. Gallwch dybio bod y golau'n ymddwyn fel pe bai'n fonocromatig, tonfedd 550 nm.

Ateb drwy gyfrifiadau rhifyddol cam wrth gam

Mae egni ffoton = $\dfrac{hc}{\lambda} = \dfrac{6.63 \times 10^{-34} \text{ J s} \times 3.00 \times 10^8 \text{ m s}^{-1}}{550 \times 10^{-9} \text{ m}} = 3.62 \times 10^{-19}$ J

Felly, mae nifer y ffotonau bob eiliad = $\dfrac{1200 \text{ W m}^{-2} \times 25 \text{ m}^2}{3.62 \times 10^{-19} \text{ J}} = 8.29 \times 10^{22}$ s⁻¹

Ond mae momentwm ffoton $= \dfrac{h}{\lambda} = \dfrac{6.63 \times 10^{-34} \text{ J s}}{550 \times 10^{-9} \text{ m}} = 1.21 \times 10^{-27} \text{ N s}$

Felly, mae'r grym cymedrig $= 2 \times \dfrac{8.29 \times 10^{22} \text{ s}^{-1} \times 1.21 \times 10^{-27} \text{ J}}{1 \text{ s}} = 0.20 \text{ mN}$

Ateb gan ddefnyddio symbolau hyd at y diwedd

(I = arddwysedd y golau, A = arwynebedd yr arwyneb)

Mae egni ffoton $= \dfrac{hc}{\lambda}$

Felly, mae nifer y ffotonau bob eiliad $= IA \div \dfrac{hc}{\lambda} = \dfrac{IA\lambda}{hc}$

Ond mae momentwm ffoton $= \dfrac{h}{\lambda}$

Felly, mae'r grym cymedrig

$= 2 \times \dfrac{IA\lambda}{hc} \times \dfrac{h}{\lambda} = \dfrac{2IA}{c} = \dfrac{2 \times 1200 \text{ W m}^{-2} \times 25 \text{ m}^2}{3.00 \times 10^8 \text{ m s}^{-1}} = 0.20 \text{ mN}$

Ymhen ychydig flynyddoedd, gallai'r llong ofod gyrraedd buanedd uchel iawn!

A dweud y gwir, mae'n rhaid ystyried grym pelydriad e-m wrth gynllunio teithiau gofod. Mae hefyd yn allwyro cynffonnau comedau yn weladwy. Mewn sêr mawr iawn, poeth, mae grym pelydriad sy'n teithio tuag allan yn atal y seren rhag chwalu o dan rymoedd disgyrchiant.

2.7.10 Mae priodweddau tonnau gan ronynnau sydd â màs

Mae'r syniad o ffotonau yn dyddio o 1905, pan awgrymodd Einstein fod golau'n rhyngweithio â mater ar ffurf pecynnau arwahanol o egni. Weithiau, caiff hyn ei ddisgrifio fel golau'n meddu ar briodweddau gronynnau (yn ogystal â'i briodweddau tonnau). Bron ugain mlynedd yn ddiweddarach, awgrymodd Louis de Broglie fod priodweddau tonnau hefyd gan bethau sydd â màs, a oedd yn cael eu hystyried o'r blaen yn ronynnau (er enghraifft electronau, protonau, atomau, marblis ...). O ran gronyn â momentwm o faint p, dadleuodd y byddai'r donfedd $\lambda = \dfrac{h}{p}$.

Dyma'r union berthynas sy'n gymwys i ffoton, ond, ar gyfer gronyn, mae gennym $p = mv$ yn ogystal (ar yr amod bod buanedd y gronyn, v, dipyn yn llai nag c.)

Enghraifft

Cyfrifwch donfedd electron sydd wedi'i gyflymu o ddisymudedd drwy gp o 2.5 kV.

Ateb

Bydd EC, E_k, o 2.5 keV $= 2500 \times 1.60 \times 10^{-19}$ J gan yr electron.

Ond mae $E_k = \frac{1}{2} m_e v^2$ ac mae $p = m_e v$

Felly, drwy ddiddymu v, mae $E_k = \dfrac{p^2}{2m_e}$ ac felly mae $p = \sqrt{2m_e E_k}$

Felly mae $\lambda = \dfrac{h}{p} = \dfrac{6.63 \times 10^{-34} \text{ J s}}{\sqrt{2 \times 9.11 \times 10^{-31} \text{ kg} \times 2500 \times 1.60 \times 10^{-19} \text{ J}}} = 2.46 \times 10^{-11} \text{ m}$

Mae hyn yn galw am ei brofi drwy arbrawf ...

 Gwella gradd

Yn yr enghraifft, sylwch sut mae gweithio gyda symbolau gymaint ag y gallwch chi yn arbed gwneud cyfrifiadau, ysgrifennu – ac *amser*.

Yn yr achos hwn, rydych hefyd yn dod i ddeall y mater yn well. Mae'n ymddangos bod λ yn ddibwys. Ar gyfer arddwysedd golau penodol, byddai λ mwy yn rhoi ffotonau â llai o fomentwm, ond rhagor ohonynt, i wneud iawn am hyn. Nid oedd rhaid i ni dybio, *hyd yn oed*, bod y golau'n fonocromatig.

cwestiwn cyflym

⑰ Y bwriad yw atal deilen, màs 0.14 g, rhag disgyn drwy dywynnu golau o laser, tonfedd 630 nm, ar ei hwyneb isaf. Cyfrifwch bŵer angenrheidiol paladr y laser, gan dybio bod y ddeilen yn adlewyrchu'n berffaith. Beth, mewn gwirionedd, fyddai'n digwydd i'r ddeilen?

cwestiwn cyflym

⑱ Darganfyddwch fuaned, v, yr electron yn yr enghraifft.

Dylai fod dipyn yn llai nag c, gan gyfiawnhau defnyddio'r fformiwla gyffredin ar gyfer p ac E_k.

» Cofiwch

Ar ôl darganfod priodweddau tonnau gronynnau (yn enwedig electronau), newidiodd ein dealltwriaeth o sut mae atomau a moleciwlau yn gweithio'n llwyr. Roedd hyn yn fewnbwn sylweddol i'r ddamcaniaeth a oedd yn datblygu, sef Mecaneg Cwantwm.

2.7.11 Arddangos diffreithiant electronau gyda grisialau

Byddai tonfeddi o'r drefn maint a gyfrifwyd gynnau yn rhy fach o lawer i gynhyrchu paladrau canfyddadwy o ratin diffreithiant confensiynol, hyd yn oed pe byddai d mor fach ag 1×10^{-7} m. Fodd bynnag, mae'r atomau mewn grisial wedi'u trefnu'n rheolaidd, gyda gwahaniad nodweddiadol o 2×10^{-10} m. Mae hyn yn caniatáu defnyddio grisialau fel gratinau diffreithiant 'naturiol' ar gyfer tonfeddi hyd at $\sim 10^{-12}$ m. [Cawsant eu defnyddio yn y modd hwn am y tro cyntaf yn 1912 gyda phelydrau X.]

Yn Ffig. 2.7.10, caiff nifer o grisialau graffit bach iawn eu defnyddio fel gratinau. Mae'r offer yn symlach nag y mae'n ymddangos. Dechreuwn gyda'r gwn electronau. Mae'r cerrynt drwy'r ffilament twngsten yn ei gwneud mor boeth nes bod electronau'n cael eu taro allan drwy'r amser. Mae'r foltedd uchel rhwng y ffilament a'r anod (gyda'r anod yn bositif) yn cyflymu'r electronau hyn tuag at yr 'anod' (metel). Mae rhai o'r electronau hyn yn saethu drwy'r twll bach yn yr anod, gan ffurfio paladr o electronau cyflym sydd wedi'u cyfeirio at y grisialau graffit.

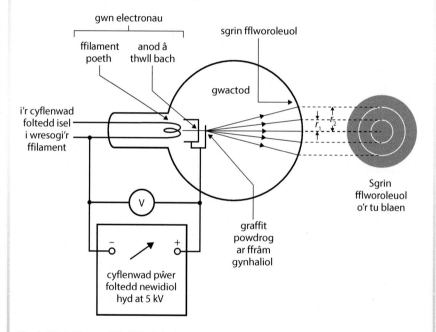

Ffig. 2.7.10 Arddangos diffreithiant electronau

Mae'r sgrin fflworoleuol yn allyrru ffotonau o'r pwyntiau lle mae'r electronau yn ei tharo (gyda digon o EC). Felly, y cylchoedd llachar rydym yn eu gweld ar y sgrin yw'r mannau y mae'r rhan fwyaf o'r electronau yn eu taro. Rhaid, felly, bod paladrau o electronau yn gadael y grisialau ar onglau penodol – fel tonnau o ratinau diffreithiant!

2.7.12 Gwaith ymarferol penodol – defnyddio LEDau i gael gwerth bras ar gyfer cysonyn Planck

Mae'n ymddangos mai'r hafaliad ffotodrydanol yw'r canlyniad profadwy mwyaf syml a chadarn i fodel ffotonau golau. Fodd bynnag, ar gyfer canlyniadau arbrofol sy'n rhoi gwerth dibynadwy i h, rhaid i'r arwyneb sy'n allyrru electronau fod yn hynod bur, felly mae ffotogelloedd gwactod da yn ddrud!

Isod, rydym yn dangos arbrawf cwbl wahanol, sy'n defnyddio deuodau allyrru golau (LEDau). Drwy wneud tybiaeth rydym yn gwybod nad yw'n gwbl gywir, gallwn ddarganfod h yn fras.

(a) Perthynas fras

Pan gaiff gp bach ei weithredu i un cyfeiriad ar yr LED, ceir cerrynt a chaiff golau ei allyrru. Y dybiaeth symlaf y gallwn ei gwneud – sy'n annhebygol o fod yn hollol wir – yw bod y canlynol yn wir wrth allyrru ffoton …

Mae egni ffoton sy'n cael ei allyrru = Yr egni trydanol y mae electron yn ei golli

Felly, mae $\dfrac{hc}{\lambda} = eV_s$

lle V_s yw'r gp lleiaf y mae ei angen ar draws yr LED i gynhyrchu golau, sef y 'foltedd tanio'. Y syniad yw ein bod yn cymryd darlleniadau o V_s a λ ar gyfer deuodau sy'n rhoi golau o liwiau gwahanol.

(b) Yr arbrawf

(a) Cynyddwch foltedd y cyflenwad pŵer o sero hyd nes bod yr LED, o edrych arno i lawr tiwb o bapur du, *ddim ond prin* yn dechrau tywynnu. Darllenwch V_s oddi ar y foltmedr.

Os nad yw'r LED yn tywynnu, gwiriwch ei fod wedi ei gysylltu'r ffordd iawn!

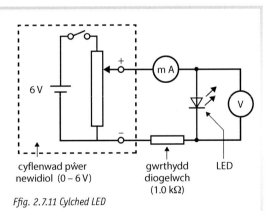

cyflenwad pŵer newidiol (0 – 6 V)

gwrthydd diogelwch (1.0 kΩ)

LED

Ffig. 2.7.11 Cylched LED

Gwnewch hyn eto gydag ychydig o ddeuodau sy'n rhoi lliwiau gwahanol.

(b) Defnyddiwch ratin diffreithiant (Adran 2.5.7) i ddarganfod y donfedd frig, λ, y mae pob LED yn ei hallyrru. Bydd rhaid i chi gynyddu'r cyflenwad pŵer fel bod yr LEDau yn cynhyrchu digon o olau. Peidiwch â gadael i'r cerrynt fynd yn fwy na'r hyn sy'n cael ei ganiatáu. [Fel arall, defnyddiwch Lyfryn Data'r gwneuthurwr i gael tonfedd allyrru gymedrig yr LED.]

(c) Plotiwch V_s yn erbyn $\dfrac{1}{\lambda}$. Tynnwch y llinell syth ffit orau na fydd, o raid, yn mynd drwy'r tarddbwynt. Gweler 'Cwestiwn cyflym 23' a'r 'Cofiwch' olaf.

>> **Cofiwch**

Y tu mewn i gas tryloyw LED, mae darn o led-ddargludydd sydd wedi'i beirianu i gael cyfansoddiad gwahanol y naill ochr a'r llall i 'gyswllt'. Mae'r gwifrau'n cysylltu ar y ddwy ochr. Gall electron sy'n croesi ardal y cyswllt ddisgyn o un lefel egni i un arall, gan allyrru ffoton.

cwestiwn cyflym

㉑ Beth yw enw'r gylched â'r label 'cyflenwad pŵer' yn Ffig. 2.7.11?

>> **Cofiwch**

Mae'n iawn defnyddio cyflenwad pŵer foltedd isel 'oddi ar y silff'. Rhaid iddo roi cerrynt union 'llyfn'.

cwestiwn cyflym

㉒ Defnyddiwch yr hafaliad i roi'r lliwiau LED hyn yn nhrefn y foltedd tanio yr ydych yn ei ragfynegi (yr isaf yn gyntaf): gwyrdd, glas, coch, melyn.

cwestiwn cyflym

㉓ Beth mae graddiant, m, graff V_s yn erbyn $\dfrac{1}{\lambda}$ yn ei gynrychioli? Sut ydych chi'n darganfod gwerth h?

>> **Cofiwch**

'Dylai' pwyntiau'r graff orwedd ar linell syth drwy'r tarddbwynt. Os nad yw'r ffit yn dda, ystyriwch pam, ac a oes unrhyw batrymau amlwg.

Cwestiynau ychwanegol

1. Nodwch pa un o'r tri therm yn hafaliad ffotodrydanol Einstein sy'n dibynnu ar:
   - (a) Yr arwyneb y mae'r golau'n ei daro, ond nid ar y golau ei hun.
   - (b) Y golau (neu'r uwchfioled) sy'n taro'r arwyneb, ond nid ar yr arwyneb ei hun.

2. Mae golau sydd â'r amleddau sy'n cael eu nodi isod yn taro arwyneb cesiwm, ffwythiant gwaith 2.10 eV. Ym mhob achos, cyfrifwch egni cinetig mwyaf yr electronau sy'n cael eu hallyrru. Esboniwch eich ateb. Os na chaiff electron ei allyrru, esboniwch pam yn nhermau *egni*.
   - (a) Golau fioled, amledd 7.0×10^{14} Hz.
   - (b) Golau gwyrdd, amledd 5.7×10^{14} Hz.
   - (c) Cymysgedd o olau fioled, amledd 7.0×10^{14} Hz, a golau gwyrdd, amledd 5.7×10^{14} Hz.
   - (ch) Golau coch, amledd 4.5×10^{14} Hz.

3. Mewn diagram lefelau egni atom hydrogen, mae egnïon o -2.18×10^{-18} J, -0.54×10^{-18} J a -0.24×10^{-18} J gan y tair lefel isaf, wrth bennu egni sero ar gyfer y lefel ïoneiddio.
   - (a) Nodwch egni ïoneiddiad atom hydrogen, mewn eV.
   - (b) Caiff sbectrwm di-dor o belydriad uwchfioled a gweladwy ei dywynnu drwy diwb sy'n cynnwys atomau hydrogen. Gwelir bod nifer o donfeddi coll ('llinellau tywyll') gan y pelydriad sy'n dod allan.
     - (i) Esboniwch sut mae'r llinellau tywyll yn digwydd yn y rhanbarth uwchfioled.
     - (ii) Cyfrifwch donfedd un o'r llinellau tywyll hyn.
     - (iii) Trafodwch a fyddech yn disgwyl gweld llinell dywyll yn croesi'r ardal weladwy ai peidio, o ganlyniad i drosiadau rhwng y cyflwr cynhyrfol cyntaf a'r ail.

4. (a) Darganfyddwch egni a momentwm ffoton o olau, tonfedd 630 nm.
   - (b) Deilliwch hafaliad ar gyfer y grym y mae paladr laser, pŵer P, sydd wedi'i gyfeirio'n normal at arwyneb adlewyrchol, yn ei roi ar yr arwyneb.

5. (a) Cyfrifwch egni cinetig proton, tonfedd 3.96×10^{-14} m, gan roi eich ateb mewn eV.
   - (b) Esboniwch, heb ddefnyddio cyfrifiannell, a fyddai tonfedd electron sydd â'r un egni cinetig yn fwy neu'n llai.

2.8 Laserau

2.8.1 Priodweddau a tharddiad golau laser

Mae **laser** yn cynhyrchu paladr o olau cydlynol: mae'r golau bron iawn yn fonocromatig (amledd sengl), gyda blaendonnau sy'n ymestyn ar draws lled y paladr fel petaent yn dod o ffynhonnell pwynt. Mae hyn yn golygu bod golau laser yn ddefnyddiol wrth fesur yn drachywir ac wrth gludo data sydd wedi'u hamgodio. Mae rhai laserau yn cynhyrchu paladrau cul, dwys, sy'n ddefnyddiol ar gyfer llawfeddygaeth – neu weldio!

Allyriad ysgogol sy'n cynhyrchu golau laser. Mae'r broses hon (sy'n cael ei disgrifio isod) yn digwydd yng **nghyfrwng mwyhau** y laser. Byddwn yn tybio bod y broses yn digwydd yn atomau unigol y cyfrwng.

Termau allweddol

Mae **laser** yn acronym yn y Saesneg ar gyfer *Light Amplification by the Stimulated Emission of Radiation.*

Allyriad ysgogol yw allyriad ffoton o atom cynhyrfol, sy'n cael ei ysgogi gan ffoton sy'n pasio ac sydd â'i egni'n hafal i'r bwlch egni rhwng y cyflwr cynhyrfol a chyflwr o egni is.

Y **cyfrwng mwyhau** yw'r defnydd (tryloyw) lle mae'r allyriad ysgogol yn digwydd.

2.8.2 Allyriad ysgogol pelydriad

Mae Ffig. 2.8.1 yn dangos, gan ddefnyddio symbolau, dair proses sy'n ymwneud â lefelau egni electronau, E_U ac E_L, a ffotonau o egni ($E_U - E_L$). [Efallai mai E_L yw'r cyflwr isaf, ac E_U yw'r cyflwr cynhyrfol cyntaf.]

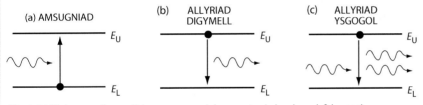

Ffig. 2.8.1 Y tair proses lle mae ffotonau yn cymryd rhan yn y trosiadau rhwng lefelau egni

Trafodwyd y ddwy broses gyntaf yn Adrannau 2.7.7–2.7.8.

Mewn **allyriad ysgogol** mae ffoton o egni ($E_U - E_L$), sy'n pasio'n agos at yr electron ar lefel E_U, yn achosi iddo 'ddisgyn' i E_L. O ganlyniad, mae'n allyrru ffoton, egni ($E_U - E_L$). Bellach, felly, mae gennym *ddau* ffoton o'r un amledd – dyma ddechrau **mwyhad golau**. Mae'r ffoton sy'n cael ei allyrru *yn gydwedd* â'r ffoton ysgogol, mae wedi'i bolareiddio i'r un cyfeiriad ac mae'n teithio i'r un cyfeiriad.

Gwella gradd

Gwiriwch eich bod yn gallu nodi pedwar peth sy'n gyffredin rhwng ffotonau ysgogol a ffotonau sy'n cael eu hallyrru. Mae'r 'llinellau ar ben ei gilydd' yn Ffig. 2.8.1 (c) yn cynrychioli'r pethau hyn; nid ydynt yn *darlunio* ffotonau yn y gofod.

2.8.3 Poblogaethau

Ar gyfer gweithrediad laser ('lasio'), rhaid i'r 'lluosi' hyn ddigwydd dro ar ôl tro, gan greu fflyd o ffotonau. Ond heb fesurau arbennig, bydd y ffotonau hynny sy'n rhyngweithio ag electronau ddim ond yn cael eu hamsugno, yn hytrach nag achosi allyriad ysgogol. Mae hyn yn digwydd oherwydd, ar dymereddau arferol, bydd bron pob electron yn y cyflwr isaf. Dywedwn fod y cyflwr isaf wedi'i *boblogi'n llawn*, a bod y lefelau cynhyrfol yn *wag* – fel sy'n cael ei ddangos yn Ffig. 2.8.2 (a).

Sefyllfa yw **gwrthdroad poblogaeth** lle mae poblogaeth yr electronau mewn cyflwr egni uwch yn fwy na'r boblogaeth mewn cyflwr egni is.

≫ Cofiwch

Sylwch ar y smotiau bach ar y lefelau egni yn Ffigurau 2.8.1 a 2.8.2. Mae smotyn yn cynrychioli electron sydd â'r egni hwnnw.

≫ Cofiwch

Yn Ffig. 2.8.2, mae lefelau egni unfath atomau gwahanol wedi'u 'cysylltu â'i gilydd'.

Ystyr **pwmpio** yw bwydo egni i gyfrwng mwyhau laser i gynnal gwrthdroad poblogaeth.

Cyflwr lle mae electronau'n treulio amser hir, ar gyfartaledd, cyn disgyn yn ddigymell yw **cyflwr metasefydlog**.

≫ Cofiwch

Mae un dull o bwmpio, o'r enw *pwmpio optegol*, yn golygu tywynnu golau llachar iawn, sy'n cynnwys ffotonau o egni ($E_P - E_G$), ar yr atomau.

cwestiwn cyflym

① Yn 1960, adeiladodd Theodore Maiman y laser cyntaf i gynhyrchu golau gweladwy (coch tywyll ar 694 nm). Roedd y laser yn system dair lefel wedi'i phwmpio â golau o 'fflachdiwb' senon.

Cyfrifwch egni'r lefel trosiad lasio uchaf uwchlaw lefel y cyflwr isaf, mewn J ac eV.

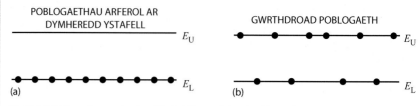

POBLOGAETHAU ARFEROL AR DYMHEREDD YSTAFELL — E_U

GWRTHDROAD POBLOGAETH — E_U

(a) — E_L (b) — E_L

Ffig. 2.8.2 Poblogaethau ar dymheredd ystafell a gwrthdroad poblogaeth

I gael mwy o ddigwyddiadau allyriad ysgogol (lle mae pob un yn *ychwanegu* ffoton) na digwyddiadau amsugno (lle mae pob un yn *tynnu* ffoton i ffwrdd) rhaid creu **gwrthdroad poblogaeth**: mwy o electronau yn y cyflwr cynhyrfol nag yn y cyflwr isaf (Ffig. 2.8.2 (b)).

2.8.4 System laser ddwy lefel?

Sut rydym ni'n achosi'r gwrthdroad poblogaeth angenrheidiol?

Byddai codi tymheredd yr atomau yn cynyddu'r egni cinetig sydd ganddynt wrth iddynt daro yn erbyn ei gilydd ar hap. Byddai hyn hefyd yn codi rhai electronau i gyflyrau cynhyrfol. Fodd bynnag, ni fyddai hyn byth yn digwydd i raddau *gwrthdroad* poblogaeth.

Tybiwch, yn lle hynny, ein bod yn tywynnu golau llachar, egni ffoton ($E_U - E_L$), ar yr atomau. Y gobaith yw codi electronau o'r lefel is (y cyflwr isaf yn yr achos hwn), drwy amsugno ffotonau, i'r lefel sydd yn union uwch ei phen. Os rydym yn llwyddo i godi hanner yr electronau i'r lefel uwch, ni allwn fynd ymhellach. Mae hyn oherwydd wedyn bydd yr un nifer o ffotonau yn achosi allyriad ysgogol ag a fydd yn achosi amsugno.

Rydym yn dod i'r casgliad nad ydym, yn gyffredinol, yn gallu achosi gwrthdroad poblogaeth mewn system ddwy lefel syml. Fodd bynnag, mae'n bosibl gwneud hynny mewn system dair neu bedair lefel.

2.8.5 Systemau laser posibl

(a) System laser 3 lefel

- Rydym yn **pwmpio** egni i'r system i godi electronau o'r cyflwr isaf, G, i lefel 'uchaf', P. Edrychwch ar yr ail 'Cofiwch'. I achosi'r gwrthdroad poblogaeth sy'n ofynnol, rhaid pwmpio'n ddigon cyflym i gadw lefel G yn llai na hanner llawn.

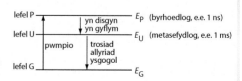

Ffig. 2.8.3 System laser 3 lefel

- Rhaid dewis y system fel bod lefel P yn fyrhoedlog iawn, hynny yw, amser byr iawn yn unig y mae electronau'n ei dreulio yma cyn trosi'n ddigymell i lefel E_U. Mae hyn yn atal P rhag llenwi gormod, gan atal pwmpio pellach.

- Rhaid i lefel U fod yn **fetasefydlog**: hynny yw, ar gyfartaledd mae electronau yn treulio amser hir (milieiliadau hyd yn oed!) yma, cyn disgyn yn ddigymell. Fel hyn, os yw'r gyfradd bwmpio'n ddigon uchel, gall lefel U gynnal poblogaeth uwch na lefel G. Felly, mae allyriad ysgogol yn fwy tebygol nag amsugniad ar gyfer ffotonau egni ($E_U - E_G$).

(b) System laser pedair lefel

Y prif wahaniaeth o gymharu system laser pedair lefel â system tair lefel yw bod lefel isaf, L, trosiad yr allyriad ysgogol yn *uwch* na'r cyflwr isaf. Mae hyn yn sicrhau ei bod yn ei gwacáu ei hun (ar dymereddau cyffredin) drwy gyfrwng trosiadau digymell i'r cyflwr isaf.

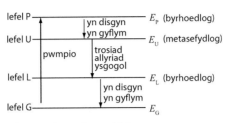

Ffig. 2.8.4 System laser 4 lefel

Y fantais yw nad oes rhaid cael cyfradd pwmpio mor ffyrnig (o G i P) i achosi gwrthdroad poblogaeth rhwng U ac L, gan y dylai L fod bron yn wag drwy'r amser. (Rhaid i L fod yn fyrhoedlog.)

2.8.6 Y laser ei hun

Mae'r cyfrwng mwyhau wedi'i gynnwys o fewn **ceudod y laser** rhwng dau ddrych. Caiff y cyfrwng ei bwmpio i gynnal gwrthdroad poblogaeth. Bydd ffotonau o egni ($E_U - E_L$) yn codi drwy allyriad ysgogol yn y cyfrwng. Gall unrhyw ffoton o'r fath gynhyrchu ffoton arall sydd union yr un fath drwy allyriad ysgogol, felly daw 1 ffoton yn 2, gall 2 ddod yn 4, ac ati. Mae'r cynnydd esbonyddol hwn yn arwyddocaol ar gyfer ffotonau sy'n teithio'n baralel i echelin y laser, oherwydd gallant groesi'r cyfrwng sawl gwaith (drwy adlewyrchiadau niferus), cyn dianc i ffurfio'r paladr.

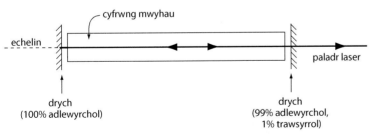

Ffig. 2.8.5 Adeiledd laser

Nid yw'r cynnydd esbonyddol yn nifer y ffotonau'n parhau am byth. Caiff ei gyfyngu wrth i ffotonau ddianc drwy'r drych, nad yw'n adlewyrchu 100%, i ffurfio'r paladr, drwy amsugniad ffotonau ac oherwydd y gyfradd pwmpio feidraidd.

cwestiwn cyflym

② Os yw'r canlynol yn wir mewn system pedair lefel:
$E_P = 2.72 \times 10^{-19}$ J
$E_U = 2.21 \times 10^{-19}$ J
$E_L = 0.30 \times 10^{-19}$ J
$E_G = 0$,
Cyfrifwch:
(a) Tonfedd y golau y mae allyriad ysgogol yn ei allyrru.
(b) Yr egni pwmpio sydd ei angen ar bob electron.
(c) Effeithlonrwydd mwyaf posibl y system.

cwestiwn cyflym

③ Mae golau sy'n croesi ceudod laser i'r ddau gyfeiriad yn arwain at don unfan (Adran 2.5.8). Mae nod ar y drych sy'n adlewyrchu 100% a nod bras ar y drych arall, yn ogystal â nodau rhyngol.

(a) Gan drin y don unfan fel ton ar linyn tyn, dangoswch fod $\lambda = 2L/n$ yn rhoi'r tonfeddi posibl, lle L yw hyd y ceudod, ac mae n yn rhif cyfan.

(b) Drwy hynny, dangoswch fod ton unfan, tonfedd 820.0 nm, yn gallu bodoli mewn ceudod laser, hyd 0.2050 mm, ond fod ton â thonfedd 821.0 nm yn methu.

(c) Darganfyddwch donfedd uchaf y don unfan nesaf uwchlaw 820 nm, sy'n gallu bodoli yn y ceudod.

2.8.7 Laserau deuod lled-ddargludydd

Mae'r laserau 'confensiynol' rydym wedi bod yn eu hystyried yn aneffeithlon iawn: mae llai nag 1% o'r egni pwmpio'n dod allan ar ffurf golau laser. Nid yw llawer o'r egni pwmpio yn gallu codi lefelau electronau ac mae'n diweddu ar ffurf egni thermol hap. Hyd yn oed mewn digwyddiadau pwmpio *llwyddiannus*, mae $(E_P - E_G) > (E_U - E_L)$.

Mae'r rhan fwyaf o laserau lled-ddargludydd yn ddeuodau sydd wedi'u haddasu. Gweler Adran 2.7.12 ('Cofiwch'). Mae pwmpio, drwy ddefnyddio cerrynt trydanol, yn cynhyrchu gwrthdroad poblogaeth yn y cyfrwng mwyhau, sef haen denau o ddefnydd (fel arfer rhwng *dau* gyswllt). Wynebau'r sglodyn ei hun sydd gyferbyn â'i gilydd yw'r drychau. Mae un wedi'i araenu i gynorthwyo'r adlewyrchu, ond gall y llall adael i hyd at 60% o'r golau ddianc i ffurfio'r paladr. Yn gyffredinol, maen nhw'n fwy effeithlon o lawer na laserau confensiynol. Mae laserau lled-ddargludydd hefyd yn llai o lawer ac yn rhatach, er nad ydynt, yn gyffredinol, yn gallu cynhyrchu paladrau pŵer uchel na phaladrau sydd ddim ond yn gwasgaru ychydig iawn.

Rydym yn defnyddio laserau lled-ddargludydd i 'sganio' CDau, DVDau a chodau bar, ac mewn argraffydd laser, i sganio tudalennau o destun neu luniau. Caiff laserau lled-ddargludydd eu defnyddio hefyd i anfon golau, sy'n cludo data wedi'u hamgodi'n ddigidol, i mewn i ffibrau optegol.

Cwestiynau ychwanegol

1. Caiff laser nwy 4 lefel ei adeiladu gyda'r nodweddion canlynol:
   - Mae'r cyflwr wedi'i bwmpio 1.6×10^{-18} J uwchlaw'r cyflwr isaf.
   - Mae'r cyflwr wedi'i bwmpio yn dadfeilio'n gyflym drwy wrthdrawiadau a thrwy golli 4.8 eV.
   - Mae'r laser yn allyrru pelydriad, tonfedd 500 nm.

   Lluniadwch a labelwch ddiagram egni ar gyfer y laser hwn, gan roi egnïon mewn eV ac mewn aJ.

2. Mae'r isod yn rhoi diagram lefelau egni syml ar gyfer cyfrwng mwyhau laser 3 lefel.

   lefel P ————————————

   lefel U ———————————— 2.10×10^{-19} J

   lefel O ———————————— 0
   (y cyflwr isaf)

   (a) Tybiwch fod y laser ar dymheredd ystafell, ac **nad yw'n cael ei bwmpio**.
   - (i) Cymharwch boblogaethau (electronau) y tair lefel.
   - (ii) Mae ffoton, egni 2.10×10^{-19} J, yng ngheudod y laser yn rhyngweithio â'r cyfrwng mwyhau. Enwch y broses hon, ac esboniwch, yn fyr, beth sy'n digwydd.

   (b) Caiff y laser ei bwmpio i greu gwrthdroad poblogaeth rhwng lefelau U ac O.
   - (i) Defnyddiwch y diagram i helpu i esbonio ystyr gwrthdroad poblogaeth a sut caiff ei gyflawni.
   - (ii) Esboniwch sut mae mwyhad golau'n digwydd.
   - (iii) Cyfrifwch donfedd y pelydriad y mae allyriad ysgogol yn ei allyrru.

3 Sgiliau ymarferol a sgiliau trin data

Mae'r cymhwyster UG yn cynnwys asesiad anuniongyrchol o sgiliau ymarferol. Bydd myfyrwyr sy'n dilyn y cwrs Safon Uwch llawn ym mlwyddyn 13 yn cael eu hasesu'n uniongyrchol ar y sgiliau hyn, yn ogystal ag ar dechnegau ymarferol blwyddyn 12. Mae papurau arholiad hefyd yn cynnwys cwestiynau ar waith ymarferol a thrin data. Mae'r bennod hon yn cynnwys adolygiad byr o'r sgiliau dan sylw.

3.1 Gwneud mesuriadau a'u cofnodi

3.1.1 Cydraniad

(a) Offeryn digidol

1 yw hwn yn y ffigur lleiaf ystyrlon yn y dangosydd. Er enghraifft, edrychwch ar ddangosydd amlfesurydd sydd wedi'i osod ar yr amrediad 200 mA:

0.1 mA yw'r **cydraniad**.

Ffig. 3.1 Dangosydd digidol

(b) Offeryn analog

Cymerwch mai'r cydraniad yw'r cyfwng rhwng y graddnodau lleiaf, e.e. 1 mm ar gyfer riwl fetr. Ar raddfa'r foltmedr yn Ffig. 3.2, 0.1 V yw'r cydraniad.

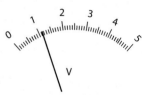

Ffig. 3.2 Dangosydd analog

Cofiwch

Enghreifftiau o gyfeiliornad sero

- Yn aml mae cyfeiliornad sero, a all fod yn bositif neu'n negatif, gan ficromedrau a chaliperau fernier. Er mwyn dod o hyd i'r cyfeiliornad hwn, caewch y genau'n ofalus a nodwch y darlleniad.

- Yn aml, mae pen riwl fetr wedi'i ddifrodi – darllenwch o'r marc 10.0 cm, a thynnwch 10.0 cm o'r darlleniad.

3.1.2 Cyfeiliornad sero

Gwiriwch bob amser fod offeryn mesur yn dangos 0 ar gyfer mesuriad maint sero. Os nad yw'r darlleniad lleiaf yn sero, bydd rhaid i chi ystyried hynny.

Enghraifft

Mae gwrthiant gan lidiau mesurydd gwrthiant (tua 0.4 Ω, fel arfer). Nodwch y darlleniad pan mae'r lidiau'n cyffwrdd â'i gilydd a thynnwch hwn o bob darlleniad dilynol ar yr un amrediad.

3.1.3 Sawl ffigur ystyrlon (ff.y.) y dylwn eu hysgrifennu?

Y rheol gyffredinol yw defnyddio cydraniad yr offeryn i'r eithaf, e.e. wrth ddefnyddio riwl fetr, ysgrifennwch y darlleniad i'r mm agosaf, e.e. 115 mm, 65.0 cm (nid dim ond 65 cm).

Os nad ydych yn cadw at y rheol hon, dylech dynnu sylw at hynny a nodi pam.

cwestiwn cyflym

① Beth yw cydraniad onglydd?

3.2 Arddangos data

3.2.1 Tablau – pwyntiau marcio

Pennawd cyffredinol

Hyd / cm	Amser ar gyfer 20 osgiliad/s				Cyfnod / s
	Darlleniad 1	Darlleniad 2	Darlleniad 3	Cymedr	
20.0	17.85	18.02	17.99	17.95	0.898
30.0	22.11	21.96	21.87	21.98	1.099
40.0					

Penawdau gydag unedau

Dilyniant systematig

Darlleniadau i gydraniad yr offeryn

Dylai'r data wedi'u cyfrifo fod yn gyson

cwestiwn cyflym

② Mae gwrthiant o 0.3 Ω gan lidiau ohmedr. 17.6 Ω yw'r darlleniad gyda darn o wifren. Beth yw gwrthiant y wifren?

3.2.2 Ffigurau ystyrlon

Mae hyn ychydig yn anodd am fod nifer o ffactorau i'w hystyried wrth benderfynu sawl ffigur i'w ddefnyddio wrth ysgrifennu maint. Os oes gennych amcangyfrif o'r ansicrwydd, defnyddiwch hwnnw fel tystiolaeth – gweler Adran 3.5. Os nad yw hwn gennych, defnyddiwch y ffigurau yn y data.

Wrth luosi a rhannu, mynegwch y canlyniadau i'r un nifer o ff.y. ag sydd yn y rhif lleiaf trachywir a ddefnyddir yn y cyfrifiad.

Enghraifft
1.2 mm × 5.65 cm × 2.3 cm yw dimensiynau darn o len alwminiwm. Cyfrifwch y cyfaint.

Ateb
Os ydym yn gweithio mewn cm: mae'r cyfaint = 0.12 × 5.65 × 2.3 = 1.5594 cm³.

Dim ond 2 ff.y. sydd gan ddau ddarn o'r data , felly rydym yn mynegi'r ateb fel 1.6 cm³.

Os ydym yn gweithio mewn mm: mae'r cyfaint = 1.2 × 56.5 × 23 = 1559.4 mm³. Rydym yn mynegi hyn fel 1600 mm³ (2 ff.y.)

Weithiau, ond yn anaml, rhaid i ni adio neu dynnu data. Yn yr achos hwn, rhaid bod yn ofalus o ran nifer y lleoedd degol yn yr ateb.

Enghraifft
Cyfrifwch gyfanswm màs tri o bobl sydd â'r masau unigol canlynol: 67 kg, 58.6 kg a 70 kg.

Ateb
Mae adio'r rhifau yn rhoi 195.6 kg. Os ydym yn tybio bod y ffigur 70 kg wedi'i roi i'r kg agosaf (ac nid i'r 10 kg agosaf), yna dylech roi 196 kg yn ateb ar gyfer cyfanswm y màs.

cwestiwn cyflym

③ Beth dylai'r myfyriwr fod wedi'i ysgrifennu?

(a) 'Mae hyd y papur A4 = 30 cm' (wedi'i fesur â riwl fetr).

(b) 'Mae'r cerrynt = 7.5' (wedi'i fesur ag amedr digidol ar y raddfa mA, cydraniad 0.1 mA).

(c) 'Mae gwerth cymedrig y gwrthiant = 6.425 Ω' (wedi'i gyfrifo o'r gwerthoedd 6.3, 6.5, 6.4 a 6.5 Ω).

3.3 Graffiau

3.3.1 Plotio graffiau

>> **Cofiwch**

Edrychwch ar Adran 3.6 ar gyfer plotio graff gyda barrau cyfeiliornad.

>> **Cofiwch**

Mae croeso i chi droi'r grid ar ei ochr os yw hynny'n golygu defnyddio'r grid cyfan yn well.

Gofalwch eich bod yn ystyried y canlynol wrth gynllunio graffiau mewn gwaith ymarferol ac arholiadau:

1. Echelinau – wedi'u labelu'n glir i ddangos y mesur sy'n cael ei blotio. Gallai hwn fod yn symbol algebraidd, e.e. V, a ddylai gael ei ddiffinio.

2. Graddfeydd – llinol (h.y. mae cyfyngau hafal ar y raddfa yn cynrychioli cynyddiadau hafal yn y mesur). Dylech chi eu dewis fel bod y pwyntiau sydd wedi cael eu plotio yn defnyddio o leiaf hanner y grid i'r cyfeiriadau llorweddol a fertigol. Dylech chi osgoi cyfyngau lletchwith – gyda ffactor o 3 neu 7. Nid oes rhaid cynnwys 0 bob tro.

3. Unedau – gyda labeli'r echelinau, e.e. amser / s; P / mW; cyflymiad / m s^{-2}.

   Mae'r graff canlynol yn dangos y pwyntiau hyn. Faint o gamgymeriadau gallwch chi eu gweld?

   - Nid yw'r echelin fertigol wedi'i labelu'n glir. Hyd yn oed os ydym yn tybio bod 'Tymh' yn cynrychioli tymheredd, nid yw'r uned wedi'i nodi.
   - Nid yw'r echelin lorweddol wedi'i labelu, er bod uned (eiliadau) arni. Mae'n debyg, felly, ei bod yn cynrychioli amser.
   - Nid yw'r raddfa lorweddol yn unffurf. Mae'r bwlch rhwng 0 a 20 yr un peth â'r bwlch rhwng 20 a 30.
   - Mae'r raddfa fertigol yn cynnwys ffactor lletchwith o 3.
   - Mae'r pwyntiau a blotiwyd yn defnyddio llai na hanner y grid yn fertigol. I weld effeithiau'r camgymeriadau hyn, edrychwch ar bwynt A ar y grid. Pa werthoedd mae'n eu cynrychioli?

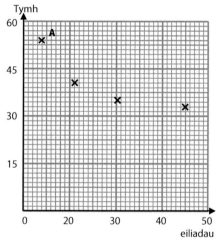

Ffig. 3.3 Graff wedi'i gynllunio'n wael

▲ **Gwella gradd**

Mewn arbrofion amseru, trawsnewidiwch funudau ac eiliadau yn eiliadau (e.e. 2 funud 30 s = 150 s). Mae data mewn eiliadau yn haws eu plotio. Yn ogystal, mae'n bosibl gwneud y camgymeriad o blotio 2 funud 30 s yn 230 s, gan ddifetha'r hyn a fyddai, fel arall, wedi bod yn atebion da!

4. Plotio pwyntiau – plotiwch yn gywir. Y goddefiant mwyaf sy'n cael ei ganiatáu yw ± ½ gradden fach.

5. Lluniadu'r graff – mewn arbrofion ffiseg, y rheol gyffredinol yw bod gan y ddau newidyn berthynas fonotonig syml (h.y. wrth i un newidyn gynyddu, mae'r ail newidyn naill ai'n cynyddu bob amser, neu'n lleihau bob amser) heb unrhyw wyriadau sydyn. Oherwydd hyn, dylech chi dynnu llinell ffit orau. Nodwch nad yw'r 'llinell ffit orau' bob tro yn llinell syth.

Awgrym ar gyfer tynnu llinell ffit orau

Marciwch graidd y pwyntiau data – dyma'r pwynt â'r gwerth x cymedrig, $\bar{x}$, a'r gwerth y cymedrig, $\bar{y}$. Os yw pob pwynt yr un mor ansicr, dylai'r llinell ffit orau basio drwy eu craidd $(\bar{x},\bar{y})$. Dylech gylchdroi'r riwl fetr o amgylch y pwynt hwn fel bod ei ymyl yn pasio mor agos â phosibl at bob pwynt.

3.3.2 Tynnu data o graffiau

(a) Darllen pâr o werthoedd

Mae lluniadu llinell ffit orau yn gywerth â chael cyfartaledd o'r darlleniadau. Os bydd rhaid i chi nodi gwerth y ar gyfer gwerth x penodol, neu *i'r gwrthwyneb*, cymerwch ddarlleniad o'r graff **bob tro**, hyd yn oed os yw'r gwerth a roddir yn un o'r pwyntiau data – efallai na fydd y llinell ffit orau yn pasio drwy'r pwynt data.

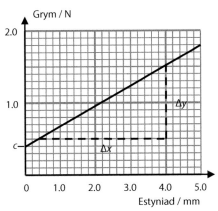

Ffig. 3.4 Graddiant graff llinol

(b) Darganfod y graddiant a'r rhyngdoriad

$$m = \frac{\Delta y}{\Delta x}$$

sy'n diffinio'r graddiant, m.

Ar graff llinol, lluniadwch driongl mawr, fel sydd yn y diagram. Mesurwch Δx a Δy, a chyfrifwch m. Cofiwch feddwl am y raddfa; yma, mae 1 cm ar yr echelin lorweddol yn cynrychioli 1.0 mm.

Y rhyngdoriad yw'r darlleniad ar yr echelin fertigol (y) lle mae'r graff yn croesi'r echelin. Ar y graff, c sy'n cynrychioli hwn.

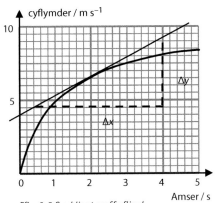

Ffig. 3.5 Graddiant graff aflinol

Os yw'r graff yn gromlin, i fesur y graddiant ar bwynt, lluniadwch dangiad ar y pwynt hwnnw a mesurwch y graddiant, fel gyda graff llinol.

Gwella gradd

Os yw'r graff yn goleddu tuag i lawr, mae gwerth Δy yn negatif, ac felly mae'r graddiant yn negatif.

cwestiwn cyflym

④ Beth yw graddiant a rhyngdoriad y graff llinol?

cwestiwn cyflym

⑤ Beth yw graddiant y graff crwm ar amser o 2.0 eiliad?

3.4 Perthnasoedd rhwng newidynnau

3.4.1 Profi perthnasoedd drwy ddefnyddio data crai

>> *Cofiwch*

Os yw $y \propto x$, yna os ydych yn dyblu x, mae y yn dyblu hefyd. Os ydych yn lluosi x â 3, mae y yn cael ei luosi â 3 hefyd.

 Gwella gradd

Os yw y yn cael ei haneru pan fydd x yn cael ei ddyblu, yna mae $y \propto \dfrac{1}{x}$.

cwestiwn cyflym

⑥ Beth gallwch chi ei ddweud am y berthynas rhwng pob un o'r newidynnau y_1, y_2, y_3 ac y_4 a'r newidyn annibynnol x?

Gallwch chi ddefnyddio data o arbrofion i brofi a yw dau newidyn:

- mewn cyfrannedd (neu 'mewn cyfrannedd union')
- yn perthyn yn llinol
- mewn cyfrannedd gwrthdro.

x ac y isod sy'n cynrychioli'r newidynnau.

(a) Mewn cyfrannedd: mae'r newidyn y mewn cyfrannedd (union) ag x – neu mae x ac y mewn cyfrannedd (union) – os yw $\dfrac{y}{x} = k$, lle mae k yn gysonyn. Gallwn ni ysgrifennu'r berthynas hon fel a ganlyn:

$$y \propto x$$

(b) Perthynas linol: os oes perthynas linol rhwng y ac x, bydd cynnydd cyfartal yn x yn cynhyrchu cynnydd cyfartal yn y.

(c) Mewn cyfrannedd gwrthdro: mae'r newidyn y mewn cyfrannedd gwrthdro ag x os yw $xy = k$, lle mae k yn gysonyn. Gallwn ni ysgrifennu'r berthynas hon fel a ganlyn:

$$y \propto \dfrac{1}{x}$$

(ch) Perthnasoedd gwahanol: gallwn ni ddefnyddio un o'r tri phrawf hyn ar gyfer ffwythiannau eraill tebyg hefyd, e.e. gallwn brofi a yw $y \propto x^2$. Defnyddiwch x^2 yn lle x yn y prawf cyntaf, h.y. edrychwch ar y gymhareb $\dfrac{y}{x^2}$. Os yw'r gymhareb yr un fath bob tro, mae $y \propto x^2$. Yn yr un modd, os yw $x^2 y =$ cysonyn, yna mae $y \propto \dfrac{1}{x^2}$.

Ymarfer: Edrychwch ar y tabl data canlynol – yna atebwch 'Cwestiwn cyflym 6'.

x	Newidynnau dibynnol			
	y_1	y_2	y_3	y_4
2.0	30.0	1.5	0.8	1.0
4.0	15.0	2.5	1.6	4.0
6.0	10.0	3.5	2.4	9.0
8.0	7.5	4.5	3.2	16.0

Y broblem gyda defnyddio data crai i brofi perthnasoedd yw nad yw data arbrofol yn berffaith. Mae hyn yn golygu nad yw lluosi parau o werthoedd y ddau newidyn bob amser yn rhoi'r un ateb yn union, hyd yn oed os yw'r ddau newidyn mewn cyfrannedd gwrthdro.

3.4.2 Profi perthnasoedd drwy ddefnyddio graffiau

Mae hwn yn arf mwy pwerus o lawer na defnyddio data crai.

Mae'r berthynas rhwng dau newidyn yn llinol os yw graff o y yn erbyn x yn llinell syth.

Mae'r newidynnau'n perthyn drwy'r hafaliad:

$$y = mx + c$$

lle c yw'r rhyngdoriad ar yr echelin y, ac m yw'r graddiant. Diffiniad hwn yw:

$$m = \frac{\Delta y}{\Delta x}.$$

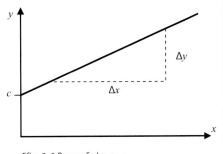

Ffig. 3.6 Darganfod m ac c

Os yw $y \propto x$, mae'r graff hefyd yn llinell syth, ond 0 yw'r rhyngdoriad, c.

Enghraifft

$$V = E - Ir$$

yw'r berthynas rhwng y gp ar draws y terfynellau, V, a'r cerrynt, I, drwy gyflenwad pŵer. E yw'r g.e.m. ac r yw'r gwrthiant mewnol. Os yw E ac r yn gyson, mae'r berthynas rhwng V ac I yn llinol. Gallwn ddefnyddio graff V yn erbyn I i ddarganfod y g.e.m. a'r gwrthiant mewnol.

Drwy ailysgrifennu'r hafaliad ar gyfer y gell, cawn fod:

$$V = (-r) I + (E)$$

Drwy gymharu â'r hafaliad llinol, mae: $y = (m) x + (c)$

Os ydym yn plotio graff o V (ar yr echelin y) yn erbyn I (ar yr echelin x), mae'r saethau dwbl yn dangos y dylai fod yn llinell syth, gyda rhyngdoriad E ar yr echelin V a graddiant $-r$.

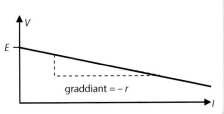

graddiant $= -r$

Cofiwch

Ar gyfer cyflymiad cyson, mae $v = u + at$. Ar graff o v yn erbyn t, u yw'r rhyngdoriad ac a yw'r graddiant.

cwestiwn cyflym

⑦ Gallwn ysgrifennu hafaliad y gratin diffreithiant ar y ffurf $d \sin\theta = n\lambda$. Os ydym yn plotio $\sin\theta$ yn erbyn n, beth yw'r graddiant a'r rhyngdoriad? Sut gallwn ni ddarganfod λ?

3.4.3 Os nad yw'r berthynas rhwng y newidynnau'n llinol

Ystyriwch yr hafaliad ar gyfer cyflymiad cyson, $v^2 = u^2 + 2ax$, gyda v ac x yn newidynnau. Nid yw hwn yn hafaliad llinol, am fod v wedi'i sgwario, felly ni fyddai plotio v yn erbyn x yn llinell syth. Os ydym yn plotio v^2 yn erbyn x, dyma beth sy'n digwydd:

Drwy ad-drefnu'r hafaliad, cawn fod:

$$v^2 = (2a) x + (u^2)$$

Drwy gymharu â'r hafaliad llinol, mae: $y = (m) x + (c)$

cwestiwn cyflym

⑧ (a) Beth yw graddiant graff T^2 yn erbyn m? Gweler yr hafaliad ar dudalen 148.

(b) Pa graff arall a fyddai'n llinell syth, a sut byddech chi'n darganfod k ohono?

cwestiwn cyflym

⑨ Gallwn ni ysgrifennu'r berthynas rhwng y gp, V, ar draws cyflenwad pŵer, a'r gwrthiant allanol, R, fel hyn:

$$\frac{1}{V} = \frac{r}{ER} + \frac{1}{R} \cdot$$

(a) Pa graff, gyda V ac R yn newidynnau, a fyddai'n llinell syth?

(b) Sut byddech chi'n ei ddefnyddio i ddarganfod E ac r?

» Cofiwch

Gallwn ni fynegi'r ansicrwydd i 2 ff.y. os mai 1 yw'r ffigur ystyrlon cyntaf – e.e. mae'n dderbyniol mynegi gwrthiant fel $5.25 \pm 0.13\ \Omega$.

Gwella gradd

Yr ansicrwydd canrannol yn $\sqrt{x}$ yw ½ × yr ansicrwydd canrannol yn x. Yn yr un modd,

mae $p(\sqrt[3]{x}) = \frac{1}{3}p(x)$

Gwella gradd

Yn fformiwla'r sffêr,

$V = \frac{4}{3}\pi r^3$, mae gwerthoedd $\frac{4}{3}$ a π yn union gywir, h.y. sero yw eu hansicrwydd. Felly, mae'r ansicrwydd canrannol yn $V = 3 \times$ yr ansicrwydd canrannol yn r.

cwestiwn cyflym

⑩ Sut dylech chi fynegi gwasgedd teiar car o'r mesuriadau canlynol: 225 kPa, 229 kPa, 219 kPa a 213 kPa?

Dylai'r graff fod yn llinell syth gyda graddiant $2a$ a rhyngdoriad u^2 ar yr echelin v^2 – felly gallwn ni ddarganfod a ac u yn rhwydd o'r graff.

Dyma enghraifft arall (byddwch yn dod ar draws hon yn y cwrs Safon Uwch). Mae'r hafaliad canlynol yn rhoi cyfnod osgiliadu, T, màs, m, ar sbring:

$$T = 2\pi\sqrt{\frac{m}{k}},\ \text{lle } k \text{ yw cysonyn y sbring.}$$

Edrychwch nawr ar 'Cwestiwn cyflym 8'.

3.5 Ansicrwydd

Nid oes yr un mesuriad, heblaw am rifau cyfan gwarantedig (e.e. nifer y myfyrwyr mewn labordy), yn 100% gywir. Dylech chi fod yn ymwybodol o'r ansicrwydd ym mhob mesuriad a gewch drwy arbrawf, a'i amcangyfrif, os yw hynny'n bosibl. Rhaid defnyddio tebygolrwydd i amcangyfrif ansicrwydd yn wyddonol, ond mae'r dull yn symlach yng nghwrs Safon Uwch CBAC:

Fel hyn rydym yn mynegi canlyniad, e.e. mesuriad o ddwysedd, gyda'i ansicrwydd:

Mae dwysedd, $\rho = 2300 \pm 100$ kg m^{-3}. Y 100 kg m^{-3} yw'r ansicrwydd – a bod yn fanwl gywir, yr 'ansicrwydd absoliwt' (gweler isod). Mae hyn yn golygu mai'r amcangyfrif gorau ar gyfer y dwysedd yw 2300 kg m^{-3}, ond gallai ei werth fod rhwng 2200 a 2400 kg m^{-3}.

3.5.1. Amcangyfrif yr ansicrwydd absoliwt mewn mesuriad

(a) Gyda dim ond un mesuriad

Dylech chi ddefnyddio cydraniad yr offeryn fel yr ansicrwydd yn y mesuriad, e.e. wrth fesur hydoedd gyda riwl fetr, dylech chi roi'r ansicrwydd fel 0.001 m.

(b) Gyda sawl mesuriad, h.y. mesur ailadrodd

Tybiwch ein bod yn mesur uchder bownsio pêl sy'n cael ei gollwng o 1.000 m nifer o weithiau. Y darlleniadau yw: 0.785 m, 0.780 m, 0.784 m, 0.787 m, 0.783 m. Pa uchder bownsio rydym ni'n ei gofnodi?

Mae'r uchder bownsio = gwerth cymedrig $\pm \dfrac{(\text{gwerth mwyaf}-\text{gwerth lleiaf})}{2}$

(h.y. y cymedr $\pm$ ½ y gwasgariad)

$$= 0.7838 \pm \frac{0.787 - 0.780}{2}\ \text{m}$$

$$= 0.7838 \pm 0.0035\ \text{m}$$

Rheol 1: rhowch amcangyfrif o'r ansicrwydd i 1 ffigur ystyrlon, h.y. 0.004 m yn yr achos hwn.

Rheol 2: rhowch yr amcangyfrif gorau i'r un nifer o leoedd degol ag amcangyfrif o'r ansicrwydd absoliwt.

Felly, drwy gymhwyso'r ddwy reol hyn, mae'r uchder bownsio = 0.734 ± 0.004 m. Ystyr hyn yw 'yr amcangyfrif gorau ar gyfer yr uchder bownsio yw 0.734 m, ond gallai fod yn unrhyw le o fewn yr amrediad o 0.004 m bob ochr i'r ffigur hwn'.

3.5.2 Ansicrwydd ffracsiynol/canrannol

Wrth gyfuno mesurau drwy luosi a rhannu, rhaid ystyried yr ansicrwydd ffracsiynol, neu'r manwl gywirdeb, p. Dyma'i ddiffiniad – mae:

$$p = \frac{\text{ansicrwydd absoliwt}}{\text{amcangyfrif gorau}}$$

Yn aml caiff hyn ei fynegi ar ffurf canran (dyweder, 4% yn hytrach na 0.04).

Enghraifft

1.57 ± 0.04 V yw g.e.m. cell. Beth yw'r ansicrwydd ffracsiynol?

Ateb

Mae $p = \dfrac{0.04}{1.57} = 0.0255 = 2.55\%$

Eto, fel arfer caiff hyn ei fynegi i 1 ff.y. fel 0.03 neu 3%, ond dylech chi gadw mwy o ffigurau ystyrlon yng nghanol cyfrifiadau.

3.5.3 Ansicrwydd mewn mesurau wedi'u deillio

Mae'r rhan fwyaf o hafaliadau ffiseg yn gofyn am luosi mesurau â'i gilydd, neu rannu un mesur ag un arall.

Enghreifftiau: $R = \dfrac{V}{I}$; $E_p = mgh$.

Wrth gyfuno mesurau fel hyn, y manwl gywirdeb yn y canlyniad yw swm y manwl gywirdebau yn y mesurau, e.e. drwy ddefnyddio'r enghraifft gyntaf uchod, mae $p_R = p_V + p_I$ (Nodwch: yma, ystyr p_R yw'r manwl gywirdeb yn R, ac ati.)

Enghraifft

2% yw'r ansicrwydd canrannol yn V a 3% yn I. Gwerth y gwrthiant a gyfrifwyd yw 539.2 Ω. Sut dylech chi fynegi hyn?

Ateb

Drwy adio'r gwerthoedd p, cawn fod: $p_R = 2\% + 3\% = 5\%$.

Yr ansicrwydd absoliwt yn R yw 5% × 539.2 Ω = 30 Ω (i 1 ff.y.), felly dylech fynegi'r gwrthiant fel 540 ± 30 Ω.

Weithiau, mae'n rhaid codi mesur i bŵer, e.e. mae cyfaint = $\frac{4}{3}\pi r^3$.

Ystyr r^3 yw $r \times r \times r$, felly, drwy ddefnyddio'r rheol uchod, yr ansicrwydd canrannol yn r^3, $p(r^3)$ yw 3 × yr ansicrwydd canrannol yn r. Y rheol gyffredinol yw bod $p(x^n) = n \times p_x$.

Gwella gradd

Os caiff diamedr, d, ei fesur, a'i ddefnyddio i gyfrifo'r radiws, r, yna mae $p_r = p_d$.

cwestiwn cyflym

⑪ 35.2 ± 0.5 km s⁻¹ yw buanedd asteroid. Beth yw'r ansicrwydd canrannol?

cwestiwn cyflym

⑫ Mae $V = \pi r^2 l$ yn rhoi cyfaint silindr.

(a) Os yw $p_r = 0.5\%$ a $p_l = 0.8\%$, beth yw p_V?

(b) Os mai 15.34 cm³ yw gwerth V, sut dylech chi fynegi'r cyfaint?

cwestiwn cyflym

⑬ 1.00 ± 0.01 cm yw diamedr pelferyn. Faint yw ei gyfaint?

3.6 Ansicrwydd a graffiau

Gallwch chi ddarganfod ansicrwydd graddiant a rhyngdoriad graff llinol drwy blotio barrau cyfeiliornad yn hytrach na gwerthoedd cymedrig y data.

3.6.1 Ansicrwydd mewn un newidyn yn unig

Ystyriwch y pwynt arbrofol canlynol: (2.50 s, 35 ± 2 m s⁻¹). Mae'r data'n dweud mai rhwng 33 a 37 m s⁻¹ yw'r buanedd ar amser 2.50 s. Caiff hyn ei blotio ar y grid: yr enw ar y siâp hwn yw *bar cyfeiliornad*. Unig ddiben y croesfarrau ar bob pen yw dangos y bar cyfeiliornad yn glir.

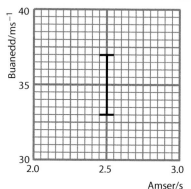

Ffig. 3.7. Barrau cyfeiliornad

Dyma rai pwyntiau ychwanegol:

(i) Weithiau, mae'r arholwr yn rhoi'r ansicrwydd *canrannol* yn hytrach na'r ansicrwydd absoliwt, fel yn y tabl.

Mae'n rhaid i chi gyfrifo'r ansicrwydd absoliwt: yn yr achos hwn, 3 m s⁻¹ (1 ff.y.) yw 8% o 35, felly byddai'r bar cyfeiliornad o 32 hyd at 38 m s⁻¹.

Amser/s	Buanedd/m s⁻¹ (Ansicrwydd 8%)
2.50	35 ± ....

(ii) Weithiau, bydd yr arholwr yn rhoi data y mae angen eu trin, e.e. darganfod sgwâr, ail isradd neu 'cilydd' (*reciprocal*).

Yn yr achos hwn, mae

x/m (Ansicrwydd 5%)	$\left(\dfrac{1}{x\text{/m}}\right)^2$
0.250	.... ± ....

$\left(\dfrac{1}{0.250}\right)^2 = 16.0$ gydag ansicrwydd o 10%, h.y. $16 ± 2$ m⁻² neu $16.0 ± 1.6$ m⁻².

Weithiau, gall y data fod yn fwy cymhleth, e.e. y graff o yT^2 yn erbyn y^2 ar gyfer y pendil cyfansawdd. Yn yr achos hwn, mae'r rheolau ar gyfer cyfuno'r ansicrwydd, o Adran 3.5.3, yn berthnasol.

Nodyn

Weithiau, bydd yr ansicrwydd yn y newidyn x, ac felly bydd y bar cyfeiliornad yn llorweddol.

> **Cofiwch**
>
> Cofiwch briodweddau canlynol ansicrwydd:
> - $p(xy) = p(x) + p(y)$
> - $p(x^n) = n.p(x)$
> - $p\left(\dfrac{x}{y}\right) = p(x) + p(y).$

cwestiwn cyflym

⑭ Os yw $y = 0.50 ± 0.01$ m a $T = 1.88 ± 0.05$ s, rhwng pa werthoedd bydd y bar cyfeiliornad ar gyfer yT^2?

3.6.2 Ansicrwydd yn y ddau newidyn

Yn aml, mae ansicrwydd sylweddol yn y ddau newidyn, e.e. $(2.0 \pm 0.2 \, s, 86 \pm 3 \, cm)$. Yn yr achos hwn, caiff dau far cyfeiliornad eu plotio ar onglau sgwâr, fel yn y diagram.

Fel *dewis arall*, mae'n well gan rai pobl blotio petryal, neu blotio 'blwch cyfeiliornad'. Mae hyn yn berffaith dderbyniol; mewn gwirionedd, gall fod yn ddefnyddiol iawn wrth dynnu llinellau ffit orau.

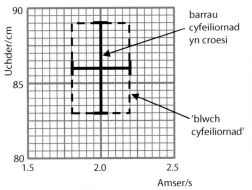

Ffig. 3.8 Barrau cyfeiliornad yn x ac y

Gwella gradd

Cyn lluniadu'r bar/barrau cyfeiliornad, plotiwch y pwynt gan ddefnyddio un o'r canlynol:

.

×

+

Bydd hyn yn helpu i sicrhau bod y barrau cyfeiliornad wedi'u lleoli'n gywir.

≫ Cofiwch

Wrth ddefnyddio barrau cyfeiliornad, yn aml graffiau mwyaf/lleiaf yw'r enw ar y llinellau mwyaf serth a lleiaf serth.

Gwella gradd

Byddwch yn ofalus gyda'r graddfeydd wrth luniadu'r barrau cyfeiliornad, yn enwedig pan mae'r graddfeydd llorweddol a fertigol yn wahanol.

3.6.3. Lluniadu graffiau gan ddefnyddio barrau cyfeiliornad

Ar ôl i chi blotio'r barrau cyfeiliornad, yn hytrach na thynnu llinell ffit orau, dylech chi dynnu'r llinellau mwyaf serth a lleiaf serth, yn gyson â'r data. Wedyn, byddwch chi'n gallu darganfod y graddiant (ynghyd â'i ansicrwydd) a'r rhyngdoriad (ynghyd â'i ansicrwydd).

I weld sut mae gwneud hyn, byddai'n well defnyddio enghraifft. Sylwch: yn yr enghraifft hon, ac yn y diagramau dilynol, mae pob bar cyfeiliornad wedi'u dangos ar y newidyn y, h.y. mae'r holl farrau cyfeiliornad yn fertigol. Yr un yw'r egwyddor yn union ar gyfer barrau cyfeiliornad llorweddol.

Mae'r graff canlynol yn perthyn i'r hafaliad: $x = ut + \frac{1}{2}at^2$

Os ydym yn rhannu â t, cawn fod $\frac{x}{t} = u + \frac{1}{2}at$, felly dylai graff o $\frac{x}{t}$ yn erbyn t fod yn llinell syth. $\frac{1}{2}a$ yw ei raddiant ac u yw'r rhyngdoriad ar yr echelin fertigol.

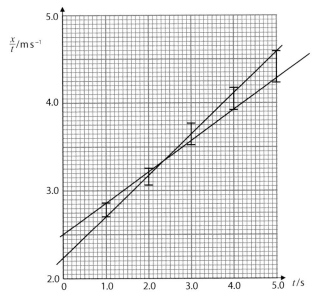

Ffig. 3.9 Graffiau mwyaf/lleiaf

cwestiwn cyflym

⑮ Mae graddiant o 3.20 ± 0.10 a rhyngdoriad o 6.25 ± 0.15 gan graff v^2 yn erbyn x, o'r berthynas $v^2 = u^2 + 2ax$. Defnyddir yr unedau m ac s.

Rhowch werthoedd u ac a â'u hansicrwydd.

Gwella gradd

Wrth ddarganfod graddiant y llinellau mwyaf serth a lleiaf serth:

1. Defnyddiwch bwyntiau ar y llinell sydd mor bell â phosibl oddi wrth ei gilydd.
2. Dangoswch yn glir pa bwyntiau rydych chi'n eu defnyddio, e.e. drwy luniadu triongl graddiant, neu drwy eu labelu ar y graff.
3. Gofalwch eich bod yn darllen y graddfeydd yn gywir wrth ddarllen gwahaniad llorweddol a fertigol y pwyntiau.

» Cofiwch

Os yw'r rhyngdoriad ar yr echelin *y* oddi ar y raddfa ar waelod neu ar frig y grid, peidiwch â phoeni! Gallwch chi gyfrifo'r rhyngdoriad drwy ddefnyddio eich gwerth ar gyfer y graddiant, ynghyd ag unrhyw ddau werth (*x*, *y*) o'r llinell, gan ddefnyddio'r hafaliad $y = mx + c$.

Enghraifft

Os oes graddiant o 3.0 gan linell ac mae'n pasio drwy'r pwynt (50, 80), mae rhoi'r gwerthoedd hyn i mewn i $y = mx + c$ yn rhoi
$80 = 3.0 \times 50 + c$,
sy'n arwain at $c = -70$.

Dyma'r drefn:

1. Gweithiwch allan y graddfeydd, lluniadwch a labelwch yr echelinau.
2. Plotiwch y pwyntiau gyda barrau cyfeiliornad.
3. Tynnwch y llinell syth *fwyaf serth posibl* sy'n pasio drwy'r barrau cyfeiliornad. (Sylwch: nid y llinell syth drwy frig y barrau cyfeiliornad!)
4. Tynnwch y llinell leiaf serth drwy'r barrau cyfeiliornad.

Y ddau nod yw *cadarnhau'r berthynas* a *darganfod u ac a.*

Mae'n bosibl tynnu llinell syth drwy'r barrau cyfeiliornad, fel bod y data'n gyson â pherthynas linol rhwng $\frac{x}{t}$ a *t.*

Ydych chi wedi cadarnhau'r berthynas? Byddai'r rhan fwyaf o wyddonwyr yn dweud nad yw'n bosibl dangos bod deddf neu berthynas yn wir – ond gallwn geisio ei anwirio. Yn yr achos hwn, gallwn ddweud bod y canlyniadau'n *gyson* â'r berthynas sy'n cael ei hawgrymu, gan ei bod yn bosibl tynnu llinell syth sy'n pasio drwy'r holl farrau cyfeiliornad.

Darganfod *u ac a*: o dybio'r berthynas, sylwn fod y llinell fwyaf serth yn pasio drwy (0.00, 2.23) a (5.00, 4.59), a bod y llinell leiaf serth yn pasio drwy (0.00, 2.50) a (5.00, 4.28). Gan ddefnyddio'r pwyntiau hyn, mae'r graddiannau mwyaf a lleiaf fel a ganlyn:

mae $m_{\text{mwyaf}} = \dfrac{4.59 - 2.23}{5.00} = 0.472$ m s^{-2} ac mae $m_{\text{lleiaf}} = \dfrac{4.28 - 2.50}{5.00} = 0.350$ m s^{-2}

Felly mae $m = \dfrac{0.472 + 0.350}{2} \pm \dfrac{0.472 - 0.350}{2}$ m s$^{-2} = 0.41 \pm 0.06$ m s^{-2}

Ac mae'r rhyngdoriad, $c = \dfrac{2.50 + 2.23}{2} \pm \dfrac{2.50 - 2.23}{2}$ m s$^{-1} = 2.37 \pm 0.14$ m s^{-1}

Mae *u* = y rhyngdoriad. Felly, mae $u = 2.37 \pm 0.14$ m s^{-1} neu 2.4 ± 0.1 m s^{-1}

Ac mae $a = 2 \times$ y graddiant = 0.82 ± 0.12 m s^{-2} neu 0.8 ± 0.1 m s^{-2}.

Gyda barrau cyfeiliornad i ddau gyfeiriad

Rydym yn trin y rhain yn union yr un ffordd â'r rheini i un cyfeiriad. Nid oes ond rhaid i chi gofio y gallai safle 'gwirioneddol' y pwynt fod unrhyw le yn y petryal y mae'r barrau cyfeiliornad yn ei ddiffinio, h.y. y rhan sydd wedi'i thywyllu yn y diagram ar y dde. Dyma pam mae rhai pobl yn defnyddio dull y 'blwch cyfeiliornad' i luniadu'r barrau cyfeiliornad – mae'r blwch cyfeiliornad yr un peth â'r rhan dywyll. Dyma enghraifft o graff gyda barrau cyfeiliornad *x* ac *y*.

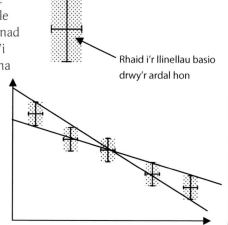

Rhaid i'r llinellau basio drwy'r ardal hon

Ffig. 3.10 Blychau cyfeiliornad

Tri chamgymeriad cyffredin gyda llinellau

1. Gorfodi'r llinellau i fynd drwy'r tarddbwynt – (0, 0).

   Mae myfyrwyr yn aml yn gwneud hyn pan fyddant yn disgwyl i graff basio drwy (0, 0). Y dull cywir yw naill ai anwybyddu sero wrth dynnu'r llinellau mwyaf a lleiaf serth, neu drin sero fel pe bai ganddo ei farrau cyfeiliornad ei hun.

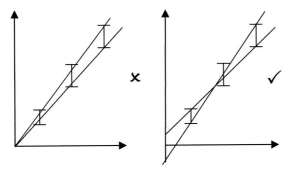

Ffig. 3.11 Camgymeriad y tarddbwynt

   Gyda'r barrau cyfeiliornad hyn, bydden ni'n dweud bod y data'n gyson â pherthynas gyfrannol – mae'n bosibl tynnu llinell syth drwy'r tarddbwynt a'r holl farrau cyfeiliornad.

2. Mynd â'r llinellau drwy'r croesfarrau.

   Cofiwch nad oes gan y croesfarrau hyn unrhyw statws – eu hunig ddiben yw amlygu pob pen y bar cyfeiliornad.

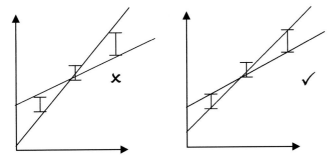

Ffig. 3.12 Camgymeriad y croesfarrau

   D.S. – gall llinellau mwyaf serth a lleiaf serth fynd i lawr yn ogystal ag i fyny.

3. Tynnu 'tramleiniau'.

   Mae hyn yn anghywir – peidiwch â gwneud hyn!

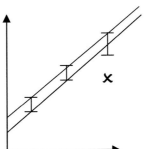

Ffig. 3.13 Camgymeriad y tramleiniau

>> **Cofiwch**

Weithiau, bydd arholwyr yn cynhyrchu data sydd â rhan yn llinell syth a rhan yn llinell grom, neu ddwy ran yn llinellau syth. Fel arfer, byddant yn eich rhybuddio am hyn:

e.e. sut byddech chi'n tynnu'r llinellau gyda'r barrau cyfeiliornad hyn?

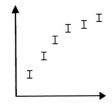

» Cofiwch

Arwynebeddau arwyddocaol o dan graffiau:

- Graff v–t: dadleoliad
- Graff a–t: newid cyflymder
- Graff F–x: gwaith sy'n cael ei wneud/egni sy'n cael ei drosglwyddo
- Graff I–t: gwefr sy'n cael ei throsglwyddo
- Graff P–t: egni sy'n cael ei drosglwyddo

3.7 Darganfod yr 'arwynebedd o dan graff'

Mewn nifer o graffiau ffiseg, mae arwyddocâd ffisegol i'r 'arwynebedd' rhwng y graff a'r echelin x. Mae rhai enghreifftiau i'w gweld yn 'Cofiwch'. Rydym wedi rhoi 'arwynebedd' mewn dyfynodau, oherwydd nid yw'n arwynebedd mewn gwirionedd; e.e. mae lluosi'r cyflymder â'r amser yn rhoi dadleoliad, nid arwynebedd, ond mae'n edrych fel arwynebedd ar ddiagram, ac rydym am hepgor y dyfynodau!

3.7.1 Graffiau llinol

Mae nifer o graffiau ar bapurau arholiad yn llinellau syth – yn aml yn gyfres o linellau syth. Mae'r graff v–t yn Ffig. 3.14 yn enghraifft nodweddiadol. Mae dau brif ddull:

(a) Rhannu'r arwynebedd yn drionglau a phetryalau

Mae dau driongl amlwg ac un petryal yn Ffig. 3.14. Drwy ddefnyddio'r fformiwlâu:

arwynebedd triongl = $\frac{1}{2} bh$ ac arwynebedd petryal = bh

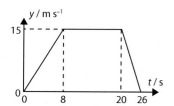

Ffig. 3.14 Arwynebedd o dan graff

mae'r arwynebedd o dan y graff = $(\frac{1}{2} \times 8 \times 15) + (12 \times 15) + (\frac{1}{2} \times 6 \times 15)$
= 285 m

(b) Defnyddio arwynebedd trapesiwm

Pedrochr sydd â phâr o ochrau paralel yw trapesiwm. Ei arwynebedd yw hyd cymedrig yr ochrau paralel wedi'i luosi â'u gwahaniad.

Drwy gymhwyso hyn i Ffig. 3.15, cawn fod a = 12 s, b = 26 s ac h = 15 m s⁻¹.

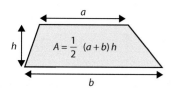

Ffig. 3.15 Arwynebedd trapesiwm (1)

∴ Mae'r arwynebedd o dan y graff

= $\frac{1}{2} (12 + 26) \times 15 = \frac{1}{2} \times 38 \times 15 = 19 \times 15 = 285$ m

Sylwch nad oes rhaid i ochrau paralel trapesiwm fod yn llorweddol. Byddwn ni'n defnyddio trapesiymau ag ochrau fertigol yn Adran 3.7.2(c). Dylai hyn eich atgoffa o ddeilliad $x = \frac{1}{2} (u + v)t$, a hynny am reswm da iawn!

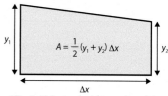

Ffig. 3.16 Arwynebedd trapesiwm (2)

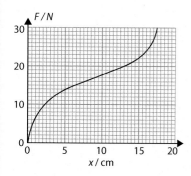

Ffig. 3.17 Graff aflinol

3.7.2 Graffiau aflinol

Mae'r gromlin yn Ffig. 3.17 yn graff aflinol nodweddiadol. Dyma'r math o graff y byddech chi'n ei ddisgwyl wrth blotio cromlin llwyth–estyniad ar gyfer band rwber. Mae'r arwynebedd o dan y graff yn cynrychioli'r gwaith sy'n cael ei wneud wrth estyn y band rwber. Mae sawl ffordd o amcangyfrif yr arwynebedd hwn.

(a) Tynnu llinell syth amcangyfrifol

Ymgais gan yr awdur i gynhyrchu dau arwynebedd hafal, wedi'u nodi â *, yw'r llinell doredig yn Ffig. 3.18. Mae'r naill o dan y gromlin, ac mae'r llall uwch ei phen. Felly, dylai'r arwynebedd o dan y llinell doredig fod yr un peth â'r arwynebedd o dan y gromlin.

Yn yr achos hwn, $A = \frac{1}{2}bh = \frac{1}{2} \times 0.16$ m $\times 30$ N = 2.4 J sy'n rhoi'r arwynebedd, A, o dan y llinell doredig.

Nid yw dyfaliad yr awdur yn gywir iawn yn y diwedd (edrychwch isod). Efallai y gallech chi wneud yn well.

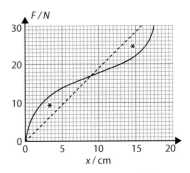

Ffig. 3.18 Llinell syth amcangyfrifol

(b) Cyfrif sgwariau

Mae hwn yn ddull eithaf cyflym. Mae seiliau o 0.025 m ac uchderau o 5.0 N gan y sgwariau yn Ffig 3.19, felly arwynebedd pob un yw:

$$0.025 \text{ m} \times 5.0 \text{ N} = 0.125 \text{ J}.$$

Rydym yn cyfrif y sgwariau o dan y llinell. Ond beth am y sgwariau rhannol? Rydym yn cyfrif dros hanner sgwâr yn un cyfan; ac yn cyfrif llai na hanner sgwâr yn 0. Unwaith eto, mae hyn yn gofyn am rywfaint o farn.

Ym marn yr awdur, mae 22 sgwâr o'r fath.

∴ Mae amcangyfrif o'r arwynebedd = 22 × 0.125 J = 2.75 J

Gallwn ni wneud hyn yn fwy cywir drwy ddewis y sgwariau llai (0.005 m wrth 1.0 N) – neu gyfuniad o'r ddau.

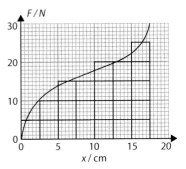

Ffig. 3.19 Cyfrif sgwariau

(c) Rhannu'n drapesiymau – y rheol trapesoid

Gall y dull hwn fod yn eithaf cywir ond mae'n cymryd ychydig mwy o amser na'r ddau ddull arall. Gallwn ni frasamcanu'r graff gyda chyfres o linellau syth – yn hytrach na dim ond un, fel yn null (a). Byddwn ni'n cyfrifo arwynebedd pob rhan gan ddefnyddio'r fformiwla ar gyfer arwynebedd trapesiwm (yn yr achos hwn, cymedr y ddau uchder wedi'i luosi â'r sail), ac adio'r arwynebeddau gyda'i gilydd.

Mae Ffig. 3.20 yn dangos hyn yn cael ei wneud drwy rannu'r graff yn gyfyngau cyfartal, Δx.

Os ydym ni'n gwneud hyn, ac yn galw'r gwerthoedd y yn $y_1, y_2.......y_N$,

$A = \frac{1}{2}(y_0 + 2y_1 + 2y_2 + ... + 2y_{N-1} + y_N)\,\Delta x$ sy'n rhoi cyfanswm yr arwynebedd, A.

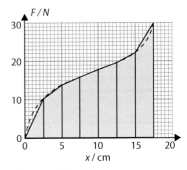

Ffig. 3.20 Defnyddio trapesiymau

Enghraifft

Defnyddiwch y rheol trapesoid i amcangyfrif y gwaith sy'n cael ei wneud yn Ffig. 3.17 wrth estyn y band rwber 17.5 cm.

Ateb

Gan ddefnyddio'r trapesiymau yn Ffig. 3.20, mae:

Gwaith sy'n cael ei wneud

$$= \frac{1}{2}(0 + 2\,(10.5 + 13.5 + 16 + 17.5 + 20 + 22) + 30)\,0.025$$

$$= 2.86 \text{ J}$$

Arfer a thechneg arholiad

Ateb cwestiynau arholiad

I rai myfyrwyr, mae cwestiwn yn gwestiwn[1] yn gwestiwn. Mae'r cwestiwn yno i'w ateb, ac nid yw'r myfyrwyr yn poeni am sut mae'r cwestiwn wedi ei osod, nac am ba sgiliau mae'n rhaid eu dangos wrth ateb. Fodd bynnag, byddwch chi'n ennill rhagor o farciau os ydych chi'n gallu darllen cwestiwn a deall y math o ateb y mae'r arholwr yn ei ddisgwyl (neu, o leiaf, yn gobeithio ei gael).

Wrth osod cwestiynau, mae arholwyr yn cadw at reolau penodol, fel bod papur arholiad un flwyddyn yn profi'r un math o alluoedd â phapurau blynyddoedd eraill – heb ddefnyddio'r un cwestiynau! Y prif gyfyngiad ar gwestiynau yw'r 'Amcanion Asesu' (AA).

Amcanion asesu

AA1: mae 35% o'r marciau yn dangos eich bod yn cofio ac yn deall agweddau ar ffiseg, e.e. gallwch chi ddatgan deddf neu ddiffiniad, rydych chi'n gwybod pa hafaliad i'w ddefnyddio i ddatrys problem, neu gallwch chi ddisgrifio sut byddech chi'n cynnal arbrawf.

AA2: mae 45% o'r marciau ar gyfer defnyddio gwybodaeth AA1 i ddatrys problemau. Mae hyn yn golygu rhoi atebion i gyfrifiadau, dod â syniadau ynghyd i esbonio pethau, cyfuno a thrin fformiwlâu, defnyddio canlyniadau arbrofol a graffiau.

AA3: mae 20% o'r marciau ar gyfer pethau fel dod i gasgliadau ar sail canlyniadau arbrofol neu ddata eraill, a datblygu technegau arbrofol.

Sgiliau

Yn ogystal â chydbwyso'r Amcanion Asesu, mae'r arholwr yn edrych ar gydbwysedd sgiliau. Mewn Ffiseg, daw canran uchel iawn o'r marciau (o leiaf 40%) o gymhwyso **mathemateg**.

Mae hyn yn ymddangos braidd yn isel, ond nid yw'r sgìl lefel isel o roi rhifau mewn fformiwla yn cyfrif fel sgìl mathemategol – dim ond dull o gyfathrebu yw hwn!

Ar y llaw arall, mae llunio tangiadau a darganfod eu graddiannau yn bendant yn fathemateg. Y naill ffordd neu'r llall, mae arholwyr yn rhydd i fynnu mwy na 40% o sgiliau mathemategol, heb fod yn ormodol.

Mae **sgiliau ymarferol** yn cyfrif am o leiaf 15% o'r asesiadau. Mae cwestiynau o'r fath yn cynnwys cynllunio, dadansoddi a dod i gasgliadau ar sail **arbrofion**, e.e. o'r gwaith ymarferol penodol.

Fel enghraifft, edrychwch ar y cwestiwn hwn, sy'n cynnwys sawl rhan.

(a)   Mae myfyriwr yn defnyddio riwl fetr, colyn, pwysyn 0.2 N a thiwb profi i fesur màs pelferyn. Mae'n gosod y cyfarpar fel yn y diagram:

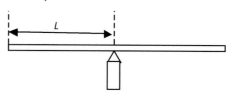

---

[1] Mewn gwirionedd, nid cwestiynau mo'r rhan fwyaf o 'gwestiynau arholiad'! Cyfarwyddiadau i wneud rhywbeth ydynt, er enghraifft: *Nodwch ail ddeddf mudiant Newton; disgrifiwch sut mae laser yn gweithio*. Ond byddwn ni'n cyfeirio atyn nhw fel cwestiynau beth bynnag.

(i) Mae'n addasu'r riwl hyd nes ei bod yn cydbwyso ar y craidd disgyrchiant. Nodwch ystyr 'craidd disgyrchiant'. [1]

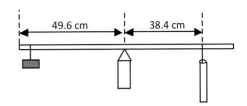

(ii) Mae'n darganfod mai 49.6 cm yw'r hyd, L. Mae'n hongian y pwysyn 0.2 N 4.0 cm o ben y riwl, ac yna'n ychwanegu'r tiwb profi gwag, gan addasu ei safle nes bod y cyfarpar yn cydbwyso, fel y dangosir.

Gyda'r pelferyn yn y tiwb profi, mae'r myfyriwr yn darganfod mai 24.5 cm yw'r hyd rhwng y tiwb profi a'r colyn, pan mae'r system yn cydbwyso.

Dangoswch, mewn camau clir, mai tua 14 g yw màs y pelferyn. [4]

(b) Mae'r myfyriwr yn mesur diamedr y pelferyn, sydd yn 1.50 cm. Mae llyfr data gwyddonol yn rhoi'r data canlynol ar gyfer dwyseddau rhai metelau, mewn kg m^{-3}:

Alwminiwm, 2800   Haearn 7950   Copr 8900   Plwm 11 300

Darganfyddwch ddefnydd y pelferyn a chyfiawnhewch eich ateb. [4]

O fewn y cwestiwn 9 marc hwn, mae: 3 marc AA1, 2 farc AA2, 4 marc AA3, 6 marc mathemateg ac 8 marc ymarferol. Allwch chi weld sut mae'r marciau hyn yn cael eu dyrannu? Mae'r ateb ar ddiwedd yr atebion i'r Cwestiynau cyflym.

Arddull

Mae papurau cwestiynau yn gymysgedd o sawl math o gwestiwn, yn cynnwys rhai sy'n gofyn am:

- Ateb byr, e.e. un frawddeg
- Ymateb estynedig, h.y. paragraff
- Cyfrifiadau
- Llunio graff

Awgrymiadau ar gyfer yr arholiad

Byddwn ni'n edrych ar awgrymiadau a fydd yn eich galluogi i ddangos yr hyn rydych chi'n ei wneud wrth ateb cwestiynau arholiad. Y pwynt cyntaf, a'r pwysicaf, yw darllen y cwestiwn yn ofalus. Mae arholwyr yn trafod geiriad cwestiynau fel bod yr ystyr yn glir ac yn gywir. Er gwaethaf hyn, mae'n hawdd camddehongli cwestiwn, felly peidiwch â brysio. Mae defnyddio amlygwr i nodi gwybodaeth allweddol yn helpu yn aml, e.e. weithiau, nid oes angen gwybodaeth rifiadol sy'n cael ei rhoi ar ddechrau cwestiwn tan yn ddiweddarach, felly mae ei hamlygu yn helpu i dynnu sylw ati.

Edrychwch ar nifer y marciau

Mae nifer penodol o farciau i bob rhan o'r cwestiwn. Mewn atebion ysgrifenedig, mae'r cyfanswm hwn yn rhoi syniad o ba mor fanwl y bydd yn rhaid i'ch ateb chi fod. Mewn cyfrifiadau, bydd rhai marciau am y gwaith cyfrifo, a bydd rhai am yr ateb [gweler isod].

Deall y geiriau gorchymyn

Dyma'r geiriau sy'n dangos y math o ateb y mae'r arholwr yn ei ddisgwyl er mwyn rhoi marciau i chi.

Nodwch

Ateb byr heb unrhyw esboniad.

Esboniwch

Rhowch reswm neu resymau. Edrychwch ar nifer y marciau: mae 2 farc fel arfer yn golygu y bydd rhaid i chi wneud dau bwynt amlwg.

Nodwch ac esboniwch

Efallai bydd marc am y gosodiad, ond efallai bydd y marc cyntaf am esboniad o osodiad cywir, e.e. '*Nodwch pa wrthydd, A neu B, sydd â'r gwerth mwyaf, ac esboniwch eich rhesymu.*' Mae'n annhebygol y bydd yr arholwr yn rhoi marc i chi am ddewis 50/50!

Cyfrifwch

Bydd ateb cywir yn ennill marciau llawn, oni bai bod y cwestiwn yn gofyn '*dangoswch eich gwaith cyfrifo*'.

Rhybudd: ni fydd marc am ateb anghywir heb waith cyfrifo.

Dangoswch fod [mewn cwestiwn cyfrifo]

E.e. 'Dangoswch fod y gwrthedd tua 2×10^{-7} Ω m.' Nid oes marc yma am yr ateb cywir; rhaid dangos y gwaith cyfrifo mewn digon o fanylder i argyhoeddi'r arholwr eich bod yn gwybod beth rydych yn ei wneud!

Awgrym: yn yr achos hwn, cyfrifwch ateb manwl gywir, e.e. 1.85×10^{-7} Ω m, a dywedwch ei fod tua'r un fath â'r gwerth a nodir.

Disgrifiwch

Rhaid i chi roi cyfres o osodiadau. Efallai y byddant yn cael eu marcio'n annibynnol, ond rhaid bod yn ofalus o'r dilyniant, e.e. wrth ddisgrifio sut i gynnal arbrawf.

Cymharwch

Rhaid rhoi cymhariaeth glir, nid dau osodiad ar wahân yn unig. Nid yw chwaith yn ddiogel nodi un peth yn unig, a gadael i'r arholwr gasglu rhywbeth arall; e.e. '*Cymharwch ffwythiannau gwaith metelau A a B.*'

Ateb 1: Mae ffwythiant gwaith isel gan fetel A – ni fyddai hyn yn ddigon.

Ateb 2: Mae ffwythiant gwaith metel A yn is **nag un metel B** – byddai'r ateb hwn yn ennill marc (os yw'n gywir!) oni bai bod y cwestiwn yn nodi'n glir bod angen cymhariaeth rifiadol.

Awgrymwch

Yn aml, daw'r gorchymyn hwn ar ddiwedd cwestiwn. Mae disgwyl i chi gynnig syniad synhwyrol sy'n seiliedig ar eich gwybodaeth o ffiseg a'r wybodaeth yn y cwestiwn. Yn aml, ni fydd un ateb 'cywir'.

Enwch

Disgwylir un gair neu ymadrodd; e.e. 'Enwch y briodwedd golau sy'n cael ei harddangos' (*mewn cwestiwn sy'n dangos tonnau'n gwasgaru ar ôl pasio drwy fwlch*). Ateb: *Diffreithiant*. Sylwch y gallai ateb sydd wedi'i sillafu'n gywir fod yn ofynnol, yn enwedig ar gyfer y math hwn o gwestiwn.

Amcangyfrifwch

Nid 'dyfalwch' yw ystyr hyn. Fel arfer, bydd rhaid gwneud un cyfrifiad neu ragor, gyda thybiaethau i symleiddio pethau. Efallai bydd y cwestiwn yn gofyn i chi nodi unrhyw dybiaethau rydych chi'n eu gwneud, e.e. *Amcangyfrifwch nifer y sfferau, diamedr 1 mm, a fydd yn llenwi silindr mesur hyd at y marc 100 cm³.*

Deilliwch

Mae hyn yn golygu cynhyrchu hafaliad penodol o gyfres o dybiaethau a/neu hafaliadau mwy sylfaenol.

Dyma'r hafaliadau: $v = u + at$, $x = ut + \frac{1}{2}at^2$, $I = nAve$, $E_{\text{elastig}} = \frac{1}{2}kx^2$ a $\dfrac{V_{\text{ALLAN}}}{V_{\text{MEWN}}} = \dfrac{R}{R_{\text{cyfanswm}}}$

Dylech chi ddysgu deilliannau'r hafaliadau hyn.

Trafodwch

Caiff y gair gorchymyn hwn ei ddefnyddio'n aml yng nghyd-destun materion cymdeithasol a moesegol. Yn ddelfrydol, dylai ateb gynnwys dau safbwynt cyferbyniol, o leiaf, ynghyd â gosodiadau i'w cefnogi. Nid oes rhaid i'r drafodaeth fod yn gytbwys.

Awgrymiadau ar gyfer diagramau

Weithiau, mae cwestiynau am arbrofion yn gofyn am ddiagramau. Dylai'r diagram ddangos sut mae'r offer wedi'u trefnu, a dylai fod wedi'i labelu. Ni fydd diagramau ar wahân o riwl fetr, darn o wifren, micromedr ac ohmedr yn ennill marciau. Sylwch, fodd bynnag, nad oes rhaid labelu symbolau cylched safonol, e.e. cell neu foltmedr. Hyd yn oed os nad yw'r cwestiwn yn gofyn am ddiagram, gall gwybodaeth sydd wedi'i chynnwys mewn diagram da ennill rhai marciau.

Awgrymiadau ar gyfer graffiau

Graffiau o ddata: Lle nad yw'r echelinau na'r graddfeydd wedi'u lluniadu, gofalwch fod y raddfa yn defnyddio'r rhan fwyaf o'r grid, neu'r grid cyfan, a bod y pwyntiau sy'n cael eu plotio yn defnyddio o leiaf hanner uchder a lled y grid. Labelwch yr echelinau ag enw neu symbol y newidyn, ynghyd â'i uned – e.e. amser/s, neu F/N – a chofiwch gynnwys y graddfeydd. Plotiwch y pwyntiau mor gywir â phosibl; ar gyfer pwyntiau y mae angen eu gosod rhwng llinellau'r grid, mae'r goddefiant arferol yn ± ½ sgwâr. Oni bai bod y cwestiwn yn nodi'n wahanol, lluniadwch y graff – peidiwch â phlotio'r pwyntiau yn unig.

Graffiau braslun: Mae graff braslun yn rhoi syniad da o'r berthynas rhwng y ddau newidyn. Rhaid labelu'r echelinau, ond, yn aml, ni fydd ganddo raddfeydd nac unedau. **Nid** graff blêr mohono. Os ydych chi'n bwriadu i'r graff fod yn llinell syth, dylech chi ei luniadu gyda riwl fetr. Weithiau, rhaid labelu gwerthoedd arwyddocaol, e.e. cofiwch gynnwys $f_{trothwy}$ a ϕ ar graff braslun o egni ffotoelectron yn erbyn amledd.

Awgrymiadau ar gyfer cyfrifiadau

Os mai **cyfrifwch**, **canfyddwch** neu **darganfyddwch** yw'r geiriau gorchymyn, byddwch chi'n ennill marciau llawn am yr ateb cywir heb unrhyw waith cyfrifo. Fodd bynnag, ni fydd marc am ateb anghywir heb unrhyw waith cyfrifo. Fel arfer, bydd marciau ar gael am gamau cywir yn y gwaith cyfrifo, hyd yn oed os yw'r ateb terfynol yn anghywir. Bydd yr arholwr yn edrych am y pwyntiau canlynol:

- Dewis hafaliad neu hafaliadau a'u hysgrifennu.
- Trawsnewid unedau, e.e. oriau yn eiliadau, mA yn A.
- Rhoi gwerthoedd yn yr hafaliad(au), a thrin yr hafaliad(au).
- Nodi'r ateb.
- **Cofio'r uned**: byddwch yn colli marciau am unedau coll neu anghywir.

Awgrymiadau ar gyfer disgrifio arbrofion

Wrth ddisgrifio un o'r arbrofion yn y gwaith ymarferol penodol, neu ar gyfer gwaith ymarferol rydych chi'n ei gynllunio yn rhan o'r arholiad:

- Lluniadwch ddiagram syml o'r offer a ddefnyddir, **wedi'u gosod ar gyfer yr arbrawf**.
- Rhowch restr glir o gamau.
- Nodwch pa fesuriadau sy'n cael eu gwneud, a gyda pha offeryn.
- Nodwch sut bydd eich mesuriadau'n rhoi'r darganfyddiad terfynol.
- Os oes angen hynny, nodwch ragofalon neu dechnegau i roi canlyniadau manwl gywir.

Awgrymiadau ar gyfer cwestiynau sy'n cynnwys unedau

Adran 1.1.1 – Unedau a dimensiynau sy'n ymdrin â hyn yn bennaf. Mae un math o gwestiwn yn gofyn i chi awgrymu uned ar gyfer mesur, ac efallai na fydd y mesur hwn yn y fanyleb. Bydd cwestiynau fel hyn bob amser yn rhoi hafaliad sy'n cynnwys y mesur. Dyma'r dull i'w ddilyn:

- Trin yr hafaliad i wneud y mesur anhysbys yn destun.
- Mewnbynnu'r unedau hysbys ar gyfer y mesurau eraill.
- Symleiddio.

Enghraifft

Mae $F = 6\pi\eta av$ yn rhoi'r llusgiad, F, ar sffêr, radiws a, sy'n symud yn araf gyda chyflymder v drwy hylif, lle mae η yn gysonyn o'r enw cyfernod gludedd. Awgrymwch uned ar gyfer η.

Ateb

Gwnewch η yn destun: $\qquad \eta = \dfrac{F}{6\,\pi a v}$

Ailysgrifennwch hyn yn nhermau unedau: ∴ mae uned $\eta = \dfrac{N}{m \times ms^{-1}} = N\,m^{-2}\,s$.

Sylwch: Nid oedd y cwestiwn hwn yn gofyn am unrhyw ffurf arbennig, e.e. ei leihau i'r unedau sylfaenol, felly gallwn ei adael fel hyn. Mae'r pascal, Pa, yn gywerth ag $N\,m^{-2}$, felly mae Pa s yn uned gywerth arall.

Cwestiynau Ansawdd yr Ymateb Estynedig (AYE)

Bydd pob papur arholiad yn cynnwys cwestiwn, neu ran o gwestiwn, a fydd yn profi eich gallu i gyflwyno adroddiad cydlynol. Cwestiynau **Ansawdd yr Ymateb Estynedig** yw'r rhain, ac maen nhw'n werth 6 marc. Gallent fod yn gwestiynau AA1 ar ddarn o waith llyfr, e.e.

> Esboniwch sut mae laser yn gweithio [6 AYE]

neu'n ddisgrifiad o un darn o waith ymarferol penodol, e.e.

> Esboniwch yn fanwl sut byddech yn darganfod modwlws Young metel ar ffurf gwifren hir.
> [6 AYE]

Gallai hefyd ofyn i chi gymhwyso eich gwybodaeth i sefyllfa benodol, felly bydd yn cynnwys peth AA2, e.e. (yn dilyn diagram o lefelau egni mewn system laser):

> Esboniwch yn fanwl sut mae mwyhad golau yn digwydd ar gyfer y system laser uchod.
> [6 AYE]

Beth bynnag fydd testun y cwestiwn, bydd yr arholwr yn chwilio am gyfres o syniadau sydd wedi'u cysylltu yn 'drywydd rhesymu parhaus, a hwnnw'n un cydlynol a pherthnasol, ac wedi'i gyfiawnhau a'i strwythuro'n rhesymegol'. Mae hyn yn golygu y bydd cynnwys defnydd anghywir neu ddibwys, neu ddadleuon sydd wedi'u llunio'n wael, yn cael ei gosbi. Edrychwch ar yr adran 'Cwestiynau ac Atebion Arholiad' am enghreifftiau o atebion da, a rhai nad ydynt cystal.

Cwestiynau ymarfer

Cwestiynau diffinio

1. Mae nifer o rymoedd yn gweithredu ar gorff. Nodwch yr amodau sy'n angenrheidiol er mwyn i'r corff fod mewn ecwilibriwm.

   [Ffiseg sylfaenol – 1.1]

2. Yn nhermau pelydriad electromagnetig, gallwn ystyried bod seren yn *belydrydd cyflawn*.
   Beth yw ystyr y term 'pelydrydd cyflawn'?

   [Defnyddio pelydriad i ymchwilio i sêr – 1.6]

3. Gall tonnau cynyddol fod naill ai'n *ardraws* neu'n *arhydol*.
   Gwahaniaethwch rhwng tonnau ardraws a thonnau arhydol, a rhowch enghraifft o bob un.

   [Natur tonnau – 2.4]

4. '5.0 V yw'r gwahaniaeth potensial ar draws cydran.'
   Esboniwch y gosodiad hwn yn nhermau egni.

   [Gwrthiant – 2.2]

5. Nodwch Ddeddf Ohm.

   [Gwrthiant – 2.2]

6. Nodwch ystyr y term 'tymheredd trosiannol' mewn perthynas â dargludyddion trydanol.

   [Gwrthiant – 2.2]

7. Nodwch Egwyddor Arosodiad.

   [Priodweddau tonnau – 2.5]

8. Mae *hadronau* yn ronynnau cyfansawdd, sydd wedi'u dosbarthu naill ai'n *faryonau* neu'n *fesonau*.
   Nodwch ystyr bob term sydd mewn teip italig, a rhowch enghraifft o faryon ac o feson.

   [Gronynnau ac adeiledd niwclear – 1.7]

9. Os caiff data eu trawsyrru dros bellterau maith drwy ffibrau amlfodd, gall darnau gwahanol o ddata gael eu derbyn ar yr un pryd.
   Nodwch yr enw ar achos y broblem hon.

   [Plygiant golau – 2.6]

10. Mae *G.E.M.* o *10.0 V* gan gyflenwad pŵer trydanol, a *9.0 V yw'r gp ar draws ei derfynellau*.
    Esboniwch y mynegiadau sydd mewn teip italig yn nhermau egni.

    [Cylchedau cerrynt union – 2.3]

Cwestiynau disgrifio arbrofion

11. (a) Gan ddechrau gyda hafaliad sy'n diffinio, dangoswch mai Ω m yw uned gwrthedd.

    (b) Disgrifiwch arbrawf i ddarganfod gwrthedd metel ar ffurf gwifren fetel.

    [Gwrthiant – 2.2]

12. Disgrifiwch arbrawf i ymchwilio i sut mae gwrthiant gwifren fetel yn amrywio gyda thymheredd. Brasluniwch graff i ddangos yr amrywiad y byddech yn ei ddisgwyl.

    [Gwrthiant – 2.2]

13. Mae'r diagram yn dangos cylched sy'n cynnwys ffotogell wactod. Caiff arwyneb metel y ffotogell ei arbelydru â phelydriad electromagnetig sydd ag amledd sefydlog.

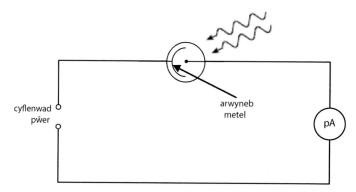

    (a) Disgrifiwch sut gallwch ddarganfod egni cinetig mwyaf y ffotoelectronau. Dylech ychwanegu unrhyw labeli a chydrannau angenrheidiol at y diagram.

    (b) Mewn arbrawf pellach, caiff egni cinetig mwyaf yr electronau sy'n cael eu hallyrru ei fesur ar gyfer pelydriad trawol ag amrediad o amleddau. Mae graff o'r canlyniadau i'w weld isod:

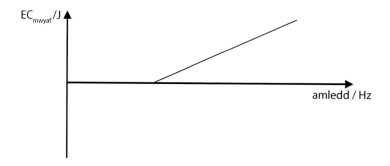

    O'r graff, nodwch sut byddech yn darganfod:

    (i) cysonyn Planck;

    (ii) ffwythiant gwaith y metel.

    [Ffotonau – 2.7]

Cwestiynau i roi prawf ar ddealltwriaeth

14. Awgrymir bod yr hafaliad

$$v = k\sqrt{\frac{T}{\mu}},$$

lle mae k yn gysonyn heb ddimensiynau, yn cysylltu buanedd, v, tonnau ardraws ar linyn estynedig â'r tyniant, T, a màs fesul uned hyd, μ, y llinyn. Dangoswch fod hyn yn bosibl.

[Ffiseg sylfaenol – 1.1]

15. Graff plymiwr awyr sy'n cyrraedd cyflymder terfynol ac yna'n agor y parasiwt yw'r un isod.

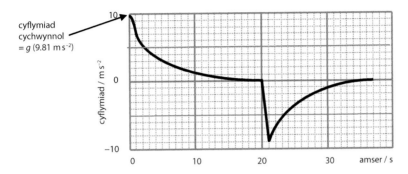

(a) Esboniwch ffurf y graff rhwng 19 s a 25 s.

(b) Esboniwch pam mae'n rhaid i'r arwynebedd rhwng y llinell a'r echelin amser fod yn bositif ar y cyfan.

[Cinemateg – 1.2]

16. Mae tri gwrthydd yn cael eu cysylltu mewn rhwydwaith, fel sydd i'w weld isod.

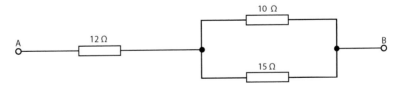

Cysylltir cyflenwad pŵer, G.E.M. 9.0 V a gwrthiant mewnol dibwys, rhwng A a B.

Cyfrifwch y gp ar draws y gwrthydd 12 Ω.

[Cylchedau cerrynt union – 2.3]

17. Mae G.E.M. o 1.5 V a gwrthiant mewnol o 0.5 Ω gan gell. Mae'r gell wedi'i chysylltu ar draws gwrthydd 12.5 Ω.

(a) Cyfrifwch y cerrynt yn y gylched.

(b) Y bwriad yw cysylltu nifer o gelloedd unfath fel hyn mewn cyfres ar draws yr un gwrthydd i sicrhau bod y cerrynt yn 0.60 A o leiaf.

Cyfrifwch nifer lleiaf y celloedd y bydd rhaid eu cael.

[Cylchedau cerrynt union – 2.3]

18. Mae plymiwr awyr sy'n disgyn drwy'r awyr yn profi grym llusgiad sydd mewn cyfrannedd union â sgwâr ei chyflymder. Mae

    $$F = k\,v^2.$$

    (a) Dangoswch fod N m^{-2} s^2 yn uned addas ar gyfer k, a mynegwch yr uned hon yn nhermau'r unedau SI sylfaenol, m, kg ac s, yn unig.

    (b) Mae màs o 75 kg gan blymiwr awyr. Pan fydd hi'n disgyn gyda buanedd 20 m s^{-1}, 8.2 m s^{-2} yw ei chyflymiad.

    (i) Gan ystyried y grym cydeffaith ar y plymiwr awyr ar 20 m s^{-1}, dangoswch mai tua 50 m s^{-1} yw ei chyflymder terfynol.

    (ii) Amcangyfrifwch yr amser y mae'n ei gymryd iddi gyflymu o 35 m s^{-1} i 45 m s^{-1}. Esboniwch eich gwaith cyfrifo yn glir.

    [Cinemateg – 1.2]

19. Mae'r diagram yn dangos rhannwr potensial yn cael ei ddefnyddio fel cyflenwad pŵer.

    Dangoswch fod $\dfrac{V_{\text{ALLAN}}}{V_{\text{MEWN}}} = \dfrac{R}{R+X}$, gan nodi unrhyw dybiaeth a wnaethoch:

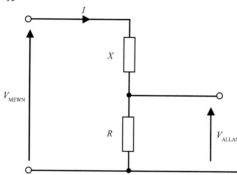

    [Cylchedau cerrynt union – 2.3]

20. Yn y gylched ganlynol, mae'r lampau, L$_1$, L$_2$ ac L$_3$, yn unfath. Mae'r switsh, S, ar gau, ac mae'r holl lampau ymlaen. Gallwch dybio bod gwrthiant y switsh yn ddibwys.

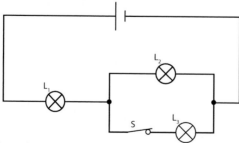

    (a) Cymharwch ddisgleirdeb y 3 lamp, L$_1$, L$_2$ ac L$_3$.

    Esboniwch eich ateb.

    (b) Mae switsh S yn cael ei agor, ac felly mae lamp L$_3$ yn diffodd. Nodwch effaith hyn ar ddisgleirdeb L$_1$ ac L$_2$, ac esboniwch eich ateb.

    [Cylchedau cerrynt union – 2.3]

Cwestiynau dadansoddi data

21. Rhoddwyd pecyn o bapur A4 [500 dalen] i fyfyriwr, a defnyddiodd riwl 30 cm, graddfa 1 mm, i ddarganfod cyfaint un ddalen o bapur A4.

    Roedd hi'n gallu defnyddio lens llaw i amcangyfrif mesuriadau'r hyd a'r lled i ffracsiynau o mm, ond nid oedd hyn yn bosibl i fesur y trwch.

    Roedd ei mesuriadau fel a ganlyn: Trwch 500 dalen wedi'u dal yn dynn = 5.15 cm

    Mesuriadau'r hyd = 29.72, 29.71, 29.71, 29.70, 29.71 cm

    Mesuriadau'r lled = 21.03, 21.05, 21.05, 21.04, 21.04 cm

    (a) Defnyddiwch y data i esbonio pam nad oes rhaid ystyried yr ansicrwydd yn yr hyd a'r lled wrth gyfrifo'r cyfaint.

    (b) Defnyddiwch ddata'r myfyriwr i gyfrifo gwerth ar gyfer cyfaint un ddalen, ynghyd â'i ansicrwydd absoliwt.

22. Mae myfyriwr am ddarganfod g.e.m. a gwrthiant mewnol cell, ac mae'n bwriadu defnyddio'r gylched a ddangosir. Mae damcaniaeth yn rhagfynegi bod y cerrynt, I, yn perthyn i'r gwrthiant allanol, R, drwy'r hafaliad

$$\frac{1}{I} = \frac{R}{E} + \frac{r}{E}$$

lle E yw g.e.m. y gell, ac r yw ei gwrthiant mewnol.

Defnyddiodd y myfyriwr dri gwrthydd 3.9 Ω gan eu cyfuno mewn amryw o ffyrdd i weithredu fel R yn y gylched.

Mae canlyniadau'r myfyriwr i'w gweld yn y tabl.

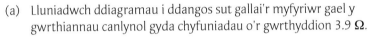

(a) Lluniadwch ddiagramau i ddangos sut gallai'r myfyriwr gael y gwrthiannau canlynol gyda chyfuniadau o'r gwrthyddion 3.9 Ω.

   (i) 1.95 Ω

   (ii) 2.6 Ω

(b) Llenwch y tabl.

(c) Plotiwch graff o $1/I$ ar yr echelin fertigol, yn erbyn R ar yr echelin lorweddol.

(ch) Gwnewch sylw ar ba mor dda mae'r graff yn cefnogi'r hafaliad damcaniaethol.

(d) Drwy gymryd mesuriadau addas ar y graff, darganfyddwch g.e.m. a gwrthiant mewnol y gell.

R/Ω	I/A	$\dfrac{I}{I/A}$
1.3	0.940	
1.95	0.667	
2.6	0.533	
3.9	0.373	
5.85	0.250	

Sylwch: Mae'n annhebygol y byddai'r cwestiwn hwn yn ymddangos yn ei gyfanrwydd ar bapur arholiad UG, ond gallai pob agwedd ymddangos yn unigol.

Cwestiynau Ansawdd yr Ymateb Estynedig (AYE)

Ni chaiff y cwestiynau hyn eu marcio ar sail pwyntiau marcio unigol, ond ar ansawdd yr ateb yn gyffredinol.

Yn y cwestiwn hwn, mae rhan (a) yn draddodiadol, ac mae rhan (b) yn gwestiwn AYE.

23. (a) Isod mae diagram lefelau egni syml ar gyfer system laser pedair lefel. Mae'r saethau'n dangos y dilyniant o drosiadau'r electronau rhwng gadael y cyflwr isaf a dychwelyd iddo.

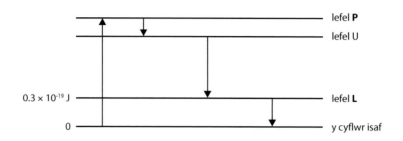

   (i) Labelwch y trosiadau sy'n gysylltiedig ag (I) *pwmpio* a (II) *allyriad ysgogol*.

   (ii) 1.05×10^{-6} m yw tonfedd y pelydriad allbwn o'r laser.

   Cyfrifwch egni lefel U **uwchlaw'r cyflwr isaf**.

(b) Esboniwch yn fanwl sut mae mwyhad golau yn digwydd ar gyfer y system laser uchod. [6 AYE]

Cwestiynau ac Atebion

Mae'r rhan hon o'r canllaw yn edrych ar atebion myfyrwyr go iawn i gwestiynau. Mae detholiad o gwestiynau sy'n ymwneud ag amrywiaeth eang o destunau. Ym mhob achos, byddwn yn cynnig dau ateb; un gan fyfyrwraig (Seren) a gafodd radd uchel, ac un gan fyfyriwr a gafodd radd is (Tom)[1]. Rydym yn awgrymu eich bod yn cymharu atebion y ddau ymgeisydd yn ofalus; gwnewch yn siŵr eich bod yn deall pam mae un ateb yn well na'r llall. Fel hyn, byddwch chi'n gwella'r ffordd rydych yn mynd ati i ateb cwestiynau. Caiff sgriptiau arholiad eu graddio yn ôl perfformiad yr ymgeisydd ar draws y papur cyfan, ac nid ar gwestiynau unigol; mae arholwyr yn gweld sawl enghraifft o atebion da mewn sgriptiau sydd, fel arall, yn cael sgôr isel. Y wers i'w dysgu yw bod techneg arholiad dda yn gallu rhoi hwb i raddau ymgeiswyr ar bob lefel.

Uned 1: Mudiant, Egni a Mater

Uned 2: Trydan a Golau

---

[1] Mae'r atebion i gwestiwn 11, sef y cwestiwn AYE, yn seiliedig ar atebion myfyrwyr i'r cwestiwn enghreifftiol hwn.

(a) (i) Diffiniwch waith. [2]

(ii) Drwy hyn, mynegwch uned gwaith, J, yn nhermau'r unedau sylfaenol SI kg, m ac s. [2]

(b)

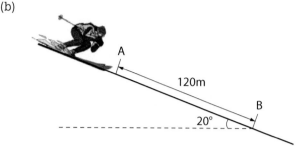

120m

A

B

20°

Mae sgïwr, màs 70 kg, yn mynd i lawr llethr fel sydd i'w weld. Mae'r sgïwr yn pasio pwynt **A** ar fuanedd o 6 m s⁻¹ a **B** ar 21 m s⁻¹. Ar gyfer y daith o **A** i **B** cyfrifwch:

(i) Yr egni potensial disgyrchiant sy'n cael ei golli gan y sgïwr. [2]

(ii) Yr egni cinetig sy'n cael ei ennill gan y sgïwr. [3]

(c) (i) Nodwch egwyddor cadwraeth egni. [1]

(ii) Trafodwch eich ateb i (b) (i) a (ii) yn nhermau'r egwyddor hon. [2]

(ch) Cyfrifwch y grym gwrthiannol cymedrig sy'n gweithredu ar y sgïwr rhwng **A** a **B**. [4]

Ateb Seren

(a) (i) Y grym sy'n cael ei roi wedi'i luosi â'r pellter ✓ sy'n cael ei deithio yng nghyfeiriad y grym. ✓

(ii) $[F] = N = kg\ m\ s^{-2}$
$[d] = m$ ✓
$\therefore [W] = J = [F] \times [d] = kg\ m^2\ s^{-2}$ ✓

(b) (i) $\Delta E_p = mg\Delta h$
$= 70 \times 9.81 \times (120\ \sin 20)$ ✓
$= 28183.82739\ J = 28.2\ kJ\ (3\ ff.y.)$ ✓

(ii) $\Delta EC = \left(\frac{1}{2}mv_2^2\right) - \left(\frac{1}{2}mv_1^2\right)$ ✓

$= \left(\frac{1}{2}70 \times 21^2\right) - \left(\frac{1}{2}70 \times 6^2\right)$ ✓

$= 14175\ J = 14.2\ kJ$ ✓

(c) (i) Ni all egni gael ei greu na'i ddinistrio, ond mae'n gallu cael ei drawsnewid i ffurfiau eraill ar egni. ✓

(ii) Mae'r egni potensial disgyrchiant sydd wedi cael ei golli rhwng A a B wedi cael ei drawsnewid i ffurfiau eraill ar egni ✓ gan gynnwys thermol, cinetig a sain.

(ch) $Fx = \frac{1}{2}mv^2 - \frac{1}{2}mu^2$ ✓

$120\ F = \frac{1}{2}70 \times 21^2 - \frac{1}{2}70 \times 6^2$ ✗

$120\ F = 14175$ ✓

$F = 118\ N\ (3\ ff.y.)$ ✗

Sylwadau'r arholwr

(a) (i) Mae Seren wedi cofio cynnwys y gosodiad am y cyfeiriad, rhywbeth sy'n cael ei anghofio'n aml.

(ii) Mae'r marc cyntaf am adnabod unedau grym a phellter yn gywir ac mae'r ail am ad-drefnu'r unedau yn gywir. Nodwch: Mae Seren wedi defnyddio cromfachau sgwâr, [...], i ddynodi 'uned', syniad da.

(b) (i) Mae Seren wedi ennill 1 marc am amnewid cywir ac 1 marc am yr ateb. Yn yr achos hwn, ni chafodd unrhyw gredyd ychwanegol am newid i kJ a mynegi'r ateb i 3 ff.y.

(ii) Yn gwbl gywir. Nodwch, pe bai Seren wedi gwneud gwall yn y cyfrifiad terfynol, byddai wedi cael 2 farc oherwydd bod ei gwaith cyfrifo'n eglur ac yn gywir.

(c) (i) Mae mwyafrif o ymgeiswyr yn ennill y marc hwn.

(ii) Mae Seren wedi sôn bod yr egni potensial disgyrchiant cychwynnol wedi cael ei drawsnewid yn sawl ffurf arall ar egni [h.y. nid dim ond cinetig] ond nid yw hi wedi cynnwys trafodaeth ar y mecanwaith, e.e. gwaith sy'n cael ei wneud yn erbyn ffrithiant/llusgiad.

(ch) Mae Seren wedi defnyddio'r egwyddor: Gwaith sy'n cael ei wneud = egni sy'n cael ei drosglwyddo ac mae hi'n ei ddefnyddio i gyfrifo grym o'r newid yn yr egni cinetig. Yn anffodus, mae wedi cyfrifo'r grym cydeffaith ar y sgïwr, nid y grym gwrthiannol.

Mae Seren yn ennill 13 allan o 16 marc.

Ateb Tom

(a) (i) Swm yr egni sy'n cael ei ddefnyddio dros amser penodol ✗

(ii) $J = \dfrac{kg \times m}{s}$ ✗

(b) (i) $\Delta E_p = mg\Delta h$ 120 cos 20 = 112.76 m
= 70 × 9.81 × 112.76 ✓ c.g.y.
= 77432 J ✗

(ii) EC $= \dfrac{1}{2}mv^2$

$= \dfrac{1}{2}70 \times 15^2 = 35 \times 15^2$ ✓ = 7875 J ✗

(c) (i) Ni all egni gael ei greu na'i ddinistrio, dim ond ei drawsnewid i ffurfiau eraill. ✓

(ii) Mae'r egni potensial disgyrchiant sydd wedi cael ei ennill gan y sgïwr wedi cael ei drawsnewid i egni cinetig. ✗

(ch) $a = \dfrac{v^2 - u^2}{240} = \dfrac{21^2 - 36}{240} = 1.6875$ m s^{-2}

$F = ma = -70 \times 1.6875 =$ ✓

Sylwadau'r arholwr

(a) (i) Mae Tom wedi diffinio pŵer yn hytrach na gwaith.

(ii) Mae ateb Tom yn dilyn o'i ddryswch ynglŷn â gwaith a phŵer. Ni fyddai *cario gwall ymlaen* (c.g.y.) yn gymwys yma, hyd yn oed os oedd y gwaith cyfrifo yn gywir ar gyfer pŵer, gan fod yr egwyddor yn wallus.

(b) (i) Mae Tom wedi ysgrifennu'r hafaliad cywir ar gyfer ΔE_p ac mae'r marc cyntaf am ddefnyddio'r hafaliad yn gywir. Yn anffodus, mae wedi defnyddio cos 20° sy'n rhoi'r pellter llorweddol yn hytrach na'r pellter fertigol, felly mae'n cael un marc yn unig am amnewid.

(ii) Mae Tom wedi ysgrifennu'r fformiwla EC ac mae wedi amnewid buanedd ac felly mae'n cael un marc. Yn anffodus, mae wedi defnyddio'r gwahaniaeth mewn buanedd ar gyfer v yn hytrach na chyfrifo dau werth $\dfrac{1}{2}mv^2$ ac yna cyfrifo'r gwahaniaeth.

(c) (ii) Nid yw Tom wedi gwneud digon ar gyfer y marc cyntaf. Roedd angen iddo esbonio'r ffaith bod yr egni cinetig gafodd ei ennill yn llai na'r egni potensial gafodd ei golli.

(ch) Mae Tom wedi cyfrifo'r cyflymiad ac, ar wahân i'r arwydd minws, mae bron a bod wedi cyfrifo'r grym cydeffaith ar y sgïwr. Dyma ddechrau dull posibl ac mae'n cael un marc..

Mae Tom yn ennill 4 allan o 16 marc..

(a) Dyma graff cyflymder–amser ar gyfer corff sy'n cyflymu mewn llinell syth.

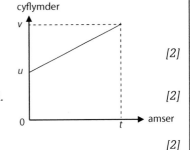

(i) Gan ddefnyddio'r symbolau sydd ar y graff, ysgrifennwch fynegiad ar gyfer y graddiant a nodwch beth mae'n ei gynrychioli. [2]

(ii) Gan ddefnyddio'r symbolau sydd ar y graff, ysgrifennwch fynegiad ar gyfer yr arwynebedd o dan y graff a nodwch beth mae'n ei gynrychioli. [2]

(iii) Drwy hyn neu fel arall, dangoswch yn eglur, gan ddefnyddio'r symbolau arferol bod
$x = ut + \dfrac{1}{2}at^2$ [2]

(b) Mae beiciwr yn cyflymu **o ddisymudedd** gyda chyflymiad cyson o 0.50 m s^{-2} am 12.0 s. Cyfrifwch:

(i) y pellter a deithiodd yn yr amser hwn [2]

(ii) y cyflymder mwyaf mae'r beiciwr wedi ei gyrraedd. [2]

(c) Ar ôl 12.0 s, mae'r beiciwr yn stopio pedalu ac yn 'olwyno'n rhydd' (*freewheels*) i ddisymudedd gydag arafiad cyson dros bellter o 120 m.

(i) Cyfrifwch yr amser mae'r beiciwr yn ei gymryd i arafu i ddisymudedd. [2]

(ii) Cyfrifwch faint arafiad y beiciwr. [2]

(ch) Lluniwch graff cyflymiad–amser ar y grid ar gyfer **taith gyfan y beiciwr**. [4]

(d) Mewn gwirionedd, ni fyddai'r beiciwr yn arafu gydag arafiad cyson. Mae hyn oherwydd bod cyfanswm y grym gwrthiannol sy'n gweithredu ar y beiciwr yn cynnwys grym ffrithiannol cyson o 8.0 N **a** grym gwrthiant aer sydd mewn cyfrannedd â sgwâr buanedd y beiciwr.

(i) Pan oedd y beiciwr yn teithio ar ei gyflymder uchaf, 165 N oedd cyfanswm y grym gwrthiannol oedd yn gweithredu. Cyfrifwch rym y gwrthiant aer ar y cyflymder hwn. [1]

(ii) Drwy hyn, cyfrifwch gyfanswm y grym gwrthiannol sy'n gweithredu pan fydd y beiciwr yn symud ar hanner y cyflymder mwyaf. [2]

Ateb Seren

(a) (i) $\dfrac{v-u}{t} = a$, cyflymiad ✓✓

   (ii) $ut + \dfrac{1}{2}(v-u)t$ ✓ = pellter a deithiwyd ✓

   (iii) Pellter a deithiwyd, $x = ut + \dfrac{1}{2}(v-u)t$

     $\dfrac{v-u}{t} = a$ ac felly $v - u = at$ ✓

     Amnewid am $(v - u)$:

     $x = ut + \dfrac{1}{2}att = ut + \dfrac{1}{2}at^2$ ✓

(b) (i) $ut + \dfrac{1}{2}at^2$

     $0 + \dfrac{1}{2} \times 0.5 \times 144 = 36$ m ✓✓

   (ii) 0.5×12 s $= 6$ m/s ✓✓

(c) (i) $s = \dfrac{1}{2}(u+v)t$

     $t = \dfrac{120}{3} = 40$ s ✓✓

   (ii) $\dfrac{6}{40} = 0.15$ m s^{-2}. ✓✓

Sylwadau'r arholwr

(a) (i) Yn ddelfrydol byddai Seren wedi dechrau ei hateb, 'Graddiant = ...' ond mae'r marciwr yn tybio hynny ac mae'n cael marciau llawn.

   (ii) Mae Seren yn rhoi ateb hollol gywir. Nid yw Seren yn symleiddio'r mynegiad i $\dfrac{1}{2}(v+u)t$, ond nid yw'r cwestiwn yn gofyn am hynny.

   (iii) Mae gwaith cyfrifo Seren yn cael ei wneud yn haws oherwydd iddi beidio â symleiddio'r mynegiad am **x** yn rhan (ii)! Mae hwn yn gwestiwn 'dangoswch fod' ac mae Seren wedi esbonio'i chamau'n glir.

(b) (i) Fel yn (a)(i), mae '$x =$' ar goll ond mae'r gwaith cyfrifo'n glir, yn gryno ac yn gywir.

   (ii) Yn wahanol i Tom, mae Seren wedi defnyddio'r dull hawdd yma: $v = u + at$. Nid yw Seren yn ysgrifennu'r hafaliad symbol ond nid oes ots am hynny, gan mai'r gair gorchymyn yw 'cyfrifwch', ac felly byddai ateb cywir, hyd yn oed heb waith cyfrifo, yn cael ei dderbyn. Mae'r un peth yn wir yn (c) (ii) hefyd.

(ch) Graddfeydd ✓, llinellau llorweddol ✓ ✓, newid ar 12 s. ✓
Mae Seren wedi cynnwys llinell fertigol i lawr at -0.5 m s^{-2} ar 52 eiliad. Mae hwn yn anghywir ond mae'r arholwr wedi penderfynu rhoi 'mantais yr amheuaeth' iddi gan nad oedd sôn am hyn yn y cynllun marcio.

(d) (i) Mae Seren yn tynnu 8 N i gyfrifo'r gwrthiant aer ar y cyflymder mwyaf. Mae hyn yn gywir.

   (ii) Mae Seren wedi cyrraedd yr ateb cywir ac mae ei rhesymu'n glir. Mae'r dwli mathemategol o $\dfrac{157}{4} = 39.25$ N $+ 8$ N yn cael ei ganiatáu. Byddai hyn yn well:

     Grym gwrthiant aer ar hanner y cyflymder uchaf
     $= \dfrac{157}{4} = 39.25$ N

     ∴ Cyfanswm y grym gwrthiannol $= 39.25$ N $+ 8$ N $= 47.25$ N

Mae Seren yn ennill 21 allan o 21 marc.

(ch)

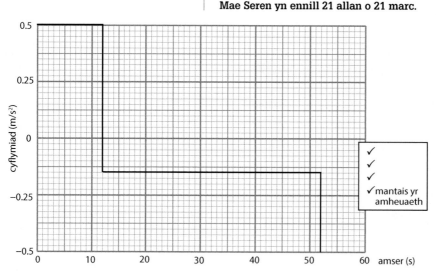

(d) (i) 157 N ✓
   (ii) $157 \times 1^2 \rightarrow 157 \times 0.5^2 = \dfrac{157}{4} = 39.25$ N $+ 8$ N $= 47.25$ N ✓✓ [Er gwaethaf y gosod allan!]

Ateb Tom

(a) (i) Mae'r graddiant yn cynrychioli cyflymiad. ✓

$(v - u) \times t =$ graddiant ✗

(ii) Yr arwynebedd o dan y graff yw'r dadleoliad ✓

$x = \dfrac{1}{2}(u + v)t$ ✓

(iii) $v = u + at \quad x = \dfrac{1}{2}(u + v)t$ ✓

$x = \dfrac{1}{2}ut + vt + u + at$ ✗ Gwaith cyfrifo anghywir

$x = ut + \dfrac{1}{2}at^2$

(b) (i) $s = ut + \dfrac{1}{2}at^2$ ✓

$s = 12 + \dfrac{1}{2} \times 0.5 \times 12^2$ ✗

$s = 48 \text{ m}$

(ii) $v^2 = u^2 + 2as$ ✓

$v^2 = 0^2 + 2 \times 0.5 \times 48$

$v^2 = 48 \qquad v = \sqrt{48} = 6.93 \text{ m s}^{-1}$ ✓ c.g.y.

(c) (i) $v^2 = u^2 + 2as$

$6.39^2 = 0^2 + 2 \times ? \times 120$

$48 = 2 \times ? \times 120$

$\dfrac{48}{2 \times 120} = 0.1 \text{ m s}^{-2}$ ✗

(ii) $0.1 \times 9.81 = 1.59 \text{ N}$ ✗

(ch)

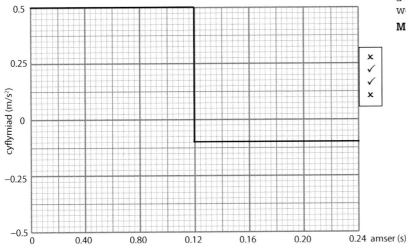

(d) (i) $165 - 8.0 = 157 \text{ N}$ P ✓

(ii) $6.9 = 165 \text{ N}$

$3.45 = 82.5 \text{ N}$ O

Sylwadau'r arholwr

(a) (i) Mae Tom wedi nodi ystyr y graddiant yn llwyddiannus. Ond yn ei ymgais i ddefnyddio symbolau mae e wedi lluosi â *t* yn hytrach na rhannu.

(ii) Roedd ateb Tom yn hollol gywir.

(iii) Bydd y ddau hafaliad mae Tom wedi'u hysgrifennu yn arwain at yr hafaliad $x = ut + \dfrac{1}{2}at^2$ os ydyn nhw'n cael eu cyfuno'n gywir a *v* yn cael ei ddileu. Felly mae'n ennill y marc cyntaf. Fodd bynnag, mae ei algebra yn ei adael i lawr.

(b) (i) Mae'r hafaliad cywir wedi cael ei ddewis – mae'r defnydd o *s* yn hytrach na *x* yn dderbyniol. Mae Tom yn gwneud y camgymeriad cyffredin o ysgrifennu $0 \times 12 = 12$ ac felly mae'n cael dadleoliad o 48 m yn hytrach na 36 m.

(ii) Mae gwaith cyfrifo Tom yn gywir yma. Nid dyma'r dull mwyaf hawdd o gyfrifo *v* [mae $v = u + at$ yn symlach], ond mae'r hafaliad a ddefnyddiodd yn gywir. Mae wedi defnyddio'i werth [anghywir] ar gyfer *s* ond mae'n ennill marciau llawn yn ôl yr egwyddor c.g.y.

(c) Mae Tom yn ymddangos fel pe bai'n cyfrifo'r cyflymiad yn rhan (i). Pe bai wedi mynd ymlaen a defnyddio hwn i gyfrifo *t* gallai fod wedi ennill credyd am y ddwy ran. Fodd bynnag, nid yw Tom yn gwneud hyn, ac yn rhan 2 mae'n mynd ymlaen i gyfrifo grym yn hytrach na'r cyflymiad ac yn anffodus nid yw'n ennill unrhyw gredyd o gwbl.

(ch) Mae Tom yn ennill marciau am ddwy ran lorweddol y graff. Nid yw Tom yn ennill unrhyw gredyd am y graddfeydd oherwydd nad yw'r raddfa ar yr echelin amser yn ddilys – ac nid yw'r graff yn cwmpasu'r daith gyfan.

(d) (i) Mae Tom yn cyfrifo gwerth y gwrthiant aer ar y cyflymder mwyaf yn gywir.

(ii) Mae Tom wedi rhannu'r gwrthiant aer mwyaf â 2 yn unig. Dylai'r gwrthiant aer fod wedi cael ei rannu â 4 a dylai'r grym ffrithiannol 8 N fod wedi cael ei adio ato.

Mae Tom yn ennill 10 allan o 21 marc.

C
ac
A
3

Mae sled trwm yn cael ei dynnu ar draws cae o eira gwastad gan rym *F* fel sydd i'w weld. Mae angen i gydran **lorweddol** y grym fod yn 200 N er mwyn i'r sled barhau i symud ar gyflymder cyson.

(a) Cyfrifwch y grym sydd ei angen i gynhyrchu cydran lorweddol o 200 N ar y sled. [2]

(b) (i) Diffiniwch y gwaith sy'n cael ei wneud a defnyddiwch y diffiniad hwn i esbonio pam nad oes gwaith yn cael ei wneud yn y cyfeiriad fertigol. [3]

    (ii) Mae'n cymryd 30 munud i dynnu'r sled pellter o 2.0 km ar draws tir gwastad. Cyfrifwch:

      (I) y gwaith sy'n cael ei wneud;

      (II) y pŵer cymedrig sydd ei angen. [4]

(c) Tybiwch fod y grym a gafodd ei gyfrifo yn (a) nawr yn gweithredu'n llorweddol fel sydd i'w weld. Cyfrifwch gyflymiad cychwynnol y sled, o wybod bod ei màs yn 40.0 kg a gan dybio bod y grym ffrithiannol yn aros yr un faint. [3]

Ateb Seren

(a) $\cos 40 = \dfrac{200}{F}$ ✓

  $F = 261\ N$ ✓

(b) (i) Gwaith sy'n cael ei wneud = $Fx \cos\theta$ ✓✓
Mae'r grym yn cael ei roi yn y cyfeiriad dymunol. Gan nad ydym ni'n dymuno mudiant fertigol ✗ nid oes gwaith yn cael ei wneud.

  (ii) (I) Gwaith sy'n cael ei wneud = $Fx \cos\theta$
= 200 N × 2000 m = 400 000 J ✓✓

    (II) 30 munud = 1800 s ✓

$$P = \frac{E}{t} = \frac{400000}{1800} = 222\ W\ ✓$$

(c) $a = \dfrac{\Sigma F}{m}$ $\Sigma F = 261\ N - 200\ N$ ✓ = 61 N

$a = \dfrac{61}{40}$ ✓ = 1.5 m s⁻¹ ✗ (cosb uned)

Sylwadau'r arholwr

(a) Wedi'i osod allan yn glir – y ddau farc.

(b) (i) Mae gosodiad Seren, $Fx \cos\theta$, yn cael ei dderbyn am 2 farc – mae'r marc 1af am grym × pellter a'r 2il farc am '......a symudodd yng nghyfeiriad y grym' – mae'r $\cos\theta$ yn cael ei ystyried yn gywerth â'r 2il osodiad.

Ymadrodd rhyfedd: mae 'dymuno' yn aneglur ac nid yw'n cael ei dderbyn.

  (ii) (I) Mae'r marc 1af am drawsnewid [2.0 km → 2000 m] ac mae'r 2il farc am luosi cywir.

    (II) Eto, mae Seren wedi trawsnewid 30 munud yn eiliadau'n gywir ac wedi dilyn hyn drwy gymhwyso'r hafaliad pŵer yn gywir.

(c) Mae Seren wedi cyfrifo'r grym cydeffaith [marc 1af] ac wedi cymhwyso yn gywir $a = \dfrac{\Sigma F}{m}$ [2il farc]. Mae wedi rhoi uned anghywir ar gyfer cyflymiad ac wedi colli'r 3ydd marc.

Mae Seren yn ennill 10 allan o 12 marc.

Ateb Tom

(a) $\cos 40 = \dfrac{200}{F}$ ✓

$F = 200\cos 40 = 153\ \text{N}$ ✗

(b) (i) Gwaith sy'n cael ei wneud = Grym × pellter symudiad ✓ ✗

Nid oes gwaith yn cael ei wneud yn fertigol oherwydd nad yw'r sled yn symud yn fertigol, dim ond yn llorweddol. ✓

(ii) (I) 2000 m ✓ × 200 N = 40,000 J ✗

(II) 60 × 60 = 3600 (1 munud)

3600 × 30 = 108,000 (30 munud) ✗

$P = \dfrac{W}{t} = \dfrac{40,000}{108,000}$ ✓ c.g.y. = 0.37 W

(c) $F = ma$

$153 = 40 \times a$ ✗

$\dfrac{153}{40} = a = 3.8\ \text{m s}^{-2}$ ✗ dim c.g.y.

Sylwadau'r arholwr

(a) Mae Tom wedi amnewid yn yr hafaliad yn gywir, gan ennill y marc 1af, ond mae wedi ad–drefnu'n anghywir ac mae felly'n colli'r 2il farc.

(b) (i) Mae diffiniad y gwaith sy'n cael ei wneud yn anghyflawn oherwydd nad oes yna ddim gosodiad am gyfeiriad y mudiant. Mae'r gosodiad sy'n dilyn yn annigonol i wneud yn iawn am y diffyg.
Mae Tom yn ennill y 3ydd marc, er hyn, oherwydd mae'n nodi'n gywir nad oes yna fudiant fertigol.

(ii) (I) Mae Tom yn trawsnewid y 2.0 km yn m yn gywir ond mae'n gwneud camgymeriad wrth luosi.

(II) Mae Tom yn colli'r marc 1af am y trawsnewidiad munud → eiliad ond mae'n cael c.g.y. ar hwn ac ar y gwaith anghywir wrth gyfrifo'r pŵer.

(c) Yn y rhan olaf hon o'r cwestiwn, mae'r arholwyr ond yn rhoi unrhyw gredyd os yw ymgeiswyr wedi ceisio cyfrifo'r grym cydeffaith. Gan na wnaeth Tom hyn derbyniodd 0 am ran (c).

Mae Tom yn ennill 5 allan o 12 marc.

C ac A 4

Pan fydd 2 broton yn cael eu cyflymu i egnïon cinetig uchel ac yn gwrthdaro â'i gilydd, gall yr adwaith canlynol ddigwydd. [Mae x yn ronyn 'anhysbys'.]

$$p + p \rightarrow p + x + \pi^{+}$$

(a) Y wefr ar broton (p) yw $+e$.

   (i) Beth yw maint y wefr ar y π^{+} (pion neu feson π)? [1]

   (ii) Darganfyddwch y wefr ar ronyn x. [1]

(b) Mae'r π^{+} yn cael ei ddosbarthu fel *meson*. Sut mae p yn cael ei ddosbarthu? [1]

(c) Yn yr adwaith, mae'r rhif cwarc-u a'r rhif cwarc-d yn cael eu cadw. [mae gan $\bar{u}$ rif cwarc-u o −1, ac mae gan $\bar{d}$ rif cwarc-d o −1.]
Gan roi eich rhesymu, darganfyddwch gyfansoddiad cwarc y gronyn x a thrwy hynny enwch y gronyn. [4]

(ch) Esboniwch sut mae cadwraeth *leptonau* yn gymwys i'r adwaith hon. [1]

(d) Trafodwch pa un o'r grymoedd, *gwan*, *cryf* neu *electromagnetig*, sy'n debygol o fod yn gyfrifol am yr adwaith. [2]

Ateb Seren

(a) (i) +I, +e ✓

(ii) 0e, niwtral ✓

(b) baryon ✓

(c) fformiwla cwarc: uud + uud → uud + x + u$\bar{\text{d}}$
✓ar gyfer y protonau, ✓ ar gyfer y pion
felly cyfansoddiad cwarc x yw udd. ✓
Niwtron yw'r gronyn. ✓

(ch) Y rhif lepton cyfan ar gyfer y ddwy ochr
yw 0 ar y cyfan gan nad oes leptonau'n
bresennol. ✓

(d) Y grym cryf ✓ sy'n debygol o fod yn
gyfrifol oherwydd cwarciau yw'r unig
ronynnau sy'n bresennol yn yr adwaith – nid
oes leptonau. ✓

Sylwadau'r arholwr

(c) Gwaith cyfrifo gweddol lawn – mae Seren
wedi rhoi cyfansoddiad cwarc y proton a'r
pion yn glir ac wedi enwi'r gronyn x a rhoi ei
gyfansoddiad.

(ch) Mae hwn yn osodiad tipyn mwy clir nag un
Tom.

(d) Nid yw'r ail frawddeg yn taro'r nod
yn llwyr oherwydd mae'n bosibl cael
rhyngweithiadau gwan sy'n ymwneud â
chwarciau yn unig – ond dim ond pan nad
yw cwarciau unigol yn cael eu cadw.

Mae Seren yn ennill 9 allan o 10 marc.

Ateb Tom

(a) (i) +1 ✓

(ii) 0 ✓

(b) cwarciau ✗

(c) ↑↑↓ + ↑↑↓ → ↑↑↓ + ↑↓↓
i fyny, i lawr, i lawr ✓ gyda gwefr o 0 mae'n niwtron ✓

(ch) Mae yna 0 bob amser ✗

(d) Grym cryf ✓
Oherwydd bod protonau a niwtronau'n bresennol yn fformiwla'r
cynnyrch sy'n gallu ffurfio grym atynnol neu rym gwrthyrrol
rhyngddynt. ✗

Sylwadau'r arholwr

(a) (i) Roedd naill ai +1 neu +e yn dderbyniol.

(ii) Nid oedd angen esboniad y tro hwn. Roedd 0, 0e neu
niwtral yn dderbyniol.

(b) Mae'r gronyn yn cynnwys cwarciau – mae'n cael ei
ddosbarthu fel baryon.

(c) Ni chafodd Tom unrhyw gredyd am y llinell gyntaf – mae'r
nodiant yn amlwg yn cynrychioli cwarciau i fyny a chwarciau
i lawr. Ond mae'r meson ar goll ac nid yw'r berthynas rhwng
hwn a'r atebion, sy'n gywir, yn glir. Mae 'rhoi eich rhesymu'
yn golygu bod rhaid argyhoeddi'r arholwr.

(ch) Nid yw'r ystyr yn glir.

(d) Efallai fod yr ail frawddeg yn golygu rhywbeth ond eto, nid
yw'r frawddeg yn glir.

Mae Tom yn ennill 5 allan o 10 marc.

C A 5 ac

a) (i) Mae brig sbectrwm y seren Rigel yn y cytser Orion ar donfedd 260 nm.
Cyfrifwch dymheredd arwyneb Rigel. [2]

(ii) Pa dybiaethau oeddech chi'n eu gwneud am sut mae arwyneb y seren yn
pelydru? [1]

(b) Mae tymheredd arwyneb Rigel, mewn kelvin, tua dwywaith tymheredd arwyneb
yr Haul. Mae radiws Rigel 70 gwaith radiws yr Haul. Defnyddiwch Ddeddf Stefan
i amcangyfrif y gymhareb:

$$\frac{\text{cyfanswm pŵer y pelydriad electromagnetig sy'n cael ei allyrru gan Rigel}}{\text{cyfanswm pŵer y pelydriad electromagnetig sy'n cael ei allyrru gan yr Haul}}$$ [3]

(c) Gallwn ni ddarganfod presenoldeb atomau penodol yn atmosffer seren drwy fesur
tonfeddi'r llinellau tywyll yn sbectrwm y seren.

Esboniwch sut mae'r llinellau'n digwydd, a pham maen nhw'n digwydd ar
donfeddi penodol. [3]

Ateb Seren

(a) (i) $\lambda_{mwyaf} \, T = W$

$250 \times 10^{-9} \times T = 2.90 \times 10^{-3}$ ✓

$T = 11154°$ × (uned)

(ii) Mae'n pelydru fel pelydrydd cyflawn. ✓

(b) Rigel r = 70 Haul = 1

$P_R = 4\pi \times 70^2 \times 5.67 \times 10^{-8} \times 11154^4 = 5.402 \times 10^{13}$

$P_S = 4\pi \times 1^2 \times 5.67 \times 10^{-8} \times (\frac{1}{2} \times 11154)^4 = 6.89 \times 10^8$ ✓✓

Cymhareb = $\dfrac{5.40 \times 10^{13}}{6.89 \times 10^8}$, felly Rigel = 78374 gwaith mwy o bŵer na'r Haul ✓

(c) Mae pelydriad o bob tonfedd yn cael ei allyrru gan y seren. Mae'r ffotonau sy'n cael eu hallyrru'n pasio drwy atmosffer y seren. ✓ Os yw ffoton yn gwrthdaro ag electron ac mae egni'r ffoton yn hafal i'r gwahaniaeth egni ar gyfer naid yr electron, mae'r ffoton yn cael ei amsugno ✓ gan yr electron wrth neidio i lefel egni uwch. Mae hyn yn ymddangos fel llinell fertigol dywyll ar y sbectrwm lliw ar y donfedd sy'n cael ei hamsugno. ✓

Sylwadau'r arholwr

(a) (i) Mae Seren yn cyfrifo gwerth kelvin y tymheredd yn gywir. Yn anffodus mae'n gadael yr uned allan – nid yw ° yn uned.

(b) Mae Seren yn defnyddio gwerthoedd cymharol y radiws, ac yn sgwario'r gymhareb yn gywir. Mae hi'n codi'r tymheredd i'r 4ydd pŵer. Mae hi'n cyfrifo'r ddau bŵer – nid yw'r ffaith nad yw hi'n defnyddio'r radiysau gwirioneddol ac felly ddim yn mynegi'r pwerau mewn unedau SI ddim o bwys: mae'n dod o hyd i'r gymhareb yn gywir.

(c) Mae Seren yn nodi'n gywir:
- bod y pelydriad â sbectrwm di-dor yn pasio drwy atmosffer seren;
- bod amsugniad yn digwydd drwy ryngweithiad gydag atomau â gwahaniaeth egni penodol
- bod y llinellau tywyll yn cyfateb i egni'r ffotonau sy'n cael eu hamsugno.

Mae Seren yn ennill 8 allan o 9 marc.

Ateb Tom

(a) (i) $\lambda_{mwyaf} = WT^{-1}$

$250 \times 10^{-9} = 2.90 \times 10^{-3} \, T^{-1}$ ✓

$T^{-1} = 8.97 \times 10^{-5}$. $T = 1.13 \times 10^4 \, K$ ✓

(ii) Mae'r tymheredd yr un faint ar draws yr arwyneb ✗

(b) $T_R = 2T_S; \, R_R = 70R_S$

$P = A\sigma T^4$. $\dfrac{P_R}{P_S} = \dfrac{4\pi r^2 \times \sigma \times T^4}{4\pi r^2 \times \sigma \times T^4} = \dfrac{r^2 \times T^4}{r^2 \times T^4}$ [ond mae π a σ yr un fath]

$= \dfrac{1^2 \times 11200^4}{70^2 \times \left(\dfrac{11200}{2}\right)^4}$ ✓ ✗

$= \dfrac{4}{1125} = 3.27 \times 10^{-3}$

(c) Mae sbectrwm di-dor yn cael ei roi allan gan seren ond gwelir sbectrwm amsugno wrth edrych ar seren. Mae hyn oherwydd bod y nwyon yn amsugno rhai o donfeddi'r golau. ✓

∴ gallwn ddarganfod pa nwy mae'r seren wedi'i gwneud ohono.

Sylwadau'r arholwr

(a) (i) Mae Tom yn dewis yr hafaliad cywir ac yn amnewid y data'n gywir, gan ennill y marc cyntaf. Mae'n cyfrifo'r tymheredd yn gywir ac yn rhoi'r uned, i ennill yr ail farc.

(ii) Nid yw Tom wedi nodi'r pwynt bod Deddf Wien yn wir ar gyfer pelydryddion cyflawn yn unig.

(b) Mae Tom yn mynegi Deddf Stefan yn gywir i gael y gymhareb. Mae Tom yn trin 4ydd pŵer y tymereddau'n gywir ac yn ennill marc ond yn anffodus mae'n gwrthdroi cymhareb sgwâr y radiysau. Felly mae ei ateb terfynol yn anghywir. Mae gosodiad cyntaf Tom, $T_R = 2T_S$, yn gywir ond nid yw Tom yn ei ddefnyddio.

(c) I ennill mwy nag un marc, mae angen i Tom drafod amsugniad ffotonau / lefelau egni atomig. Hefyd, mae angen dangos ble mae'r amsugniad yn digwydd.

Mae Tom yn ennill 4 allan o 9 marc.

C ac A 6

(a) Gan roi diagram wedi'i labelu, deilliwch y berthynas rhwng y cerrynt I drwy wifren fetel ag arwyneb trawstoriadol A, cyflymder drifft yr electronau rhydd, v, pob un â gwefr e, a nifer, n, yr electronau rhydd am bob uned o gyfaint y metel. **[4]**
($I = nAve$)

(b) Cyfrifwch gyflymder drifft yr electronau rhydd mewn gwifren gopr ag arwyneb trawstoriadol 1.7×10^{-6} m² pan fydd cerrynt o 2.0 A yn llifo [$n_{copr} = 1.0 \times 10^{29}$ m⁻³]. **[2]**

(c) Mae angen gwahaniaeth potensial ar draws y copr er mwyn i gerrynt lifo. Mae maint y cerrynt yn dibynnu ar wrthiant y wifren. Esboniwch yn nhermau electronau rhydd, sut mae'r gwrthiant hwn yn digwydd. **[2]**

(ch) Mae hyd y wifren gopr yn (b) yn 2.5 m. Pan fydd yn cludo cerrynt o 2.0 A bydd yn afradloni egni ar gyfradd o 0.1 W. Cyfrifwch ei wrthedd. **[4]**

(d) Mae gan ail wifren gopr yr un cyfaint â'r wifren yn (ch) ond mae'n hirach. Cwblhewch y tabl isod gan ddangos a yw'r maint sy'n cael ei roi **yn fwy**, **yn llai** neu **yr un faint** ar gyfer y wifren hirach hon. **[3]**

Maint	Ar gyfer y wifren hirach mae'r maint hwn yn:
Arwynebedd trawstoriadol	
n, nifer yr electronau rhydd / uned o gyfaint	
Gwrthedd	

Ateb Seren

(a)

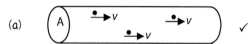

✓

Q = nifer yr electronau × gwefr ar bob electron
Q = V × n × e ✓
gan fod V = AL   Q = ALne ✓

$I = \dfrac{Q}{t} \therefore I = \dfrac{ALne}{t}$

gan fod $v = \dfrac{L}{t}$ $I = nAve$ ✓

(b) $v = \dfrac{I}{nAe}$ $v = \dfrac{2.0}{1.0 \times 10^{29} \times 1.7 \times 10^{-6} \times 1.6 \times 10^{-19}}$ ✓

$v = 7.4 \times 10^{-5}$ m s⁻¹ ✓

(c) Mae'r electronau rhydd sy'n teithio yn y wifren yn gwrthdaro ✓ â'r ïonau ✓, sy'n rhoi ei wrthiant iddo. Os, er enghraifft, bydd y copr yn cael ei wresogi, mae'n golygu bod yr ïonau'n dirgrynu mwy mewn sffêr o ddylanwad, a bydd mwy o electronau'n gwrthdaro â nhw, gan roi mwy o wrthiant.

(ch) $\rho = \dfrac{RA}{L}$. $P = I^2R$ ✓ $\therefore R = \dfrac{P}{I^2} = \dfrac{0.1}{2.0^2} = 0.025$ Ω. ✓

$\rho = \dfrac{0.025 \times 1.7 \times 10^{-6}}{2.5}$ ✓ $= 1.7 \times 10^{-8}$ Ω m⁻¹ ✓ [nodwch yr uned anghywir]

(d) yr un faint   ✗
yr un faint   ✓
yn llai   ✗

Sylwadau'r arholwr

(a) Nid yw'n ddeilliad perffaith; er enghraifft, nid yw I yn cael ei ddiffinio, ac nid yw Seren yn rhoi sylwadau, ond mae'r ateb yn bodloni gofynion y cynllun marcio.

(b) Marc cyntaf am amnewid i mewn i'r hafaliad – mae Seren wedi trin yr hafaliad hefyd, er nad oedd hyn yn angenrheidiol ar gyfer y marc hwn – a'r ail farc am yr ateb cywir.

(c) Mae Seren wedi ateb y cwestiwn yn y frawddeg gyntaf. Mae'r ail frawddeg yn ateb cwestiwn gwahanol.

(ch) Mae Seren wedi nodi'r hafaliad gwrthedd, wedi sylweddoli bod angen iddi ddarganfod y gwrthiant yn gyntaf, ac mae'n gwneud hynny drwy ddefnyddio $P = I^2R$, yna mae'n mynd ymlaen i gyfrifo'r gwrthedd. Mae'n defnyddio'r uned anghywir ond mae'n lwcus gan nad oedd cosb yn yr achos hwn!

(d) Nid yw Seren wedi sylweddoli bod rhaid i arwynebedd trawstoriadol y wifren fod yn llai os yw cyfaint y wifren hirach yr un faint â chyfaint y wifren fyrrach! Mae'r gwrthedd yn un o nodweddion y <u>defnydd</u> ac nid yw'n dibynnu ar siâp y sbesimen.

Mae Seren yn ennill 13 allan o 15 marc.

Ateb Tom

(a)

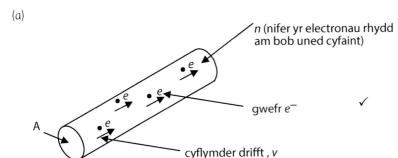

n (nifer yr electronau rhydd am bob uned cyfaint)

gwefr e^- ✓

A

cyflymder drifft , *v*

$I = nAve$ ar gyfer y cerrynt $\qquad$ cyflymder $= \dfrac{I}{nAe} \qquad n = \dfrac{I}{Ave}$

$A = \dfrac{I}{nev} \qquad e = \dfrac{I}{Ane}$

(b) $v = \dfrac{I}{nAe}$

$= \dfrac{2.0}{1.7 \times 10^{-6} \times 1.0 \times 10^{-16} \times 1.0 \times 10^{29}}$ ✗ – amnewid anghywir

$= 1.176 \times 10^{-7}$ m s^{-1} ✗ – dim c.g.y.

(c) Mae electronau rhydd yn y wifren yn bwrw i mewn i ✓ ïonau yn nellten y metel ✓ maen nhw'n blocio'r ffordd ac yn arafu'r electronau gan roi gwrthiant.

(ch) $R = \dfrac{V}{I}$. $\qquad P = VI \qquad$ felly $R = \dfrac{I^2}{P} = \dfrac{4}{0.1} = 40\ \Omega$

$\rho = \dfrac{RA}{I} = \dfrac{40 \times 1.7 \times 10^{-6}}{2.5}$ ✓ (c.g.y.) $= 2.72 \times 10^{-5}\ \Omega$ m ✓

(d) yn llai $\qquad$ ✓

yr un faint $\qquad$ ✓

yn llai $\qquad$ ✗

Sylwadau'r arholwr

(a) Diagram da – ond gormod o labelu gan fod y meintiau wedi'u diffinio yn y cwestiwn. Mae'n amlwg nad yw Tom wedi dysgu'r deilliad. Mae e wedi chwarae â'r hafaliad yn unig.

(b) Mae Tom wedi gwneud camgymeriad gyda'i amnewid – mae'r gwerth ar gyfer *e* yn anghywir. Nid yw wedi helpu ei hun drwy beidio â chadw'r meintiau ar linell waelod y ffracsiwn yn yr un drefn ag y maen nhw yn yr hafaliad algebraidd. Nid yw'n bosibl rhoi'r ail farc oherwydd amnewid anghywir.

(c) Mae Tom wedi rhoi ateb boddhaol yma.

(ch) Mae Tom wedi gwneud camgymeriad wrth ddarganfod *R*. Cafodd gredyd am ddefnyddio'r gwerth anghywir ar egwyddor c.g.y., felly hefyd gyda'r ateb terfynol anghywir.

(d) Nid yw gwrthedd metel yn dibynnu ar ei siâp – dim ond ar y defnydd.

Mae Tom yn ennill 7 allan o 15 marc.

(a) Beth yw uwchddargludydd? [1]

(b) Gyda chymorth graff braslun, esboniwch y term tymheredd trosiannol uwchddargludedd. [3]

(c) Esboniwch pam mae uwchddargludyddion yn ddefnyddiol ar gyfer cymwysiadau sydd angen ceryntau trydanol mawr ac enwch **un** cymhwysiad o'r fath. [2]

Ateb Seren

(a) Defnydd sydd â'i wrthiant yn lleihau i 0 i bob pwrpas y tu hwnt i dymheredd arbennig. ✓ [mantais yr amheuaeth]

(b)

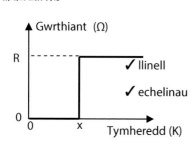

Mae'r gwrthiant yn lleihau i 0 i bob pwrpas y tu hwnt i'r tymheredd **X**. Mae trosiad rhwng gwrthiant R a 0 yn digwydd ar y tymheredd hwn. ✓

(c) Mae swm mawr o gerrynt yn gallu pasio drwyddynt yn hawdd (h.y. ni fyddant yn teimlo gwrthiant o gwbl). Maen nhw'n cael eu defnyddio mewn cyflymyddion gronynnau. ✓

Sylwadau'r arholwr

(a) Yn yr achos hwn roedd yr arholwr yn edrych am wrthiant o 0 yn unig – mae'r syniad o dymheredd trosiannol yn ymddangos yn (b).

(b) Mae Seren wedi nodi'r echelinau'n gywir ac wedi rhoi graff cywir. Nid yw 'tu hwnt' yn ymadrodd da i'w ddefnyddio, ond mae'n glir o'r graff ei bod yn golygu 'o dan'.

(c) Mae marc wedi'i golli oherwydd nad oedd cyswllt wedi'i wneud â cholled egni o 0 gydag uwchddargludydd. Derbyniwyd cyflymyddion gronynnau ar gyfer y marc ond yn ddelfrydol dylai Seren fod wedi nodi bod angen uwchddargludyddion ar y magnetau.

Mae Seren yn ennill 5 allan o 6 marc.

Ateb Tom

(a) Dargludydd â gwrthiant o 0. ✓

(b)

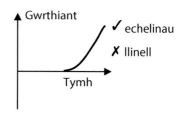

Dyma'r tymheredd lle mae'r gwrthiant i gyd yn diflannu. ✗

(c) Ceblau pŵer – mae llai o egni'n cael ei wastraffu drwy ffrithiant/gwres ✓ ∴ maen nhw'n fwy effeithlon.

Sylwadau'r arholwr

(a) Mae Tom yn ennill marc.

(b) Mae Tom wedi nodi'n gywir mai'r graff arwyddocaol yw graff o wrthiant yn erbyn tymheredd ond mae wedi llunio llinell annigonol ac nid yw ei ddisgrifiad yn ei gwneud hi'n glir bod y gwrthiant o 0 yn digwydd dros amrediad o dymheredd o 0 i'r tymheredd trosiannol.

(c) Mae Tom wedi nodi'r fantais fel un sy'n ymwneud â cholled egni [mae 'ffrithiant' wedi cael ei anwybyddu yma] ond ni chafodd y ffaith bod ceblau pŵer yn defnyddio uwchddargludyddion ei derbyn.

Mae Tom yn ennill 3 allan o 6 marc.

Mae myfyriwr yn cyfeirio paladr cul o olau tuag at un pen bloc gwydr, fel sydd i'w weld:

(a) (i) Gan gyfeirio at y diagram, cyfrifwch yr ongl drawiad, *x*. [Indecs plygiant aer = 1.00; indecs plygiant gwydr = 1.52] [3]

(ii) Cyfrifwch yr ongl *y*. [1]

(iii) Dangoswch nad yw'r golau'n plygu i mewn i'r aer ar bwynt **P**. [2]

(iv) (I) Mae'r golau'n newid ei gyfeiriad teithio ar bwynt **P**. Beth yw'r enw llawn ar y broses sy'n digwydd? [1]

(II) Sut mae maint yr ongl *z* yn cymharu â maint yr ongl *y*? [1]

(b) (i) Mae ffibr gwydr sy'n cael ei ddefnyddio ar gyfer trawsyrru data yn cynnwys craidd canolog o wydr gyda *chladin* o wydr ag indecs plygiant llai. Awgrymwch un fantais o gael cladin gwydr yn hytrach nag aer yn unig o'i amgylch. [1]

(ii) Beth sy'n bosibl ei ddweud am ddiamedr ffibr monomodd? [2]

(iii) Pam mae ffibr o'r fath yn cael ei alw'n ffibr monomodd? [1]

Ateb Seren

(a) (i) $n_1 \sin\theta_1 = n_2 \sin\theta_2$

∴ $1\sin x = 1.52\sin 25$ ✓; ∴ $\sin x = 0.6423...$

∴ $x = \sin^{-1} 0.642$ ✓ $= 40.0°$ (i 3 ff.y.) ✓

(ii) $180 - (25 + 90) = 65°$ ✓

(iii) $n_1 \sin\theta_1 = n_2 \sin 90$

∴ $1.52\sin\theta_1 = n_2$ ✓ ∴ ongl gritigol $= \sin\left(\frac{1}{1.52}\right) = 41.1°$

∴ $65° >$ ongl gritigol $(41.1°)$ ✓

∴ nid yw golau yn plygu

(iv) (I) Adlewyrchiad mewnol cyflawn. ✓

(II) $z = y$ ✓

(b) (i) Mae'n lleihau'r ongl gritigol, a thrwy hynny'n lleihau'r nifer o lwybrau. ✗ [nid mantais yr amheuaeth]

(ii) Mae'n fach iawn. ✓

(iii) Mae ond yn gadael un llwybr ar gyfer trawsyrru. ✓

Sylwadau'r arholwr

(a) (i) Mae'r marc cyntaf am roi'r data cywir yn yr hafaliad; mae'r ail farc am yr ateb.

(iii) Mae Seren wedi cymhwyso'r egwyddor gywir: marc 1af – rhoi'r gwerthoedd cywir yn yr hafaliad; 2il farc am y drafodaeth gywir.

(b) (i) Mae'r gosodiad hwn ar y trywydd iawn [effaith ar yr ongl gritigol] ond mae o chwith (bydd cladin yn <u>cynyddu'r</u> ongl gritigol) ac nid oes cyswllt eglur â'r fantais sy'n gysylltiedig, h.y. y lleihad yn y gwasgariad amlfodd.

(ii) Dyma'r marc cyntaf. Roedd angen maint bras [llai na ~ 1 μm yn dderbyniol] i ennill yr ail farc neu sylw ynglŷn â'r maint mewn perthynas â thonfedd y pelydriad sy'n cael ei ddefnyddio.

(iii) Gosodiad cywir prin!

Mae Seren yn ennill 10 allan o 12 marc.

Ateb Tom

(a) (i) $n = \dfrac{\sin i}{\sin r} = \dfrac{\sin 1}{\sin 1.52}$ ✗ $= 0.647$ $\sin^{-1} = 41°$

(ii) $130 \div 2 = 65°$ ✓

(iii) Oherwydd er mwyn i'r golau blygu allan i'r aer, mae'n rhaid bod ongl x yn llai fel na fydd y golau yn plygu tuag i mewn ond yn mynd allan yn lle hynny. ✗

(iv) (I) Plygiant mewnol cyflawn ✗

(II) Maen nhw i gyd yr un maint. ✓

(b) (i) Mae'n golygu mai dim ond pelydr ag onglau trawiad bach sy'n aros y tu mewn i'r ffibr, fel bod pob paladr y tu mewn yn cyrraedd pen eu taith ar amserau tebyg. ✓

(ii) Yn fach iawn. ✓

(iii) Dim ond un darn o wybodaeth sy'n bosibl ei anfon ar hyd y ffibr. ✗

Sylwadau'r arholwr

(a) (i) Mae Tom wedi dewis fersiwn o'r fformiwla gywir ond mae wedi colli'r marc cyntaf oherwydd ei fod wedi rhoi'r data anghywir i mewn. Nid yw'n bosibl rhoi marc am ateb sy'n dilyn o hyn.

(ii) Mae'r ateb yn gywir: mae'r dull braidd yn aneglur ond nid yw'n amlwg yn anghywir.

(iii) Methodd Tom â sylweddoli bod angen cyfrifiad yma. Mae'r sylw ynglŷn ag x yn amherthnasol gan mai'r ongl y sy'n arwyddocaol.

(iv) (I) Mae Tom wedi defnyddio'r gair 'plygiant' yn lle 'adlewyrchiad' – mae'r dryswch hwn yn digwydd yn yr ateb i (a) (iii) hefyd – ni chaniateir c.g.y. am y camgymeriad hwn o ran egwyddor.

(b) (i) Ateb da gan fyfyriwr gwan.

(ii) Fel ateb Seren.

(iii) Camddealltwriaeth gyffredin.

Mae Tom yn ennill 4 allan o 12 marc.

(a) (i) Beth yw'r *effaith ffotodrydanol*? [2]

(ii) Esboniwch yr effaith ffotodrydanol yn nhermau ffotonau, electronau ac egni, gan esbonio sut mae'n arwain at *hafaliad ffotodrydanol Einstein*. [4]

(b) (i) Mae dau amledd gwahanol o belydriad electromagnetig yn cael eu disgleirio yn eu tro ar arwyneb sinc â ffwythiant gwaith o 4.97×10^{-19} J. Ar gyfer y ddau amledd, dangoswch a oes electronau'n cael eu hallyrru o'r arwyneb ai peidio. Os ydyn nhw'n cael eu hallyrru, cyfrifwch uchafswm eu hegni cinetig.

(I) 7.99×10^{14} Hz. [2]

(II) 6.74×10^{14} Hz [1]

(ii) Beth fyddai uchafswm egni cinetig yr electronau sy'n cael eu hallyrru pe bai'r ddau amledd yn disgleirio ar yr arwyneb ar yr un pryd? Esboniwch eich rhesymu. [2]

Ateb Seren

(a) (i) Allyriad electron o arwyneb y metel ✓ gyda'r egni'n cael ei ddarparu gan egni ffoton y ffynhonnell olau. ✓

(ii) Dylai egni ffoton sydd ei angen i ryddhau ✓ electron fod yn hafal i naill ai'r ffwythiant gwaith (swm lleiaf) ✓ neu'n fwy (ffwythiant gwaith = yr egni lleiaf sydd ei angen i ryddhau electron). Ar gyfer ffotonau ag egni sy'n fwy na'r ffwythiant gwaith, mae egni cinetig yr electronau sydd wedi'u rhyddhau yn hafal i'r gwahaniaeth rhwng E_{ffoton} a ϕ, ✓ h.y. $EC_{mwyaf} = hf - \phi$, lle mae hf = egni'r ffoton ✓ a ϕ = y ffwythiant gwaith.

(b) (i) (I) Egni ffoton = $6.63 \times 10^{-34} \times 7.99 \times 10^{14} = 5.297 \times 10^{-19}$

Mae'n fwy na ϕ ac felly mae electronau'n cael eu hallyrru. ✓

Uchafswm EC = $5.297 \times 10^{-19} - 4.97 \times 10^{-14} = 3.27 \times 10^{-20}$ J✓

(II) Egni ffoton = $6.63 \times 10^{-34} \times 6.74 \times 10^{14}$

$= 4.47 \times 10^{-19} < \phi$

Felly nid oes electron yn cael ei allyrru. ✓

(ii) 3.27×10^{-20} J, oherwydd bydd y metel yn amsugno'r golau â'r amledd uchaf ar gyfer allyrru electronau. ✓✓

Sylwadau'r arholwr

(a) (i) Electronau o arwyneb y metel; egni'n cael ei ddarparu gan ffotonau – 2 farc clir.

(ii) Mae'r disgrifiad yn ddryslyd ond mae'n cynnwys yr hyn sydd ei angen ar gyfer pob marc: egni ffoton, ffwythiant gwaith; y syniad bod un ffoton yn rhyddhau un electron; gosodiad clir ynglŷn â chadwraeth egni.

(b) (i) (I) Mae gosodiad Seren yn wahanol i un Tom ond mae'r un mor ddilys.

(II) Mae Seren wedi dangos yn glir nad oes gan y ffoton ddigon o egni ac mae wedi dod i'r casgliad cywir.

(ii) Nid yw ateb Seren yn berffaith, ond mae'n ddigon i ennill y marc: mae wedi rhoi'r egni'n gywir; byddai gosodiad nad yw egnïon ffotonau'n gallu cyfuno, neu debyg, wedi bod yn well.

Mae Seren yn ennill 11 allan o 11 marc.

Ateb Tom

(a) (i) Pan fydd ffotonau â'r egni cywir yn cael eu hamsugno ac electronau'n cael eu hallyrru. ✗✓

(ii) Hafaliad ffotodrydanol Einstein: $\frac{1}{2}mv^2 = hf - \phi$

$\frac{1}{2}mv^2$ yw uchafswm egni cinetig yr electron

hf yw amledd y ffoton. ✗

ϕ yw'r egni lleiaf sydd ei angen i symud yr electron o'r arwyneb.

yr arwydd – yw'r egni dianc sy'n weddill.

(b) (i) (I) $E = hf - \phi = 6.63 \times 10^{-34} \times 7.99 \times 10^{14}$

$- 4.97 \times 10^{-14}$ ✓

$= 3.27 \times 10^{-20}$ J ∴ Mae electronau'n cael eu hallyrru. ✓

(II) $E = hf - \phi = 6.63 \times 10^{-34} \times 6.74 \times 10^{14}$

$- 4.97 \times 10^{-14}$

$= -5.01 \times 10^{-20}$ J ✗

(ii) Bydd yn hafal i 0 gan fod yr amledd ar ei leiaf. ✗

Sylwadau'r arholwr

(a) (i) Mae'r marc yn cael ei roi am amsugniad/allyriad ond nid am y cyd-destun.

(ii) Mae'n syniad da nodi'r hafaliad ond dylai'r deilliad fod yn eglur. Mae'n nodi ϕ yn eglur ac yn ennill marc. Mae Tom yn galw hf yn 'amledd' y ffoton – byddai 'egni' wedi ennill y marc ychwanegol.

Yn anffodus nid yw'r cynllun marcio yn rhoi marc am $\frac{1}{2}mv^2$ ac mae angen gormod o ddehongli ar y gosodiad olaf i roi credyd.

(b) (i) (I) Da – clir a chryno. Mae Tom yn deillio uchafswm egni'r electronau a gafodd eu hallyrru ac yn nodi eu bod nhw'n cael eu hallyrru.

(II) Nid oes marc am ailadrodd cyfrifiad. Dylai Tom fod wedi tynnu sylw at yr arwydd –, a dangos na fyddai electron yn cael ei allyrru.

(ii) Nid oes gwerth i'r gosodiad hwn.

Mae Tom yn ennill 4 allan o 11 marc.

C ac A

10

Yn y laser heliwm–neon, mae atomau cynhyrfol heliwm yn gwrthdaro ag atomau neon ac yn trosglwyddo egni iddyn nhw. Mae hyn yn codi atomau neon o'r cyflwr isaf i'r cyflwr cynhyrfol metasefydlog, **U** (gweler y diagram).

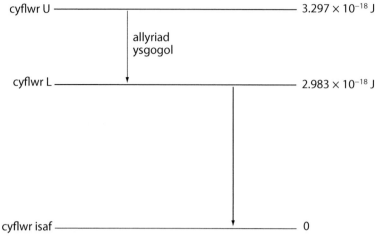

cyflwr U ——————————————— 3.297×10^{-18} J

allyriad ysgogol

cyflwr L ——————————————— 2.983×10^{-18} J

cyflwr isaf ——————————————— 0

Mae ffotonau'n cael eu hallyrru drwy allyriad ysgogol sy'n ymwneud â thrawsnewid electronau rhwng cyflwr **U** a chyflwr **L**.

(a) (i) Cyfrifwch y ffracsiwn

$$\frac{\text{egni ffoton}}{\text{egni i ddyrchafu atom i lefel } \mathbf{U}}$$ [2]

    (ii) Cyfrifwch donfedd y golau sy'n cael ei allyrru. [2]

(b) (i) Beth sy'n achosi allyriad ysgogol i ddigwydd? [2]

    (ii) Yn nhermau ffotonau, disgrifiwch yn ofalus beth yw canlyniad digwyddiad o'r fath. [2]

    (iii) Mae'r electron yn aros ar lefel **L** am amser byr iawn yn unig, cyn disgyn yn ddigymell i'r cyflwr isaf. Esboniwch pam mae'r nodwedd hon yn bwysig o ran sut mae laser yn gweithredu. [2]

    (iv) Mae'r cymysgedd o heliwm a neon wedi'i gynnwys mewn ceudod hir â drychau, fel y dangosir yn y diagram wedi'i symleiddio.

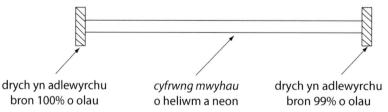

drych yn adlewyrchu   *cyfrwng mwyhau*   drych yn adlewyrchu
bron 100% o olau   o heliwm a neon   bron 99% o olau

Sut mae'r cynllun ceudod hwn yn hybu sut mae'r laser yn gweithredu? [2]

Ateb Seren

(a) (i) egni ffoton $= 3.297 \times 10^{-18} - 2.983 \times 10^{-18}$ ✓

$= 3.14 \times 10^{-19}$ J

∴ Ffracsiwn $= \dfrac{3.14 \times 10^{-19}}{3.297 \times 10^{-18}} = \dfrac{2}{21}$ ✓

(ii) $E_{ffoton} = \dfrac{hc}{\lambda}$ ∴ $\lambda = \dfrac{hc}{E_{ffoton}}$ ✓ $= \dfrac{6.6 \times 10^{-34} \times 3 \times 10^8}{3.14 \times 10^{-19}}$

$= 6.31 \times 10^{-7}$ m ✓

(b) (i) Mae ffoton sy'n drawol ar atom ✓ yn achosi iddo godi i gyflwr cynhyrfol ac yna disgyn yn gyflym, gan ryddhau ffoton, sy'n achosi effaith gynyddol ar gyflyrau cynhyrfol eraill ✗

(ii) Mae effaith gynyddol ffotonau'n cael eu rhyddhau ar yr un amser fwy neu lai, yn achosi i'r ffotonau i gyd fod yn gydlynol ✓ â'i gilydd, gan achosi mwyhad golau (sy'n fonocromatig).

(iii) Mae'n ei gwneud hi'n haws cael gwrthdroad poblogaeth ✓. Os na fyddai gwrthdroad poblogaeth, yna byddai mwy o amsigno nag allyrru ✓ ac ni fyddai'r cyfrwng mwyhau yn gweithio.

(iv) Mae'n caniatáu i ffotonau symud yn ôl ac ymlaen o fewn y cyfrwng mwyhau ✓ a ∴ chynyddu'r arddwysedd ✓ tra'n gadael 1% o'r golau allan, i gyflawni swyddogaeth y laser arbennig.

Sylwadau'r arholwr

(a) (i) Wedi'i osod allan yn glir: 0.095 oedd yr ateb dymunol ond rhoddodd y rhan fwyaf o ymgeiswyr $\dfrac{2}{21}$ ac fe gafodd ei dderbyn.

(ii) Hafaliad cywir wedi'i gyflwyno ar gyfer λ (marc 1af); ateb cywir (2il farc).

(b) (i) Mae Seren wedi nodi bod y digwyddiad yn cael ei achosi gan ffoton trawol ond mae wedi nodi, yn anghywir, bod hyn yn achosi cynhyrfu.

(ii) Nid yw ateb Seren yn werth dau farc oherwydd mae'n methu delio â digwyddiad sengl, h.y. un ffoton trawol yn arwain at 2 ffoton yn dod allan.

(iii) Dyma ymateb ardderchog gan Seren. Mae'r gwall sillafu, hyd yn oed mewn gair arwyddocaol, yn cael ei anwybyddu.

(iv) Mae ateb Seren yn ennill y ddau farc yn hawdd – gweler ateb Tom a Sylwadau'r arholwr.

Mae Seren yn ennill 10 allan o 12 marc.

Ateb Tom

(a) (i) $\dfrac{3.297}{(3.297 - 2.983)} = \dfrac{21}{2}$ ✗

(ii) $E = hf, E = h\left(\dfrac{c}{\lambda}\right)$

∴ $3.14 \times 10^{-19} = 6.63 \times 10^{-34} \times \left(\dfrac{3 \times 10^8}{\lambda}\right)$

$\lambda = 6.33 \times 10^{-7}$ m ✓✓

(b) (i) Ffoton yn taro electron gan ei annog i ddisgyn i egni is. ✓

(ii) Bydd gan y ffoton yr un amledd ✓ â'r un a'i trawodd a byddan ✓ nhw'n gydwedd.

(iii) Nid yw'r ffoton sy'n cael ei allyrru yn achosi allyriad ysgogol ond allyriad digymell, <u>na</u> fydd yn achosi i ffotonau cydlynol gael eu hallyrru. ✗

(iv) Mae'r rhan fwyaf o ffotonau sy'n cael eu cynhyrchu yn cael eu hadlewyrchu'n ôl i ysgogi mwy â'r un amledd. ✓

Sylwadau'r arholwr

(a) (i) Anffodus! Mae Tom wedi sylwi bod y ffactor o 10^{-18} yn gyffredin ac felly'n gallu cael ei adael allan, ond mae e wedi gwrthdroi'r ffracsiwn, Dim credyd felly.

(ii) Mae'r marc cyntaf am gyfuno'r hafaliadau $E = hf$ ac $c = f\lambda$ a'u trin i gynhyrchu hafaliad gyda λ fel testun; mae'r ail farc am yr ateb.

(b) (i) Mae Tom wedi bod ychydig yn lletchwith ac wedi nodi'r digwyddiad fel un sy'n cael ei achosi gan ffoton trawol. Nid yw Tom wedi sôn am y pwynt bod egni'r ffoton yn hafal i'r gwahaniaeth egni rhwng U–L.

(ii) Mae Tom wedi nodi bod amledd y ffoton ysgogol yr un faint â'r un sy'n dod i mewn [byddai 'cydlynol' wedi bod yn well]. Mae ei sylw y 'byddan <u>nhw</u>'n gydwedd' yn awgrymu bod yna ddau ffoton lle'r oedd un cynt.

(iii) Nid yw Tom yn tynnu sylw at bwysigrwydd gwrthdroad poblogaeth.

(iv) Mae Tom wedi ymdrin â'r ddau bwynt marcio yn rhannol (croesi'r ceudod nifer o weithiau; cynyddu'r siawns o allyriad ysgogol) ac mae'n ennill un marc.

Mae Tom yn ennill 6 allan o 12 marc.

Cynhelir arbrawf i ddarganfod gwrthedd metel drwy ddefnyddio hydoedd newidiol o'r metel ar ffurf gwifren. Esboniwch sut dylai'r arbrawf gael ei gynnal, a sut gallwn gael gwerth trachywir ar gyfer y gwrthedd o'r canlyniadau. [6 AYE]

Ateb Seren

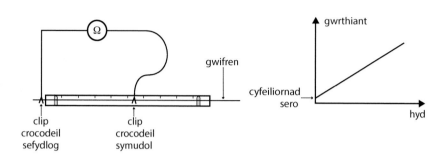

Mae'r wifren yn cael ei thapio i riwl fetr, fel sydd i'w gweld. Drwy glipio'r clip crocodeil symudol i'r wifren mewn o leiaf 10 safle gwahanol, mae cyfres o ddarlleniadau gwrthiant yn cael eu cymryd (sy'n cael eu mesur ar yr ohmedr), a chyfres o ddarlleniadau hyd (sy'n cael eu mesur ar raddfa'r riwl fetr). Caiff diamedr y wifren ei fesur drwy ddefnyddio micromedr neu bâr o galiperau digidol, er mwyn gallu cyfrifo'r arwynebedd trawstoriadol.

Caiff graff o wrthiant yn erbyn hyd ei lunio, fel sydd i'w weld. Y cyfeiliornad sero, R_0, yw gwrthiant lidiau'r ohmedr. Hafaliad y graff yw $R = \frac{\rho l}{A} + R_0$, lle l yw hyd y wifren ac A yw ei harwynebedd trawstoriadol. Graddiant y graff yw $\frac{\rho}{A}$, felly y gwrthedd yw'r graddiant × yr arwynebedd trawstoriadol.

Sylwadau'r arholwr

Diagram: Mae'r diagram yn dangos yr offer wedi'i osod yn gywir, a bydd yn caniatáu i unrhyw fyfyriwr ailadrodd yr arbrawf. Nid yw'r riwl fetr, na phwyntiau'r wifren sydd wedi cael eu tapio, wedi'u labelu, ond mân feiau yw'r rhain.

Dull: Mae Seren yn nodi'n glir y mesuriadau y mae angen eu cymryd. Nid yw'n crybwyll ailadrodd darlleniadau – mae hyn yn angenrheidiol ar gyfer diamedr y wifren. Gallwn ni ddadlau nad oes angen ailadrodd darlleniadau ar gyfer y gwrthiant – dim ond nifer mawr o ddarlleniadau. Nid yw Seren hefyd yn crybwyll darganfod y cyfeiliornad sero, ond mae'n ymdrin â hyn wrth drin y canlyniadau.

Canlyniadau: Mae plotio graff o wrthiant yn erbyn hyd, dyfynnu'r hafaliad $R = \frac{\rho l}{A}$ ynghyd ag ymdrin â'r cyfeiliornad sero, i gyd wedi'u disgrifio'n dda. Mae Seren yn nodi'n gywir sut bydd y gwrthiant yn cael ei gyfrifo o raddiant y graff. Nid yw'n crybwyll darganfod y graddiant, ond mae'n awgrymu hynny'n gryf. Methiant mwy difrifol yw nad yw'n esbonio sut i ddarganfod arwynebedd trawstoriadol y wifren.

Casgliad: Mae hwn yn ateb band uchaf, ond gyda rhai bylchau. Byddai arholwr, siŵr o fod, yn rhoi 5 marc iddi allan o 6.

Ateb Tom

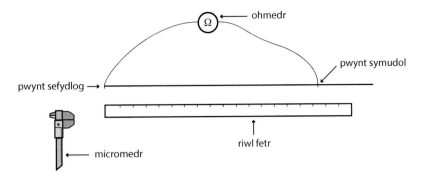

Defnyddiwch y riwl fetr i fesur hyd(oedd) y wifren, a'r micromedr i fesur diamedr, ac felly arwynebedd trawstoriadol y wifren. Nodwch wrthiant yr hydoedd amrywiol, ac yna defnyddiwch y tri chanlyniad, gwrthiant, arwynebedd a hyd y wifren, yn yr hafaliad

$\rho = \dfrac{RA}{l}$ i gael yr ateb ar gyfer y gwrthedd.

Sylwadau'r arholwr

Diagram: Mae Tom wedi lluniadu cylched a fydd yn gweithio, ac mae wedi nodi'r dull o newid hydoedd y wifren sydd ynddi. Mae wedi rhoi awgrym o sut y bydd yn mesur hyd y wifren. Nid oedd arno angen cynnwys y micromedr: mae wedi cymryd amser i'w luniadu, nid yw'n cael ei ddangos yn y safle cywir, ac mae Tom yn sôn amdano yn y testun.

Dull: Mae brawddeg gyntaf paragraff Tom yn cynnwys ei holl ddisgrifiad o'r dull o gael y canlyniadau. Nid yw ond prin yn ddigonol. I gael marciau uchel, byddai'r arholwr wedi disgwyl ailadrodd darlleniadau o'r diamedr ar bwyntiau gwahanol ar hyd y wifren, yn ogystal, o bosibl, â chofnod o'r cyfeiliornad sero yn y gwrthiant (h.y. y gwrthiant pan fydd dwy wifren yr ohmedr wedi'u cysylltu â'i gilydd).

Canlyniadau: Yr unig bwynt yma sydd yn werth marciau yw defnydd Tom o'r hafaliad, $\rho = \dfrac{RA}{l}$, ar gyfer gwrthedd. Mae'n crybwyll defnyddio tri chanlyniad, ond nid yw'n dweud sut bydd yn eu defnyddio, e.e. cyfrifo ρ ar gyfer pob set o ganlyniadau, a darganfod y gwerth cymedrig wedyn. Nid yw'n dweud sut bydd yn cyfrifo'r arwynebedd trawstoriadol (drwy ddefnyddio $A = \pi r^2$). Yn fwyaf difrifol, nid yw'n ceisio lluniadu graff o wrthiant yn erbyn hyd er mwyn defnyddio'r graddiant i gyfrifo ρ.

Casgliad: Mae ateb Tom yn ateb band canol, a byddai disgwyl iddo ennill tua hanner y marciau.

Atebion i'r cwestiynau cyflym

Adran 1.1

① $[ut] = [u][t] = m\ s^{-1} \times s = m$
$[\frac{1}{2}at^2] = [a][t^2] = m\ s^{-2} \times s^2 = m$
∴ Mae'r ochr dde yn homogenaidd
[ochr chwith] = $[x]$ = m = [ochr dde]
∴ mae'r hafaliad yn homogenaidd. QED

② $kg\ m^{-1}\ s^{-2}$

③ $J = [Fx] = kg\ m\ s^{-2} \times m = kg\ m^2\ s^{-2}$. QED
$W = \dfrac{J}{s} = kg\ m^2\ s^{-2} \times s^{-1} = kg\ m^2\ s^{-3}$.

④ $kg\ m^{-1}$ neu $N\ m^{-1}\ s^2$

⑤ 56 μm

⑥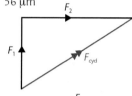

⑦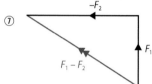

⑧ 50 m s⁻¹ ar 38.9° i'r Dn o'r De

⑨ 19.3 kN

⑩ 1.73 m s⁻² yn llorweddol i'r dde

⑪ 47.4 kg

⑫ (a) $2.0F_1 = 0.5F_2 + 2.0 \times 500$
(b) $4.0F_1 + 0.5 \times 75 = 2.5F_2$
(c) Fel sydd yn yr enghraifft

⑬ 3.8°

⑭ (a) 0.753 g cm⁻³
(b) 0.753 ± 0.010 g cm⁻³ neu
0.75 ± 0.01 g cm⁻³

⑮ (a) x = 17.6 ± 0.2 cm;
y = 25.60 ± 0.15 cm
(b) M = 44.3 ± 0.8 g

Adran 1.2

① 41 m s⁻¹ G Orll

② (a) 45 m s⁻¹ G
(b) 45 m s⁻¹ De Orll

③ Sero (oherwydd bod cyfanswm y dadleoliad = 0)

④ Yn enydaidd ar t = 0 ac o 8.0–10.0 s.

⑤ ....Cyflymiad negatif (arafiad) i ddisymudedd rhwng 2.4 a 4.0 s. Yn ddisymud rhwng 4.0 a 5.0 s gyda chyfeiriad gwrthdro yn ei ddilyn a chyflymiad i gyfeiriad negatif hyd at 5.8 s, ac yn parhau ar gyflymder (negatif) cyson i 7.2 s (yn pasio'r tarddbwynt ar 6.9 s). Yna'n arafu (cyflymiad positif oherwydd bod y cyflymder yn negatif) i ddisymudedd ar 8.0 s ac yn parhau'n ddisymud tan 10.0 s.

⑥ (a) 0–5 s a 22.5–25 s
(b) 0–5 s a 15–18 s
(c) 5–11.5 s a 18–22.5 s
(ch) 11.5–18 s
(d) 11.5–15 s a 22.5–25 s

⑦ 5.0 m s⁻², 0, – 7.1 m s⁻², –2.0 m s⁻², 0, 1.2 m s⁻²

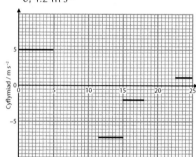

⑧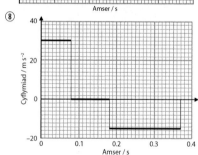

Dadleoliad = 0.71 m

⑨ Mae algebra yn rhoi ± 17 m s⁻¹. Rhaid i'r buanedd fod yn bositif, felly mae 17 m s⁻¹ yn gywir.

⑩ (a) 0.84 s a 3.65 s. Unwaith ar y ffordd i fyny ac unwaith ar y ffordd i lawr.
(b) Oherwydd mai 24.4 m yw'r uchder mwyaf a gyrhaeddwyd.

⑪ 0.7 m

⑫ Dull amser:
$v_y = \sqrt{2gy} = 31.3\ m\ s^{-1}$
Dull pellter disgyn:
$v_y = \sqrt{2gy} = \sqrt{2 \times 9.81 \times 50}$
= 31.3 m s⁻¹
Cyflymder cydeffaith = 43.4 m s⁻¹ ar 46° islaw'r llorwedd.

⑬ 1. Fel yn yr enghraifft
2. $v_y = -9.15$ m s⁻¹
3. t = 1.61 s
4. Fel yn yr enghraifft

Adran 1.3

① Pwysau – grym disgyrchiant yr awyren ar y Ddaear
Gwrthiant aer – grym llusgiad ymlaen yr awyren ar yr aer

②
Grym sy'n gweithredu	Partner N3
Pwysau	grym disgyrchiant y plymiwr awyr ar y Ddaear
Gwrthiant aer	llusgiad y plymiwr awyr ar yr aer

③ Gan nad yw'r plymiwr awyr yn cyflymu, rydym yn gwybod bod y pwysau a'r gwrthiant aer yn hafal ac yn ddirgroes. Nid ydynt yn bâr N3 gan eu bod yn gweithredu ar yr un corff; maen nhw'n fathau gwahanol o rymoedd hefyd. Mae grym disgyrchiant y plymiwr awyr ar y Ddaear, a llusgiad y plymiwr awyr ar yr aer, hefyd yn hafal ac yn ddirgroes (gan fod y ddau yn hafal i un o ddau rym rydym felly'n gwybod eu bod yn hafal). Nid ydynt yn bâr N3 gan eu bod yn fathau gwahanol o rymoedd (disgyrchol a rhyngfoleciwlaidd). Hefyd, cyn cyrraedd y buanedd terfynol, ni fyddent wedi bod yn hafal.

④ Grym disgyrchiant yr Haul ar y Ddaear; grym disgyrchiant y Ddaear ar yr Haul.

⑤ Grym disgyrchiant y plymiwr awyr ar y Ddaear = 800 N i fyny
Grym llusgiad y plymiwr awyr ar yr aer = 100 N i lawr

⑥ $N = [F] = [ma] = $ kg m s^{-2}
∴ N s = kg m s^{-1} QED

⑦ (a) 20 000 kg m s^{-1}
[neu 20 000 N s,
neu 20 kN s]
(b) 4.98×10^{-20} N s

⑧ Y partner N3 yw'r grym y mae'r dŵr yn ei roi ar y gwn.
Diagram corff rhydd:

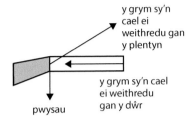

y grym sy'n cael ei weithredu gan y plentyn

y grym sy'n cael ei weithredu gan y dŵr

pwysau

⑨ (a) ~ 3100 N
(b) 15 000 N
(c) 2900 N

⑩ (a) 1.7 N s i'r Gorllewin
(b) 110 N i'r Gorllewin

⑪ 110 N i'r Dwyrain

⑫ 1.6 m s^{-2} i'r chwith

⑬ 53.0 m s^{-2} i gyfeiriad 23.5° i fyny i'r chwith.

⑭ 0.9 m s^{-1} i'r dde (mae'r cyfeiriad yn amlwg)

⑮ 8 m s^{-1} i'r dde (eto!)

⑯ 13.75 J (Gormod o ff.y. mewn gwirionedd)

⑰ Cyflymder adlamu = 5 m s^{-1} (am yn ôl)
EC sy'n cael ei greu = 915 kJ
Sylwch fod EC y gwn yn ddibwys (15 kJ, sef 1.6% o'r cyfanswm). Mae hyn yn debyg i'r rhaniad egni mewn dadfeiliad α.

Adran 1.4

① 1260 m

② Mae grym disgyrchiant yr Haul ar ongl sgwâr i fudiant y blaned Gwener. $F \cos 90° = 0$.

③ 9 MJ

④ 500 m s^{-1}

⑤ 7.8 g

⑥ 7.4 MJ

⑦ $x = 0.036$ m; $E_p = 56$ mJ

⑧ $E_k = \frac{1}{2} mv^2 =$, ∴ $v = \sqrt{\dfrac{2E_k}{m}}$

$= \sqrt{\dfrac{2 \times 0.192}{0.4}} = 0.98$ m s^{-1}

Tybiaeth – nid oes unrhyw egni wedi'i afradloni, e.e. drwy wrthiant aer

⑨ Mae'r uned 'GW y flwyddyn' yn gyfradd cynnydd mewn pŵer. Mae 38.4 GW y flwyddyn yn awgrymu bod gorsaf bŵer 38.4 GW ychwanegol yn cael ei thanio bob blwyddyn. Byddai '38.4 GW oedd y pŵer trydanol a gafodd ei gynhyrchu yn 2012' yn osodiad cywir.

⑩ 17.5 TW awr

⑪ Wrth i'r llong danfor gyflymu, mae'r gwrthiant hydrodynamig (gwrthiant dŵr) yn cynyddu. Pan mae'r gwrthiant yn hafal i'r gwthiad, caiff yr holl waith sy'n cael ei wneud gan y peiriant ei wneud yn erbyn y gwrthiant, felly nid yw'n creu unrhyw egni cinetig ychwanegol, h.y. mae buanedd y llong danfor yn aros yn gyson.

⑫ 360 kW

Adran 1.5

① 19.6 N m^{-1}

② 23 cm

③ $[E] = $ kg m^{-1} s^{-2}

④ $E = \dfrac{\sigma}{\varepsilon} = \dfrac{1}{\varepsilon} \times \sigma = \dfrac{l_0}{\Delta l} \times \dfrac{F}{A}$

$= \dfrac{Fl_0}{A\Delta l}$ QED

⑤ (a) 0.001 0 m (= 1.0 mm)
(b) 0.001 0 km (= 1.0 m)
(c) 0.53 mm

⑥ (a) 2500 N cm^{-2}
(b) 2.5×10^7 Pa
(c) 25 MPa

⑦ 0.75 J

⑧ 200 kJ

⑨

$$\left[\begin{array}{cc} \text{H} & \text{H} \\ | & | \\ \text{C} & - \text{C} \\ | & | \\ \text{H} & \text{CH}_3 \end{array} \right]$$

⑩ Mae morthwylio yn caledu'r copr oherwydd nid yw'r afleoliadau'n rhydd i symud bellach.
Mae gwresogi ac ailgrisialu yn cynhyrchu afleoliadau symudol, ac felly'n meddalu'r copr.

⑪ (a) cryfder tynnol eithaf = 570 MPa
(b) $\varepsilon = 0.0071$
(c)

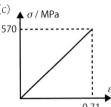

Adran 1.6

① (a) Gweladwy; (b) isgoch; (c) isgoch.

② Mae'n allyrru pob tonfedd weladwy, ond mae'r allyriad brig yn rhan tonfedd hir (melyn–oren) y sbectrwm.

③ (a) 4660 K
(b) 1.26×10^{28} W
(c) 9.9×10^{-9} W m^{-2}

④ $\dfrac{r_{\text{Arcturus}}}{r_{\text{Haul}}} = 20$, ∴ mae $\dfrac{A_{\text{Arcturus}}}{A_{\text{Haul}}} = 400$

ac mae $\dfrac{V_{\text{Arcturus}}}{V_{\text{Haul}}} = 8000$

⑤ $\dfrac{\rho_{\text{Haul}}}{\rho_{\text{Arcturus}}} = 7300$

Adran 1.7

① Cwarc gwrth–ryfedd $\bar{\text{s}}$.

② Rydym yn gwybod bod rhaid cael tri chwarc yn bresennol, a rhaid i gyfanswm y wefr fod yn sero.

$\dfrac{2}{3}\left(-\dfrac{1}{3}\right) + \left(-\dfrac{1}{3}\right) = 0$

sef yr unig ffordd o wneud sero.
∴ udd

③ Mae $Q = -1$; gwrthbroton neu wrth–ddelta plws

④ $\bar{\text{d}}\bar{\text{d}}\bar{\text{d}}$

⑤ $\pi^+ = $ u$\bar{\text{d}}$; $\pi^- = \bar{\text{u}}$d

Felly gall y cwarciau u a gwrth-u ddifodi ei gilydd, fel y gall y d a'r gwrth-d.

⑥ B 1 + –1 0 + 0 + 0
∴ 0 yw B ar y ddwy ochr
Q 1 + –1 2 + –2 + 0
∴ 0 yw Q ar y ddwy ochr
L 0 + 0   0 + 0 + 0
∴ 0 yw L ar y ddwy ochr

⑦ Tua 10^{-18} s oherwydd bod y rhyngweithiad electromagnetig yn ei reoli.

⑧ Mae niwtrino yn cymryd rhan, a dim ond y rhyngweithiad gwan y mae'n ei deimlo.
Mae newid yn y blas cwarc.
Mae hanner oes y dadfeiliad yn hir (>5000 o flynyddoedd ar gyfer C–14).

⑨ Δ^+: $U = 2$; $D = 1$
$p + \pi^0$: $U = 2$; $D = 1$
[mae $U = D = 0$ gan π^0]

⑩ (a) Δ^+: → $n + \pi^+$
(b) uud → uud + u$\bar{\text{d}}$
[felly, yn y bôn, mae u → d + u$\bar{\text{d}}$]

⑪ (a) Mae'r e^+ a'r e^- yn leptonau ac felly nid ydynt yn teimlo'r grym cryf.
(b) Mae'r holl ronynnau wedi'u gwefru ac nid oes unrhyw newid yn y rhifau cwarc. Felly gallai'r grym e-m neu'r grym gwan reoli. Mae'r grym e-m yn llawer 'cryfach' na'r grym gwan, ac felly hwn sy'n gyfrifol.

Adran 2.1

① Diamedr: 1.0×10^{-10} m
Niwclews: 1.0×10^{-15} m
Electron: 1.0×10^{-18} m

② –4.0 nC (–4.0 × 10^{-9} C)

③ 41.3 s.

④ 35 A

⑤ 33 lled safonol gwifren.

Adran 2.2

① 336 J

② (a) 5.8 V
(b) 5.76 C
(c) 0.46 J

③ (a) 13.0 A
(b) 17.6 Ω

④ 44.1 W

⑤ (a) $l = \dfrac{RA}{\rho}$
(b) $A = \dfrac{\rho l}{R}$

⑥ 16.5 Ω, gan dybio bod y gwrthiant yn amrywio'n llinol gyda'r tymheredd.

Adran 2.3

① Rhaid i'r ceryntau i mewn i'r cyflenwad pŵer ac allan ohono fod yr un peth, felly mae $z = 3.0$ A.

② (a) 15 J
(b) 2.4 Ω
(c) 1.8 V
(ch) 0.9 W

③ 19.6 A

④ (a) 55 Ω
(b) 13.2 Ω

⑤ (i) $R = \dfrac{10 \times 30}{10 + 30} = \dfrac{300}{40} = 7.5\ \Omega$
(ii) $V = 25 \times \dfrac{7.5}{7.5 + 5} = 25 \times \dfrac{7.5}{12.5}$
$= 15$ V
(iii) 22.5 W

⑥ 40 Ω

⑦ (a) 3 W
(b) 1.3 Ω

⑧ $E = 9.0$ V; $r = 0.3$ Ω

⑨ $E = 1.65$ V; $r = 2.5$ Ω; $I_{\text{mwyaf}} = 0.66$ A

Adran 2.4

① Fertigol

② 12.5 Hz

③ $f = 50$ Hz; $T = 20$ ms

④ (a) (i) $\lambda = 0.40$ m;
(ii) $v = 0.5$ m s^{-1};
(iii) $f = 1.25$ Hz
(b) (i) mae'r osgledau'r un peth;
(ii) gwahaniaeth gwedd = ¼ cylchred

⑤
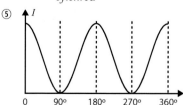

Adran 2.5

① Mae'r don sain yn diffreithio o amgylch ffrâm y drws oherwydd bod ei thonfedd yn debyg i faint y drws. Nid yw'r tonnau golau yn gwneud hyn oherwydd bod eu tonfeddi dipyn yn llai.

② Ar gyfer 100 MHz, mae $\lambda = 3$ m, felly mae lled y cymoedd $\gg \lambda$.
Ar gyfer 1 MHz, mae $\lambda = 300$ m, felly mae mwy o ddiffreithiant yno.

③ $S_1R - S_2R = \frac{3}{2}\lambda$

④ Mae arddwysedd yr eddïau yn dilyn patrwm y diffreithiant – dim ond i onglau bach y caiff golau sylweddol ei ddiffreithio.

⑤ Oherwydd mai m yw uned λ; rhaid i ni gael m² ar y top ac m ar y gwaelod.

⑥ 630 nm (2 ff.y.)

⑦ 2×10^{-6} m [2 μm]

⑧ (a) 5.9×10^{-7} m
(b) 3

⑨ 6.3×10^{-7} m

⑩ 384 Hz

⑪ Yr harmonigau eilrifol (2il, 4ydd, 6ed ...) oherwydd byddai gan y rhain nod yn y canol, sef y man lle cafodd y llinyn ei daro.

⑫ Oherwydd bydd yr eddïau'n rhy agos at ei gilydd i wahaniaethu'n glir.

⑬ (a) Os yw D yn rhy fach bydd yr eddïau'n rhy agos at ei gilydd.
(b) Disgleirdeb ffynhonnell y golau: y mwyaf yw D, y mwyaf gwan yw'r eddïau.

⑭ (a) $y = 1.875$ mm ± 3% [1.88 ± 0.06 mm].
(b) 0.63 ± 0.05 μm [Awgrym: cadwch ansicrwydd canrannol i 2 ff.y. tan y cyfrifiad olaf].

⑮ (a) $\lambda_1 = 533$ nm; $\lambda_2 = 530$ nm → gwerth gorau 532 nm.
(b) Byddai'n rhaid i'r wal fod yn hir iawn; e.e. drwy ddefnyddio bwrdd fertigol ar ongl (e.e. 45°) i'r wal.

⑯ 340 ± 6 m s^{-1}

Adran 2.6

① (a) 0.875 m
   (b) 0.860 m
   Bydd y traw yr un peth gan mai'r amledd, sy'n ddigyfnewid, sydd yn ei bennu.

② 4.0 m s⁻¹

③ 32°. Yr un ongl ydyw.

④ 61.0°

⑤ Mae'r ongl gritigol
   $c = \sin^{-1} \dfrac{1}{1.31} = 49.8°$.

   45° yw'r ongl drawiad ar yr aer, felly caiff y pelydryn golau ei blygu allan. Mae'r ongl blygiant $= \sin^{-1} (1.31 \sin 45°) \sim 68°$

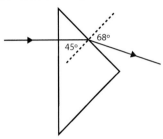

⑥ (a) Cyflymder golau yn y craidd =
   $\dfrac{250 \text{ m}}{1.28 \text{ μs}} = 1.953 \times 10^8$ m s⁻¹
   $\therefore n = \dfrac{c}{v} = \dfrac{3.00 \times 10^8 \text{ m s}^{-1}}{1.953 \times 10^8 \text{ m s}^{-1}}$
   $= 1.536 = 1.54$ (3 ff.y.)
   (b) 12.3° [Awgrym: Mae hyd y llwybr mewn cyfrannedd â'r amser].
   (c) Ar onglau i'r echelin sy'n fwy na hyn, bydd y golau'n taro'r ffin rhwng y craidd a'r cladin ar ongl sy'n llai na'r ongl gritigol, felly ni fydd AMC yn digwydd. Heb AMC, caiff canran uchel o'r golau ei golli i'r craidd bob tro mae'n taro yn erbyn y cladin, felly bydd arddwysedd y golau'n disgyn yn gyflym.

⑦ (a) $n = \dfrac{c}{v} \therefore c = \dfrac{3.00 \times 10^8 \text{ m s}^{-1}}{1.50}$
   $= 2.00 \times 10^8$ m s⁻¹

   (b) 8.00 μs

Adran 2.7

① 2.0 × 10⁻¹⁸ J [12.5 eV]

② E_{coch} (700 nm) = 2.8 × 10⁻¹⁹ J
   = 1.8 eV
   E_{fioled} (400 nm) = 5.0 × 10⁻¹⁹ J
   = 3.1 eV

③ Radio; 7.5 × 10²⁶ ffoton s⁻¹

④ 980 nm; isgoch

⑤ 8.75 × 10¹¹ electron s⁻¹

⑥ 0.35 eV (!); 5.6 × 10⁻²⁰ J

⑦ O'r graff, mae
   $E_{\text{k mwyaf}} = 0.95 \times 10^{-19}$ J = 0.59 eV

⑧ (a) Rhyngdoriad
   $y = 3.0 \times 10^{-19}$ J [= 1.9 eV]
   (b) Gan ddefnyddio'r pwyntiau ar y graff: (7, 1.6) a (0, −3.1): mae h = graddiant
   $= 6.7 \times 10^{-34}$ J s

⑨ (a) Mae'r rhyngdoriad ar yr echelin $V_{\text{stop}} = -\dfrac{\phi}{e}$
   (b) Mae'r rhyngdoriad ar yr echelin $f = \dfrac{\phi}{h}$ (mae hyn yr un peth ag ar y graff $E_{\text{k mwyaf}}/f$)

⑩ $f_{\text{trothwy}} = 4.55 \times 10^{14}$ Hz.
   $\lambda = 660$ nm; Coch (oren–goch)

⑪ 2.9 × 10¹⁴ Hz; Isgoch

⑫ 2.18 × 10⁻¹⁸ J

⑬ Trosiad (b) → 657 nm
   Trosiad (c) → 121 nm

⑭ Uwchfioled; mae'r holl egnïon trosiannol eraill rhwng 10.2 eV ac 13.6 eV, felly byddant i gyd yn yr uwchfioled.

⑮ Rhaid i'r tymheredd fod yn ddigon uchel i rai o'r ïonau hydrogen yn yr atmosffer fod yn y lefel gynhyrfol gyntaf.

⑯ (a) 1.47 × 10⁻²¹ N s
   (b) 37 km s⁻¹

⑰ 206 kW
   Gan na allai'r ddeilen fod yn 'berffaith' adlewyrchol, byddai'n cael ei distrywio bron ar unwaith; byddai hyd yn oed y mymryn lleiaf o'r 206 kW yn ddigon i wneud hyn mewn amser byr!

⑱ 3.0 × 10⁷ m s⁻¹

⑲ 3800 V

⑳ (a) Mae $p = \sqrt{2m_e E}$, $E = eV$ a $\lambda = \dfrac{h}{p}$.
   $\therefore \lambda = \dfrac{h}{\sqrt{2m_e eV}} = \dfrac{h}{\sqrt{2m_e e}} \times \dfrac{1}{\sqrt{V}}$, QED
   $b = \dfrac{h}{\sqrt{2m_e e}} = 1.23 \times 10^{-9}$ m V⁻⁰·⁵
   (b) Graff o r_2 yn erbyn $\dfrac{1}{\sqrt{V}}$

㉑ Potensiomedr [rhannwr potensial]

㉒ coch, melyn, gwyrdd, glas

㉓ Graddiant, $\dfrac{hc}{e}$,
   $\therefore$ mae $h = \dfrac{\text{graddiant} \times e}{c}$

Adran 2.8

① 2.87 × 10⁻¹⁹ J; 1.79 eV

② (a) 1.04 μm
   (b) 2.72 × 10⁻¹⁹ J
   (c) 0.70 (70%)

③ (a) ½λ yw'r pellter rhyngnodol.
   Felly mae $L = \frac{1}{2}n\lambda$, lle mae $n = 1, 2, 3 \dots$
   $\therefore$ drwy ad-drefnu, mae
   $\lambda = \dfrac{2L}{n}$, QED
   (b) Ar gyfer 820 nm, mae
   $\dfrac{L}{\lambda} = \dfrac{0.2050 \text{ mm}}{820.0 \text{ nm}} = 250$.
   Felly mae $L = \frac{1}{2}n\lambda$, lle mae $n = 500$.
   Ar gyfer 821 nm, mae
   $\dfrac{L}{\lambda} = \dfrac{0.2050 \text{ mm}}{821.0 \text{ nm}} = 249.69\dots$
   Felly nid oes rhif cyfan n sy'n achosi i $L = \frac{1}{2}n\lambda$
   (c) 501 yw'r gwerth uchaf nesaf ar gyfer n. Yn yr achos hwn, mae:
   $\lambda = \dfrac{2 \times 0.2050 \text{ mm}}{501}$
   $= 818.4$ nm (4 ff.y.)

Adran 3

① 1°

② 17.3 Ω

③ (a) 30.1 cm [wedi'i fesur i gydraniad yr offeryn]
   (b) 7.5 mA [rhowch yr uned]
   (c) 6.4 Ω [ff.y. anghyson]

④ Graddiant = 0.028 N mm⁻¹
   Rhyngdoriad = 0.40 N
   Mae llawer o bobl yn anghofio

ysgrifennu unedau'r graddiant a'r rhyngdoriad. Rydym yn argymell eich bod yn eu hysgrifennu gan eu bod yn helpu i ddehongli eu harwyddocâd, e.e. m s^{-2} yw uned graddiant graff cyflymder–amser, felly mae'n cynrychioli cyflymiad.

⑤ 1.92 m s^{-2}

⑥ Mae $y_1 \propto \dfrac{1}{x}$ neu mae $y_1 = \dfrac{60.0}{x}$

Mae y_2 yn ddibynnol yn llinol ar x – pan mae x yn cynyddu 2.0, mae y_2 yn cynyddu 1.0

Mae $y_3 \propto x$ neu mae $y = 0.4x$

Mae $y_4 \propto x^2$ neu mae $y_4 = 0.25x^2$

Yn y ddau achos, mae'r ddau ateb yn gywir, ond mae'r ail yn rhoi rhagor o wybodaeth.

⑦ 0 yw'r rhyngdoriad; mae'r graddiant yn $\dfrac{\lambda}{d}$. I ddarganfod λ, mesurwch y graddiant a lluoswch â d.

⑧ (a) $\dfrac{4\pi^2}{k}$

(b) e.e. T yn erbyn $\sqrt{m}$ – mae'r graddiant $= \dfrac{2\pi}{\sqrt{k}}$, felly mae

$k = \dfrac{4\pi^2}{\text{graddiant}^2}$

⑨ (a) $\dfrac{1}{V}$ yn erbyn $\dfrac{1}{R}$

(b) Mae'r rhyngdoriad ar yr echelin $\dfrac{1}{V}$ yn $\dfrac{1}{E}$, ac mae'r graddiant yn $\dfrac{r}{E}$

Felly mae $E = \dfrac{1}{\text{rhyngdoriad}}$

ac mae $r = \dfrac{\text{graddiant}}{\text{rhyngdoriad}}$

⑩ 221 ± 8 kPa

⑪ 1.4%

⑫ (a) 1.8% neu 2%

(b) 15.3 ± 0.3 cm^3

⑬ 0.52 ± 0.2 cm^3

⑭ 1.64 → 1.90 m s^{-2}

[$yT^2 = 1.77 ± 0.13$ m s^{-2}]

⑮ $u = 2.5 ± 0.3$ m s^{-1}

$a = 1.60 ± 0.05$ m s^{-2}

Yr ateb i ddyraniad yr AA a'r sgiliau yn y cwestiwn cydbwyso

Dyrannu'r AA

(a) (i) Diffinio craidd disgyrchiant
– AA1

(ii) Defnyddio egwyddor momentau ac $W = mg$ – AA1

Cyfrifiadau i roi'r màs
– 3 × AA2

(b) Casgliad o ran defnydd y pelferyn
– 4 × AA3

Dyrannu'r marciau mathemateg

(a) (ii) Cyfrifiadau i roi'r màs
– 3 marc mathemateg

(b) Cyfrifo'r dwysedd
– 3 marc mathemateg

Dyrannu'r marciau ymarferol

(a) (ii) Cyfrifiad mewn cyd-destun ymarferol
– 4 marc ymarferol

(b) Casgliad/gwerthusiad
– 4 marc ymarferol.

Atebion i'r cwestiynau ychwanegol

Adran 1.1

1. $[\text{ochr dde}] = \sqrt{[g][d]} = \sqrt{\text{m s}^{-2} \times \text{m}} = \text{m s}^{-1}$
   $[\text{ochr chwith}] = [v] = \text{m s}^{-1} = [\text{ochr dde}]$
   $\therefore$ Mae'n homogenaidd QED

2. (a) I sicrhau homogenedd, mae $\left[\dfrac{\sigma k}{\rho}\right] = \left[\dfrac{g}{k}\right]$.

   $\therefore$ mae $[\sigma] = \dfrac{[\rho][g]}{[k^2]} = \dfrac{\text{kg m}^{-3} \times \text{m s}^{-2}}{\text{m}^{-2}} = \text{kg s}^{-2}$

   (b) Yn rhan (a), rydym wedi sicrhau bod yr un unedau gan $\dfrac{g}{k}$ a $\dfrac{\sigma k}{\rho}$, $\therefore$ nid oes ond rhaid i ni ddangos bod gan naill ai $\sqrt{\dfrac{g}{k}}$ neu $\sqrt{\dfrac{\sigma k}{\rho}}$ unedau buanedd (sef uned yr ochr chwith). Fodd bynnag, byddwn ni'n gwneud y ddau: [ochr dde] =
   $\left[\sqrt{\dfrac{g}{k}}\right] = \left[\sqrt{\dfrac{g\lambda}{2\pi}}\right] = \sqrt{\text{m s}^{-2}\,\text{m}} = \text{m s}^{-1}$
   (nid oes dimensiynau gan 2π)

   Neu [ochr dde] =
   $\left[\sqrt{\dfrac{\sigma k}{\rho}}\right] = \left[\sqrt{\dfrac{\sigma 2\pi}{\rho\lambda}}\right] = \sqrt{\dfrac{\text{kg s}^{-2}}{\text{kg m}^{-3}\,\text{m}}}$
   $= \sqrt{\dfrac{\text{s}^{-2}}{\text{m}^{-2}}} = \sqrt{\text{m}^2\,\text{s}^{-2}} = \text{m s}^{-1}$

   (c) Mae J = N m. Drwy rannu'r ddwy ochr ag $\text{m}^2 \rightarrow \text{J m}^{-2} = \text{N m}^{-1}$ QED
   Mae N = kg m s^{-2}, $\therefore$ N m^{-1} = kg s^{-2} = $[\sigma]$ QED

3. 35 km s^{-1}

4. (a) 53 N ar Dn 31.9° De
   (b) Δv = 17.3 m s^{-1} ar De 17.5° Gn.
   $\langle a \rangle$ = 17.3 m s^{-2} ar De 17.5° Gn

5. (a) Drwy gydrannu'n fertigol a defnyddio ychydig o synnwyr cyffredin (nid yw'r sled yn debygol o gyflymu i mewn i'r ddaear na dechrau hedfan).

   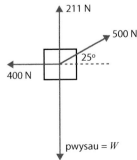

   Mae W = 211 + 500 sin 25°
   $\therefore$ mae W = 211 + 211 = 422 N

   (b) Mae'r grym cydeffaith = 500 cos 25° − 400 = 53 N yn llorweddol i'r dde

   (c) Yn gyntaf, cyfrifwch fàs y sled drwy ddefnyddio $W = mg$
   $\therefore$ mae $m = \dfrac{W}{g} = \dfrac{422}{9.81} = 43$ kg

   A thrwy ddefnyddio $F = ma$
   $\therefore$ mae $a = \dfrac{F}{m} = \dfrac{53}{43} = 1.23$ m s^{-2}

6. 3815 m

7. Pwynt cydbwyso = 34.6 cm.
   [Sylwch: Nid oes angen newid i kg; cadwch y grymoedd yn y ffurf mg, yna canslwch g]

8. (a) Sylwch, yn y ddau achos, fod $F_A + F_B = 0.180g = 1.77$ N
   (i) F_A = 1.68 N; F_B = 0.09 N
   (ii) F_A = 0.59 N; F_B = 1.18 N

   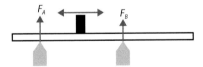

   (b) Yn y marc 73.8 cm

9. (a) Y peth cyntaf i'w ddweud yw bod myfyriwr abl wedi cymryd y canlyniadau ac mae'n gallu darllen i fanwl gywirdeb amheus o tua un degfed o raniad ar y micromedr (mae'r lefel hon o fanwl gywirdeb yn well na'r hyn a ddisgwylir mewn gwaith ymarferol Safon Uwch).

   Nesaf, mae un pwynt dadleuol y dylech ei anwybyddu wrth gyfrifo'r cymedr a'r ansicrwydd: 0.185 mm. Mae'r pwynt hwn ymhell y tu allan i amrediad y darlleniadau eraill.

   Gan anwybyddu'r darlleniad hwn, 0.193 ± 0.002 mm yw'r diamedr.

   $\therefore$ Mae'r canlyniadau'n gyson â'r 0.193 mm a nodir (ac eithrio'r un canlyniad afreolaidd).

(b) $d = \dfrac{0.002}{0.193} = 0.010$ [= 1.0%] yw'r manwl gywirdeb.

Mae d yn ymddangos ar ffurf d^2 wrth gyfrifo l, felly $l = 0.020$ yw'r manwl gywirdeb.

∴ $\Delta l = \pm 0.02 \times 3815$ m $= \pm 76$ m [gan ddefnyddio'r ateb i gwestiwn 6].

∴ $l = 3820 \pm 80$ m (gan gymryd yr ansicrwydd i 1 ff.y.)

Adran 1.2

1. (a) 4.17 m s^{-2}

(b) 93.8 m

(c) 9.38 m s^{-1}

(ch) 5 000 N

2. (a) 5.7 s – 7.3 s

(b) –16 m s^{-1}

(c) $a = \dfrac{v - u}{t} = \dfrac{-16 - 10}{4} = -8.5$ m s^{-2}

3. (a) 0 s, 15 s, 25s

(b) 13.5 s (yr un peth i'r ddau)

(c) 8.89 m s^{-1}

4. (a) Cyfanswm pellter y disgyniad.

(b) Cyflymiad oherwydd disgyrchiant.

(c) C–D arafiad mawr o ganlyniad i wrthiant aer mawr wrth agor y parasiwt

D–E mae'r gwrthiant aer yn lleihau nes ei fod yn hafal i'r pwysau – mae'r arafiad yn lleihau

E–F ail gyflymder terfynol, is; mae'r llusgiad = pwysau eto

F–G arafu'n sydyn wrth i'r plymiwr awyr daro'r ddaear.

(ch) 425 N

5. (a) 17.5 m s^{-1}, 17.5 m s^{-1}

(b) 15.5 m

(c) 31.1 m

6. (a) 21.2 m s^{-1} ar ongl o 34.4° islaw'r llorwedd.

(b) 8.25 m

Adran 1.3

1. (a)

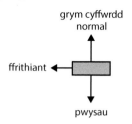

(b) **pwysau** – grym disgyrchiant yn gweithredu ar y disg o ganlyniad i'r Ddaear.

partner N3 – grym disgyrchiant yn gweithredu ar y Ddaear o ganlyniad i'r disg

grym cyffwrdd normal – grym i fyny ar y disg o ganlyniad i'r iâ

partner N3 – grym cyffwrdd yn gwthio i lawr ar yr iâ o ganlyniad i'r disg

ffrithiant – grym ffrithiant i'r chwith ar y disg o ganlyniad i'w fudiant ar yr iâ

partner N3 – grym ffrithiant i'r dde ar yr iâ o ganlyniad i fudiant y disg

2. (a) 4.44 m s^{-1}

(b) 11.1%

3. Mae cyflymder y tryc ar ôl y gwrthdrawiad = 3.75 m s^{-1}; mae cyfanswm yr EC terfynol = 531 kJ ond mae'r EC cychwynnol = 500 kJ, felly nid yw hyn yn bosibl heb egni mewnbwn.

4. (a) 305 N

(b) (i) 476 N

(ii) 64.2 m s^{-1}

5. (a) Mae newid yng nghyfeiriad mudiant y dŵr, ac felly mae ei gyflymder yn newid. Y momentwm yw'r màs wedi'i luosi â'r cyflymder, felly mae'r momentwm yn newid hefyd.

Mae'r fector $v - u$ yn rhoi'r newid yn y cyflymder.

(b) Yn ôl N2, mae'r dŵr yn profi grym i gyfeiriad y newid yn y momentwm, fel y dangosir. Drwy ddefnyddio N3, rhaid bod y dŵr yn rhoi grym hafal a dirgroes ar y bibell, h.y. mae ei gyfeiriad yn ddirgroes i'r cyfeiriad yn y diagram.

(c) 12.5 N

Adran 1.4

1. (a) 31.1 m s^{-1}
   (b) Egni cinetig → Egni thermol (egni mewnol y breciau)
   (c) 5160 N
2. (a) 442 J
   (b) 10 m s^{-1}
   (c) 29.7 m s^{-1}
3. (a) Mae EC cychwynnol y lori yn dod yn egni thermol (mewnol) disgiau a phadiau'r breciau. Caiff hwn ei afradloni'n raddol ac, er na chaiff ei ddinistrio, nid yw'n bosibl ei adfer yn egni defnyddiol.
   (b) Nid oes unrhyw egni allbwn defnyddiol (oni bai bod y lori'n cael ei phweru'n rhannol gan drydan (*hybrid*), a bod ganddi system frecio atgynhyrchiol). Mae amnewid egni defnyddiol sero yn yr hafaliad effeithlonrwydd =
   $$\frac{\text{egni defnyddiol a drosglwyddir}}{\text{cyfanswm egni mewnbwn}} \times 100\% ,$$
   yn rhoi effeithlonrwydd o 0%.
4. (a) 8830 J
   (b) 36.8%
   (c) Mae cyfanswm y gwaith sy'n cael ei wneud = 400 N × 60 m = 24 000 J
   Mae'r gwaith sy'n cael ei wneud wrth godi'r brics = 8830 J
   Mae'r gwaith sy'n cael ei wneud wrth godi'r pwli a'r paled
   = (5 + 2) × g × 15 = 1030 J
   Mae egni arall sy'n cael ei wastraffu
   = 24 000 − 8830 − 1030 = 14 140 J
   (o gadwraeth egni)
   Byddai'r egni gwastraff arall hwn yn ei amlygu ei hun ar ffurf egni thermol (mewnol) y pwli a'r rhaff o ganlyniad i ffrithiant. Yn yr achos hwn, byddai gwrthiant aer yn ddibwys oherwydd y cyflymderau isel. Fodd bynnag, gallai swm bach, ond sylweddol, o egni cinetig fod yna hefyd, nid yn fertigol ond yn llorweddol, o ganlyniad i fudiant fel pendil y brics, y paled a'r pwli.
5. 84.9 m s^{-1}

Adran 1.5

1. kg s^{-2}
2. 0.584 N cm^{-1} (58.4 N m^{-1})
3. 93.8 J
4. (a) Mae EPE = ½Fx; mae'r grym yr un peth ar gyfer y ddau. Fodd bynnag, bydd y rhoden drwchus, arwynebedd trawstoriadol 2A, yn ymestyn hanner cymaint (gan fod $\Delta l = \dfrac{Fl_0}{AE}$), sy'n golygu y bydd yn storio hanner egni'r rhoden deneuach.
   (b) Mae EPE = ½Fx; y tro hwn mae'r grym ddwywaith gymaint yn y rhoden deneuach. Yn ogystal, bydd y rhoden deneuach yn ymestyn 4 gwaith yn fwy (mae $\Delta l = \dfrac{2Tl_0}{AE}$ o gymharu â $\dfrac{Tl_0}{2AE}$).
   Felly, bydd y rhoden deneuach yn storio 8 gwaith cymaint o egni.
5. (a) (i) 560 N
       (ii) 0.577 m
       (iii) 162 J
   (b) Ni allwn ni wybod beth fydd union siâp y graff, ond gallwn ni ddyfalu beth fydd y diriant cymedrig.
   Mae'r diriant cymedrig ≈ 120 MPa
   Mae'r gwaith sy'n cael ei wneud
   = yr arwynebedd o dan y graff × cyfaint y wifren = 448 kJ

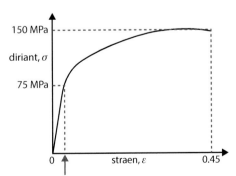

o (a)(i) mae 90% o'r straen hwn yn rhoi estyniad o 0.577 m, h.y. mae'r straen = 0.000641

6. Mae graddiant y graff o L/g yn erbyn $\Delta x/mm$
= 202

$$\therefore \frac{F}{\Delta l} = 202 \times \frac{1 \times 10^{-3} \times 9.81}{1 \times 10^{-3}} = 1982 \text{ N m}^{-1}$$

$$\therefore E = \frac{F}{\Delta l} \times \frac{l_0}{A} = 1982 \text{ N m}^{-1} \times \frac{3.43 \text{ m}}{\pi (0.136 \times 10^{-3} \text{ m})^2}$$

$$= 106 \text{ GPa}$$

Adran 1.6

1. Isgoch yn bennaf, gydag ychydig o olau gweladwy. [Tonfedd brig $\sim$ 970 nm]

2. (a) (i) Uwchfioled [eithaf]. Mae'r arddwysedd sbectrol yn lleihau gyda thonfedd yn rhanbarth gweladwy y sbectrwm e-m [heb ei ddangos], felly'r pelydriad glas sydd amlycaf.

   (ii) $T = \dfrac{W}{\lambda_n} = \dfrac{2.90 \times 10^{-3} \text{ m k}}{55 \times 10^{-9} \text{ m}} = 53\,000$ K

   $\sim 5 \times 10^4$ K QED

   (b) (i) 2.11×10^{33} W

   (ii) Goleuedd = $5.5 \times 10^6 \, L_{\text{Haul}}$

   (iii) 3.9×10^{10} m

3. (a) Pelydriad sbectrol yw'r pŵer fesul uned arwynebedd fesul uned cyfwng tonfedd.

   Felly, mae'r uned = W m^{-3}. [Sylwch: Os caiff y donfedd ei mynegi mewn nm, yn aml W m^{-2} nm^{-1} yw'r ffordd o fynegi'r uned pelydriad sbectrol.]

   (b) Dyma gyfanswm pŵer y pelydriad fesul uned arwynebedd.

4. (a) 12 pm; pelydr X

   (b) 3.4×10^{31} W

   (c) Caiff y tymheredd ei luosi ag $\dfrac{1}{\sqrt[4]{2}} \rightarrow$

   Bydd y tymheredd yn gostwng i 2.1×10^7 K

5. (a) Gall y tymheredd yn nisg croniant twll du gor-enfawr godi i dymereddau mor uchel, mae'r pelydriad thermol sy'n cael ei allyrru yn rhanbarth y pelydrau γ. Gall y rhuddiad cosmolegol, o edrych arno o bellterau mawr, achosi i'r pelydriad gael ei ruddio i ranbarthau'r pelydrau X a'r uwchfioled.

(b) Mae lliw seren yn dibynnu ar donfedd yr allyriad brig. Mae gan seren las/wen λ_{mwyaf} ar ben glas y sbectrwm gweladwy, ac felly mae'n seren boethach na seren goch/oren. Felly, bydd seren prif ddilyniant las/wen yn drymach nag un goch/oren.

(c) (i) Gweladwy ar gyfer adlewyrchiadau o belydriad yr Haul; isgoch ar gyfer allyriadau thermol

   (ii) Pelydrau γ

   (iii) Microdonnau/isgoch eithaf [yr enw ar hwn yw pelydriad isfilimetr neu terahertz]

   (iv) Isgoch [oherwydd bod y nifwl yn fwy tryloyw i'r pelydriad isgoch o'r rhanbarthau dwys poeth]

   (v) Microdonnau

   (vi) Pelydrau X [ac uwchfioled eithaf]

Adran 1.7

1. U: 4 ar y ddwy ochr; D: 2 ar y ddwy ochr

2. Dim ond cwarciau (a hadronau) sy'n teimlo'r grym niwclear cryf, felly nid yw'r niwtrino (lepton) yn ei deimlo. Nid yw'r niwtrino wedi'i wefru; nid yw'n cynnwys gronynnau wedi'u gwefru chwaith (fel y niwtron – udd), ac felly nid yw'n gallu teimlo'r grym e-m.

3. $\pi^+ \rightarrow e^+ + \nu_e$

   $Q \quad 1 \rightarrow \quad 1 + 0$

   $B \quad 0 \rightarrow \quad 0 + 0$

   $L \quad 0 \rightarrow \quad -1 + 1$

   Mae newid yn y blas cwarc (u$\bar{\text{d}}$ $\rightarrow$ dim cwarciau), ac mae niwtrino electron yn cymryd rhan. Mae'r ddau beth hyn yn arwyddion sicr bod y grym niwclear gwan yn cymryd rhan.

4. $\pi^- \rightarrow e^- + \bar{\nu}_e$

5. $\rho^+ \rightarrow \pi^+ + \pi^0$.

   O gadwraeth rhif baryon, rhaid bod gan yr hadron rif baryon o sero, felly rhaid mai meson ydyw. O gadwraeth gwefr, rhaid bod yr hadron yn niwtral hefyd. Felly, π^0 yw'r unig bosibilrwydd sy'n weddill.

6. $^{7}_{4}\text{Be} + e^- \rightarrow {}^{7}_{3}\text{Li} + Y$

   Yn $^{7}_{4}\text{Be}$, mae un proton yn dadfeilio'n niwtron i roi $^{7}_{3}\text{Li}$. Ar y lefel cwarc, mae hyn yn golygu bod cwarc u yn dod yn gwarc d.

   $$u + e^- \rightarrow d + Y$$

Q:	$2/3 - 1 \rightarrow -1/3 + Q_Y$		$Q_Y = 0$
B:	$1/3 + 0 \rightarrow 1/3 + B_Y$		$B_Y = 0$
L:	$0 + 1 \rightarrow 0 + L_Y$		$L_Y = 1$

   Y niwtrino electron yw'r unig ronyn rydym yn gwybod amdano sydd â rhif baryon o sero, gwefr o sero a rhif lepton o +1. Felly, mae Y yn niwtrino electron. (Yr enw ar y broses hon yw dal electronau.)

7. Grym niwclear cryf (ad-drefnu'r niwtronau a'r protonau, pob gronyn yn hadron, dim newid yn y blas cwarc).

8. $^{37}_{17}\text{Cl} + \nu_e \rightarrow {}^{37}_{18}\text{Ar} + e^-$

9. Y rhyngweithiad gwan sy'n gyfrifol. Mae hyn yn golygu (a) bod yn rhaid i'r niwtrinoeon ddynesu'n agos iawn at y niwtronau i ryngweithio (rhaid iddynt eu taro) a (b) bod y rhyngweithiad yn annhebygol iawn o ddigwydd hyd yn oed bryd hynny.

10. (i) Ddim yn bosibl, yn torri cadwraeth gwefr.

    (ii) Ddim yn bosibl, yn torri cadwraeth rhif baryon.

    (iii) Ddim yn bosibl, yn torri cadwraeth rhif baryon.

    (iv) Yn bosibl, mae'n bodloni pob un o'r 3 deddf cadwraeth, y grym cryf.

    (v) Yn bosibl, mae'n bodloni pob un o'r 3 deddf cadwraeth (cipio electronau, y grym gwan).

    (vi) Ddim yn bosibl, yn torri cadwraeth gwefr, cadwraeth rhif baryon a chadwraeth rhif lepton.

    (vii) Yn bosibl, mae'n bodloni pob un o'r 3 deddf cadwraeth, y grym cryf.

Adran 2.1

1. Mae electronau wedi symud o'r gwallt i'r grib. Mae gwefr o –25 pC gan y grib, a bydd gwefr o +25 pC gan y gwallt.

   Mae hyn yn cyfateb i symudiad

   $$\frac{25 \times 10^{-12}}{1.6 \times 10^{-19}} = 1.56 \times 10^7 \text{ electron}$$

2. (a) Cerrynt yw cyfradd llif gwefr, a gwefr yw'r cerrynt (cymedrig) wedi'i luosi â'r amser. Felly, A s yw uned sylfaenol gwefr, ond mae A awr hefyd yn uned (fwy) o wefr.

   (b) 500×10^{-3} A $\times 60 \times 60$ s = 1800 C

3. (a) 0 (+92e ar gyfer y protonau a –92e ar gyfer yr electronau)

   (b) $+3e = 4.8 \times 10^{-19}$ C

   (c) 578 kC

4. Yn fras fel y dangosir

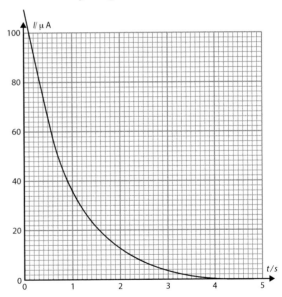

5. (a) Mae gan A 12× gymaint o electronau (4 × arwynebedd, 3 × hyd)

   (b) Yr un peth (mae'r ddau o'r un defnydd)

   (c) Mae'r cyflymder drifft yn B 8× gymaint (chwarter yr arwynebedd ond dwywaith y cerrynt)

Adran 2.2

1. (a) 30 W
   (b) 65.2 mA
   (c) 111 Ω
   (d) 14.0 mW
   (e) 124 V

2. (a) 58.8 Ω
   (b) Tua 13 munud, gan dybio bod gwrthiant yr elfen yr un peth. (Mewn gwirionedd, bydd y gwrthiant fymryn yn llai oherwydd y pŵer is ac felly dymheredd is yr elfen.)

3. 1.44×10^{-6} Ω m

4. (a) Yr un gwrthiant.
   (b) Mae'r cyflymder drifft 4 gwaith yn uwch yn B.

5. 226 Ω, gan dybio codiad cyson o 0.367 Ω y °C (nid yw hon yn dybiaeth dda iawn).

Adran 2.3

1. 4.7 Ω, 6.8 Ω ac 8.2 Ω, gan ddefnyddio gwrthyddion unigol.
   2 wrthydd mewn cyfres: 11.5 Ω, 15.0 Ω a 12.9 Ω
   3 gwrthydd mewn cyfres: 19.7 Ω
   2 wrthydd mewn paralel: 2.8 Ω, 3.7 Ω a 3.0 Ω
   3 gwrthydd mewn paralel: 2.1 Ω
   1 gwrthydd mewn cyfres â 2 mewn paralel: 8.4 Ω, 9.8 Ω ac 11.0 Ω
   1 gwrthydd mewn paralel â 2 mewn cyfres: 3.6 Ω, 4.5 Ω ac 4.8 Ω

2. 207 Ω

3. 32.0 V

4.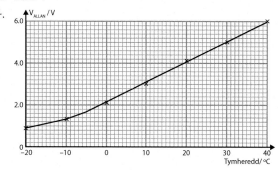

5. Caiff ei ddefnyddio am 4 awr y dydd.

6. Wrth i olau ddisgyn ar R_1, bydd ei wrthiant yn gostwng. Bydd ei ffracsiwn o wrthiant y rhannwr potensial yn lleihau, felly bydd y gp ar ei draws yn gostwng.

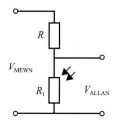

Adran 2.4

1. (a) Oherwydd gallai'r don fod wedi teithio mwy nag un donfedd rhwng y ddau giplun. Yn yr achos hwnnw, byddai'r cyflymder yn fwy na'r hyn a gyfrifwyd.
   (b) Yr uchaf nesaf: mae'r don wedi teithio 9×0.05 m $\rightarrow v = 4.5$ m s^{-1}; $f = 11.25$ Hz
   Yr uchaf nesaf: mae'r don wedi teithio 17×0.05 m $\rightarrow v = 8.5$ m s^{-1}; $f = 21.25$ Hz

2. (a) 20 Hz
   (b) Byddai'r don ¼ cylchred ymhellach i'r dde (h.y. brig y tonnau yn 0.25 m, 0.45 m)
   (c) Oherwydd bod osgiliadau'r gronynnau yn y don yn fertigol i fyny ac i lawr, sydd ar ongl sgwâr i gyfeiriad mudiant y don.

3. (i) 0.7 s
   (ii) Mae C a D yn gydwedd ag A: maen nhw yr un pellter i'r dde o frig y don agosaf.
   Mae B yn anghydwedd – mae hwn i'r chwith o frig y don agosaf.

4. (a) (i) $\lambda = 41.3$ m
      (ii) $f = 0.20$ s
      (iii) $v = 8.3$ m s^{-1}
   (b) ~ 10 m; ~ 52 m; ~ 93 m
   (c) O raddiant mwyaf serth y graff dadleoliad–amser ~ 20 m s^{-1}

Adran 2.5

1. (a) 670 nm

   (b) (i) Mae'r golau o'r laser yn gwasgaru ar ôl pasio drwy'r hollt.

      (ii) Heb ddiffreithiant, ni fyddai'r paladrau o'r ddwy hollt yn gorgyffwrdd. Dim ond os yw golau o'r ddwy hollt yn cyrraedd pwynt ar y sgrin y gall ymyriant ddigwydd yn y pwynt hwnnw.

   (c) Mae gwedd y golau sy'n cyrraedd pwynt, P, o holltau 1 a 2 (S_1 ac S_2), yn dibynnu ar hyd y llwybrau S_1P ac S_2P. Gan dybio bod y golau yn yr holltau yn gydwedd, yna os yw $|S_1P - S_2P| = (n + \frac{1}{2})\lambda$, lle mae n = 0, 1, 2...., bydd y golau o S_1 ac S_2 yn cyrraedd P yn wrthwedd, ac felly bydd yn ymyrryd yn ddistrywiol, gan gynhyrchu eddi tywyll. Yr enw ar y term $S_1P - S_2P$ yw'r gwahaniaeth llwybr.

   (ch) Byddai gwahaniad yr eddïau yn cynyddu yn ôl ffactor o $\frac{7.5}{1.5}$ = 5 i 10 mm. Byddai disgleirdeb yr eddïau $\frac{1}{5^2}$ = 0.04 gwaith cymaint.

2. (a) $n\lambda = d \sin\theta, \therefore d = \frac{n\lambda}{\sin\theta} = \frac{2 \times 532 \text{ nm}}{\sin 28.9°}$
      $= 2200 \text{ nm}$
      $\sim 2 \times 10^{-6} \text{ m QED}$

   (b) (i) 632 nm

      (ii) 7 [hyd at drefn 3]

3. (a) λ = 1.60 m

   (b) Amser = 5.0 ms

   (c) (i) Mae osgled B $\sim 0.5 \times$ osgled A

      (ii) Mae gweddau A a B yr un peth

   (ch) (i) Mae osgled B = osgled C

      (ii) Mae B ac C yn wrthwedd

   (e) 16.7 Hz

4. (a) 489 nm

   (b) 487 nm [brasamcan eithaf da]

Adran 2.6

1. 1.50

2. (a) 80.1 °

   (b) Mae pelydryn o olau sy'n teithio mewn dŵr môr yn taro bloc o iâ ar ongl drawiad sy'n fwy nag 80.1 °

3. (a) 6.6 °

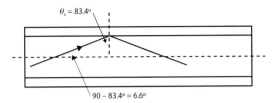

   (b) Mae'r gwahaniaeth rhwng amser lledaenu golau sy'n teithio ar hyd yr echelin ac amser lledaenu golau sy'n taro'r ffin rhwng y craidd a'r cladin ar yr ongl gritigol (yr amodau eithaf) yn is mewn onglau lledaenu llai i'r echelin. Felly, gall signalau deithio ymhellach cyn i ddarnau cyfagos o ddata ddechrau ymyrryd â'i gilydd.

4. (a) 72.7 °

   (b) Ar ôl n o adlewyrchiadau, mae'r pŵer sy'n weddill = $P \times (0.1)^n = \frac{P}{10^n}$
      $\therefore$ I gyfrifo n, mae arnom angen y datrysiad i:
      $\frac{P}{10^n} = \frac{P}{10^6}$
      $\therefore n$ = 6.
      $\therefore$ mae 5 adlewyrchiad yn dilyn P.
      $\therefore$ mae'r pellter ar hyd y rhoden = 5×12 mm
      $= 60$ mm.

   (c) 65.1 °

5. Mae'r cyfeiriad normal, h.y. ar hyd cyfeiriad newid buanedd y don, yn fertigol. Ystyriwch yr ongl, θ, y mae'r 'pelydrau' sain (h.y. cyfeiriad lledaeniad y tonnau) yn ei gwneud â'r fertigol:

Mae $\sin\theta \propto v$ lle v yw'r cyflymder lledaenu

∴ mae θ yn lleihau gydag uchder, ac felly mae'r sain yn teithio'n nes at y fertigol.

[Mae hyn yn esbonio'r *tawelwch* ar fore oer llonydd, rhewllyd. Mae'r synau y mae pobl ac adar yn eu gwneud yn cael eu diffreithio dros eich pen.]

6. Ar gyfer y pelydryn golau yn Ffig 2.6.4, mae:

$n_a \sin\theta_a = n_g \sin\theta_g$ ac mae $n_g \sin\theta_g = n_w \sin\theta_w$.

∴ gallwn ddiddymu $n_g \sin\theta_g$ i roi $n_a \sin\theta_a$ $= n_w \sin\theta_w$, sef yr un hafaliad ag sydd yn 'Cwestiwn cyflym 3'. Felly, mae presenoldeb neu absenoldeb y gwydr yn amherthnasol ar gyfer cyfeiriad y pelydryn golau yn y tanc pysgod. Mae hyn yn wir ddim ond oherwydd bod ochrau'r gwydr yn baralel. Felly mae'r un gwerth gan yr ongl blygiant, θ_g, sy'n mynd i mewn i'r gwydr, â'r ongl drawiad, θ_g, sy'n dod allan o'r gwydr.

7. Mae'r adlewyrchiadau rhannol a'r trosglwyddiadau yn gwanhau gyda phob trawiad olynol.

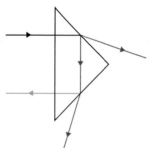

Adran 2.7

1. (a) ϕ

   (b) hf

2. (a) Pan mae allyriad yn digwydd, mae'r EC mwyaf = egni'r ffoton – ffwythiant gwaith;

   Mae egni'r ffoton = 2.90 eV.

   ∴ $E_{k\,mwyaf}$ = 2.90 eV – 2.10 eV = 0.80 eV

   (b) Mae egni'r ffoton = 2.36 eV

   ∴ $E_{k\,mwyaf}$ = 2.36 eV – 2.10 eV = 0.26 eV

   (c) Nid yw ffotonau'n cyfuno, felly mae egni mwyaf y ffotonau yn pennu egni mwyaf yr electronau. Felly mae $E_{k\,mwyaf}$ = 0.80 eV

   (ch) Mae egni'r ffoton = 1.86 eV. Mae hyn yn llai na'r ffwythiant gwaith (2.10 eV), felly ni chaiff unrhyw electronau eu hallyrru.

3. (a) 13.6 eV

   (b) (i) Os bydd ffotonau â'r egni cywir yn taro atom hydrogen yn y cyflwr isaf, sef y lefel -2.18×10^{-18} J, gallant gael eu hamsugno. Caiff electronau eu codi i un o'r lefelau egni uwch. Mae'r atomau hyn wedyn yn ailallyrru'r pelydriad i gyfeiriadau hap, gan felly leihau'r pelydriad i'r cyfeiriad ymlaen.

   (ii) • $\Delta E = (2.18 - 0.54) \times 10^{-18}$ J
   $= 1.64 \times 10^{-18}$ J

   neu

   • $\Delta E = (2.18 - 0.24) \times 10^{-18}$ J
   $= 1.94 \times 10^{-18}$ J

   sy'n rhoi egni'r ffoton.

   143 nm a 121 nm, yn y drefn honno, yw tonfeddi'r ffotonau hyn.

   (iii) Ar gyfer y cyflwr cynhyrfol cyntaf a'r ail, mae $\Delta E = 0.30 \times 10^{-18}$ J $= 1.88$ eV. Dyma egni'r ffoton ar gyfer golau sydd â thonfedd o 663 nm. Mae hwn ar ben coch y sbectrwm gweladwy.

4. (a) $E = 3.16 \times 10^{-19}$ J $= 1.97$ eV;
   $p = 1.05 \times 10^{-27}$ N s

   (b) Tybiwch fod y paladr yn fonocromatig, tonfedd λ.

   Mae egni'r ffoton $= \dfrac{hc}{\lambda}$; mae momentwm y ffoton, $p = \dfrac{h}{\lambda} = \dfrac{E}{c}$

   Mae pŵer y paladr $= P$, felly mae nifer y ffotonau yr eiliad $= \dfrac{P}{E}$

   ∴ mae momentwm y ffotonau trawol fesul eiliad $= \dfrac{P}{E} \times \dfrac{E}{c} = \dfrac{P}{c}$

   ∴ mae momentwm y ffotonau sy'n cael ei adlewyrchu fesul eiliad $= -\dfrac{P}{c}$

   ∴ mae'r newid ym momentwm y ffotonau fesul eiliad $= -2\dfrac{P}{c}$

   ∴ mae'r grym sy'n cael ei weithredu ar y paladr golau gan yr arwyneb $= -2\dfrac{P}{c}$

   ∴ drwy N3, mae'r grym sy'n cael ei weithredu ar yr arwyneb gan y paladr golau $= 2\dfrac{P}{c}$

5. (a) 530 keV

(b) Mae'r egni cinetig, $E = \dfrac{p^2}{2m}$. Felly, ar gyfer yr un egni, y mwyaf yw'r màs, y mwyaf yw'r momentwm. Felly mae gan yr electron fomentwm llai na'r proton.

Ond mae $p = \dfrac{h}{\lambda}$, felly mae gan yr electron donfedd fwy na'r proton.

Adran 2.8

1.

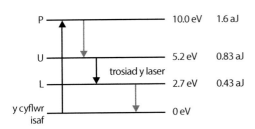

P ——————— 10.0 eV   1.6 aJ

U ——————— 5.2 eV   0.83 aJ

trosiad y laser

L ——————— 2.7 eV   0.43 aJ

y cyflwr isaf ——————— 0 eV

2. (a) (i) Mae lefel O yn llawn; mae lefelau U a P bron yn wag.

(ii) Amsugniad.

Caiff y ffoton ei amsugno, a chaiff ei egni ei ddefnyddio i godi electron o lefel O i lefel U.

(b) (i) Mae poblogaeth lefel U yn fwy na phoblogaeth lefel O. Cyflawnir hyn drwy bwmpio electronau o lefel O i'r lefel fyrhoedlog, P. Mae'r rhain yn disgyn yn gyflym i'r cyflwr metasefydlog, U, fel y dangosir. Os caiff mwy na hanner yr electronau o O eu codi, yna gall y nifer yn lefel U fod yn fwy na'r nifer yn lefel O.

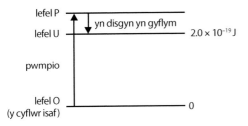

lefel P ———————

lefel U ——————— yn disgyn yn gyflym 2.0×10^{-19} J

pwmpio

lefel O (y cyflwr isaf) ——————— 0

(ii) Pan mae electron yn disgyn i lefel O, mae'n cynhyrchu ffoton ag egni o 2.10×10^{-19} J. Mae'r ffoton hwn yn rhyngweithio ag ail atom yng nghyflwr U i achosi allyriad ysgogol, lle caiff ail ffoton, â'r un amledd, gwedd a chyfeiriad â'r cyntaf, ei gynhyrchu. Felly, mae dau ffoton nawr yn lle un. Mae'r broses hon yn parhau, gyda nifer y ffotonau yn cynyddu'n esbonyddol, h.y. caiff y golau ei fwyhau.

(iii) 947 nm.

Atebion i'r cwestiynau ymarfer

① **Ateb model**: Mae'r grym cydeffaith yn sero a'r moment cydeffaith o amgylch unrhyw bwynt yn sero.

Ateb arall: Mae swm [fector] y grymoedd yn sero ac mae'r moment clocwedd o gwmpas unrhyw bwynt yn hafal i'r moment gwrthglocwedd o amgylch yr un pwynt.

Sylwadau: Mae ymgeiswyr yn anghofio am y moment yn aml. Os nad yw'r moment cydeffaith yn sero, bydd y corff yn dechrau cylchdroi. Mae'n bwysig bod pob moment yn cael ei gymryd o amgylch yr un pwynt.

② **Ateb model**: Pelydrydd cyflawn yw un sy'n amsugno'r holl belydriad electromagnetig sy'n ei daro.

Sylwadau: Dyma'r diffiniad mwyaf hawdd. Yn aml mae ymgeiswyr yn meddwl ar gam fod angen iddyn nhw roi diffiniad yn nhermau *allyriad* pelydriad, efallai oherwydd bod seren yn amlwg yn pelydru. Mae'n bosibl rhoi diffiniad yn nhermau allyriad – ond mae'n llai boddhaol.

Ateb arall: Pelydrydd cyflawn yw un sy'n allyrru'r swm mwyaf posibl o belydriad ar bob tonfedd.

Ateb anfoddhaol: Pelydrydd cyflawn yw un sy'n amsugno pob tonfedd [neu amledd] sy'n ei daro.

Sylwadau: Nid oes credyd am yr ateb hwn oherwydd nid yw'n glir bod yr <u>holl</u> belydriad e-m yn cael ei amsugno – gallai fod mai 50% o'r pelydriad sy'n cael ei amsugno ar bob tonfedd.

③ **Ateb model**: Ton ardraws yw ton lle mae osgiliadau'r gronynnau ar ongl sgwâr i gyfeiriad lledaeniad y don.

Enghraifft: Tonnau electromagnetig / tonnau-S seismig.

Ton arhydol yw ton lle mae osgiliadau'r gronynnau yn yr un llinell/yn baralel â chyfeiriad lledaeniad y don.

Enghraifft: Tonnau sain / tonnau-P seismig.

Sylwadau: Mae angen i'r ateb ei gwneud hi'n glir pa ddau gyfeiriad sydd ar ongl sgwâr i'w gilydd, neu yn yr un llinell fel mae'n briodol. Dyw'r diffiniad a roddwyd ddim yn gwbl gyffredinol – mae'n wir yn achos ton sy'n cynnwys osgiliadau mewn cyfrwng. Mae tonnau electromagnetig yn cynnwys osgiliadau meysydd trydanol a magnetig wedi'u cyplu yn hytrach na gronynnau ond ni fydd yr arholwyr yn disgwyl i chi gyfeirio at hyn.

④ **Ateb model**: Mae hyn yn golygu bod 5.0 J o egni'n cael ei drosglwyddo am bob uned o wefr [neu am bob coulomb o wefr] sy'n pasio drwy'r gydran.

Ateb llai derbyniol: Mae 5.0 J o egni'n cael ei drawsnewid i wres pan fydd 1 C o wefr yn pasio drwy ...(?)

Sylwadau: Pam nad yw'r ail ateb cystal â'r cyntaf?

- Mae 'gwres' ynddo'i hun yn drosglwyddiad egni, felly dyw'r mynegi ddim yn dda, ond yn fwy pwysig (ar gyfer UG) gallai'r trosglwyddiad egni fod i waith mecanyddol, e.e. mewn modur.
- Nid yw'r ail ddiffiniad yn caniatáu am symiau o wefr heblaw 1C, ond mae'r un cyntaf yn awgrymu'n glir y byddai 10 J o egni'n cael ei drosglwyddo pan fyddai 2 C o wefr yn pasio etc. Mae hyn yn cyd-fynd â'r cywerthedd unedau $V = J\ C^{-1}$.

⑤ **Ateb model**: Ar gyfer dargludydd metelaidd ar dymheredd cyson mae'r cerrynt mewn cyfrannedd [union] â'r gwahaniaeth potensial.

Sylwadau: Mae yna ddau farc – mae un marc am y cyfrannedd a'r llall am yr amodau lle mae'n gymwys.

Ateb anfoddhaol: $V = I \times R$ [neu wedi'i fynegi mewn unrhyw ffordd arall].

Sylwadau: Pam nad yw hwn yn cael ei dderbyn? Dim ond diffiniad gwrthiant trydanol yw'r hafaliad ['i gyfrifo'r gwrthiant, rhannwch y gp gyda'r cerrynt']. Nid yw hyd yn oed yn nodi bod V ac I mewn cyfrannedd – byddai angen ychwanegu bod R yn gysonyn. Gall yr hafaliad $V = I \times R$ gael ei ddefnyddio i gyfrifo gwrthiant cydran lle nad yw V ac I mewn cyfrannedd, e.e. ffilament bwlb golau neu ddeuod, er bydd yna ateb gwahanol ar gyfer gwahanol werthoedd o V ac I.

⑥ **Ateb model**: [Mae hwn yn gymwys i uwchddargludyddion.]

Wrth i ddargludydd gael ei oeri, y tymheredd trosiannol yw'r tymheredd lle mae'r gwrthiant yn disgyn yn sydyn i sero.

Ateb llai boddhaol: Bydd defnydd yn uwchddargludol (?) o dan y tymheredd hwn.

Ateb anfoddhaol: Y tymheredd pan fydd gwrthiant uwchddargludydd yn sero.

Sylwadau: Mae angen i'r ateb wneud hyn yn glir:

- Mae newid sydyn yn y gwrthiant – mae'r ail osodiad yn wan yma.

- Mae'r cyflwr gwrthiant sero ar gyfer pob tymheredd [neu o leiaf amrediad tymheredd] o dan y tymheredd trosiannol – mae'r trydydd gosodiad yn awgrymu mai dim ond ar y tymheredd hwnnw mae'r gwrthiant yn sero.

⑦ **Ateb model:** Pan fydd dwy [neu fwy] o donnau'n pasio drwy [neu'n bodoli ar] bwynt, mae [cyfanswm] dadleoliad y cyfrwng ar y pwynt hwnnw yn hafal i swm [fector] y dadleoliadau oherwydd y tonnau unigol [ar y pwynt hwnnw].

Sylwadau: Mae dwy ran i'r ateb. Mae'r un cyntaf yn disgrifio'r sefyllfa, h.y. mae'n delio â dwy don. Mae'r ail yn disgrifio sut maen nhw'n cael eu cyfuno. Mae'n dda cael y geiriau yn y cromfachau sgwâr ond dydyn nhw ddim yn gwbl angenrheidiol: os yw'r egwyddor yn gweithio ar gyfer dwy don bydd yn wir ar gyfer tair neu fwy; mae'n rhaid mai cyfanswm y dadleoliad yw dadleoliad y cyfrwng; dim ond un ffordd sydd o adio dadleoliadau, h.y. fel fectorau!

⑧ **Ateb model:** Gronyn yw hadron sydd wedi'i wneud o gwarciau. ✓

Mae baryon yn cynnwys 3 cwarc, e.e. proton [niwtron, delta, Δ^{++}, etc.] ✓

Mae meson yn cynnwys cwarc a gwrthgwarc, e.e. pion [π^+, π^0, etc.]. ✓

Sylwadau: Mae'n annhebyg byddai arholwr yn gofyn y cwestiwn yn y ffurf hon yn hollol. Mae gofyn am enghraifft o faryon, er enghraifft, yn golygu bod yr arholwr yn barod i dderbyn un o gasgliad eang o faryonau, Ω^-, Σ^+, etc. Ffordd arall o ddiffinio hadron yw fel gronyn cyfansawdd sy'n teimlo'r rhyngweithiad cryf.

⑨ **Ateb model:** Gwasgariad amlfodd.

Sylwadau: Os nad ydych chi'n gallu cofio'r enw, rhowch ddisgrifiad yn y gobaith y bydd y cynllun marcio'n caniatáu hynny. Er enghraifft, mewn ffibrau â chraidd llydan, mae rhai pelydrau golau yn teithio i lawr y canol ond mae gan y lleill lwybr igam ogam ac felly maen nhw'n cymryd amserau gwahanol i gyrraedd y pen arall.

⑩ **Ateb model:** Mae 'g.e.m. o 10.0 V' yn golygu bod 10.0 J o egni'n cael ei drosglwyddo o ffynhonnell allanol ✓ am bob uned o wefr sy'n pasio drwy'r cyflenwad ✓.

Mae 'gp ar draws ei derfynellau'n 9.0 V' yn golygu bod 9.0 J o egni'n cael ei drosglwyddo i'r gylched allanol ✓ am bob uned o wefr sy'n pasio drwy'r cyflenwad.

Sylwadau: Uned g.e.m. a gp yw'r folt, sy'n cael ei ddiffinio fel joule am bob coulomb, felly mae'n rhaid bod yr esboniad yn ymwneud â'r trosglwyddiad egni a'r ymadrodd 'am bob uned o wefr' neu 'am bob coulomb'. Mae angen rhoi cyd-destun y

trosglwyddiad egni er mwyn gwahaniaethu rhwng y ddau faint: Mae g.e.m. yn cyfeirio at egni i mewn i'r system drydanol, e.e. o egni cemegol yn y gell neu waith mecanyddol a wneir ar ddynamo; mae gp yn cyfeirio at egni sy'n cael ei ddarparu gan gyflenwad pŵer i'r gylched allanol [yn aml caiff hwn ei ddisgrifio'n fwy cywir fel 'y gwaith trydanol a wneir ar y gylched allanol'] am bob uned o wefr. Yn y rhan fwyaf o achosion, bydd yr arholwr yn edrych am yr ymadrodd 'am bob uned o wefr' wedi'i ddefnyddio'n gywir o leiaf unwaith yn yr ateb.

Cwestiynau ar ddisgrifio arbrofion

⑪ **Ateb model:**

(a) Mae gwrthiant hyd o ddargludydd yn cael ei roi gan: $R = \dfrac{\rho l}{A}$

Felly $\rho = \dfrac{RA}{l}$

felly uned $[R] = \dfrac{\Omega \, \text{m}^2}{\text{m}} = \Omega \, \text{m}$.

(b) Offer sydd ei angen: ohmedr, riwl fetr, micromedr.

Dull: Mesurwch wrthiant hyd o wifren gan ddefnyddio'r ohmedr. Yn gyntaf gwiriwch wrthiant lidiau'r ohmedr drwy eu cyffwrdd gyda'i gilydd – tynnwch hwn o'r darlleniad ar gyfer gwrthiant y wifren.

Mesurwch hyd, l, y wifren gan ddefnyddio'r riwl fetr.

Mesurwch ddiamedr, d y wifren ar sawl pwynt, gan ddefnyddio'r micromedr, darganfyddwch y gwerth cymedrig a chyfrifwch yr arwynebedd trawstoriadol gan ddefnyddio'r hafaliad:

$$A = \frac{\pi d^2}{4}$$

Yn olaf, cyfrifwch y gwrthedd drwy ddefnyddio'r hafaliad

$$\rho = \frac{RA}{l}$$

Sylwadau:

(a) Mae angen trin yr hafaliad sydd ar y daflen ddata i wneud y gwrthedd yn destun yr hafaliad. Mae'r hafaliad unedau'n cael ei ysgrifennu, h.y. yr hafaliad gydag unedau'r meintiau yn hytrach na'r meintiau eu hunain. Mae angen i chi wneud digon, i wneud i'r arholwr gredu eich bod yn gwybod beth rydych yn ei wneud!

(b) Mae'r offer sy'n cael ei ddefnyddio wedi'i nodi. Nid oes angen diagram yma. Mae'r mesuriadau angenrheidiol wedi'u nodi, gan gynnwys osgoi ansicrwydd amlwg, fel gwall sero'r ohmedr. Mae sut rydych chi'n defnyddio'r mesuriadau i roi'r ateb terfynol wedi'i nodi – yn yr achos hwn, sut mae A, ac yn olaf, ρ yn cael eu darganfod.

⑫ **Ateb model**: Mae'r wifren yn cael ei gosod mewn bicer o ddŵr fel sydd i'w weld ac mae'r bicer yn cael ei wresogi'n raddol [ar drybedd a rhwyllen] gan ddefnyddio llosgydd Bunsen.

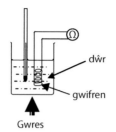
dŵr
gwifren
Gwres

Mae'r darlleniadau gwrthiant a thymheredd yn cael eu cymryd. Bydd angen symud y llosgydd Bunsen i ffwrdd a throi'r dŵr [gyda'r thermomedr] i adael i'r tymheredd fod yn gyson, ac yna nodi'r darlleniadau ar y thermomedr a'r ohmedr. Mae cyfres o ddarlleniadau yn cael eu cymryd i fyny hyd at 100°C bron. Er mwyn bod yn fwy manwl gywir, mae gwrthiant lidiau'r coil yn cael ei fesur a'i dynnu, i gael gwrthiant y coil y tu mewn i'r hylif.

Sylwadau: Mae trefniant yr offer yn glir – mae'r diagram yn helpu. Nid oes angen labelu'r darnau safonol o offer [bicer, thermomedr, ohmedr]. Mae'r dull gweithredu yn ddigon clir i fyfyriwr UG arall ei ddilyn.

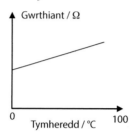
Gwrthiant / Ω
0
Tymheredd / °C
100

Mae'r graff i'w weld fel llinell sydd â rhyngdoriad (nad yw'n sero) ar yr echelin gwrthiant. Mewn gwirionedd dyw'r llinell ddim yn hollol syth ond mae bron â bod yn syth dros yr amrediad tymheredd cyfyngedig hwn.

⑬ **Ateb model**:

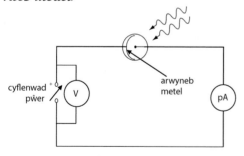
cyflenwad pŵer
V
arwyneb metel
pA

[Nodwch yr ychwanegiadau i'r diagram]. Mae gp y cyflenwad pŵer yn cael ei gynyddu o sero a'r cerrynt yn cael ei fonitro. Wrth i'r gp gynyddu, mae'r cerrynt yn lleihau ac mae'r gp lleiaf, V_S, lle mae'r cerrynt yn sero yn cael ei nodi. Uchafswm yr egni cinetig yw eV_S.

Sylwadau: Mae'r tri newid i'r gylched – polaredd y cyflenwad, cyflenwad pŵer newidiol a'r foltmedr i'w weld. Mae'r dechneg arbrofi, gan gynnwys y gosodiad angenrheidiol, 'gan ddechrau o sero', wedi'i rhoi, mae'r mesuriadau angenrheidiol wedi'u nodi ac mae'r dull cyfrifo wedi'i roi.

(b) (i) Darganfyddwch raddiant y graff – cysonyn Planck yw hwn.

(ii) Estynnwch y graff nes iddo gyrraedd yr echelin fertigol. Y rhyngdoriad yw negatif gwerth y ffwythiant gwaith, h.y. rhyngdoriad = $-\phi$.

Sylwadau: Sylwch mai'r gair gorchymyn yw 'nodwch' – nid oes angen unrhyw esboniad.

(b) (ii) Byddai'n bosibl dadlau nad oes angen y frawddeg gyntaf ond mae'n gwneud yr ateb yn glir – gallai'r llinell gael ei hychwanegu at y graff ar y papur cwestiwn. Mae un o'r marciau am y 'negatif' yn yr ateb. Mae yna ateb arall, sef 'nodwch y rhyngdoriad, $f_{trothwy}$, ar yr echelin amledd. Mae'r ffwythiant gwaith yn $h \times f_{trothwy}$.'

Cwestiynau i brofi dealltwriaeth

⑭ **Ateb model**:

Unedau'r ochr dde
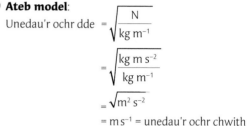
$$= \sqrt{\frac{N}{kg\ m^{-1}}}$$
$$= \sqrt{\frac{kg\ m\ s^{-2}}{kg\ m^{-1}}}$$
$$= \sqrt{m^2\ s^{-2}}$$
$$= m\ s^{-1} = \text{unedau'r ochr chwith}$$

Felly mae'r hafaliad **yn** homogenaidd, h.y. mae'n bosibl yn nhermau unedau.

Sylwadau: Dechreuodd y gwaith cyfrifo gyda'r ochr gymhleth [yr ochr dde], cafodd y meintiau eu mynegi ar yr ochr honno yn nhermau eu hunedau, ac yna cafodd y mynegiad ei symleiddio i ddangos ei fod yn hafal i unedau'r ochr chwith. Mae defnyddio cyfres sengl o hafaliadau, gyda phob un yn dechrau ar linell newydd, gyda'r hafalnodau wedi'u halinio, yn gwneud y cyfathrebu yn well o lawer.

⑮ **Ateb model**:

(a) 19 s – 20 s: Sero yw'r cyflymiad oherwydd bod y gwrthiant aer i fyny yn hafal ac yn ddirgroes i'r grym disgyrchiant ar y plymiwr awyr, sy'n gwneud y grym cydeffaith yn sero.

20 s – 21 s: Mae'r parasiwt yn agor, felly mae'r gwrthiant aer yn mynd llawer yn fwy. Mae grym cydeffaith mawr, i fyny, ar y plymiwr awyr, sy'n achosi arafiad mawr (cyflymiad negatif).

21 s – 25 s: Wrth i'r plymiwr awyr arafu, mae'r gwrthiant aer yn lleihau, felly mae'r grym cydeffaith i fyny yn lleihau ac mae'r cyflymiad negatif yn lleihau o ran maint.

(b) Mae cyfanswm yr arwynebedd rhwng yr echelin amser a'r llinell yn rhoi'r cyflymder. Rhaid bod y cyflymder yn bositif (tuag i lawr) oherwydd mae'r parasiwtydd yn symud tuag i lawr. QED.

Sylwadau: Mewn gwirionedd, bydd yr arwynebedd ar gyfer y 20 s cyntaf yn rhoi'r cyflymder terfynol (tua 45 m s^{-1} os ydych chi'n dymuno'i gyfrifo). Mae'r arwynebedd ar gyfer y 17 s nesaf tua $-$ 40 m s^{-1}. Mae hyn yn golygu y bydd y cyflymder terfynol ar y diwedd tua 5 m s^{-1}.

⑯ **Ateb model**:

Gwrthiant y cyfuniad paralel = $\dfrac{10 \times 15}{10 + 15}$ = 6 Ω

Gan ddefnyddio hafaliad y rhannwr potensial:

gp ar draws 12 Ω = $\dfrac{12}{12 + 6} \times 9.0$ V = 6.0 V

Dull arall o wneud yr ail gam:

Cyfanswm y gwrthiant = 12 + 6 = 18 Ω

∴ Cyfanswm y cerrynt [= cerrynt drwy'r gwrthydd 12 Ω] = $\dfrac{V}{R}$ = $\dfrac{9.0}{18}$ = 0.5 A

∴ gp ar draws y gwrthydd 12 Ω = IR = 0.5 × 12 = 6 V.

Sylwadau: Gyda chwestiynau fel hyn mae angen defnyddio hafaliadau syml, e.e. $V = IR$, drosodd a throsodd ar wahanol rannau o'r gylched. Mae'n bwysig iawn eich bod chi'n nodi'n glir pa gydrannau rydych chi'n cyfeirio atynt yn eich gwaith cyfrifo, er enghraifft, 'gwrthiant y cyfuniad paralel'.

⑰ **Ateb model**:

(a) Cyfanswm y gwrthiant yn y gylched = $r + R$
= 0.5 + 12.5 = 13.0 Ω.

∴ Cerrynt = $\dfrac{\text{g.e.m.}}{\text{cyfanswm y gwrthiant}}$ = $\dfrac{1.5}{13}$
= 0.115 A

(b) Cerrynt = $\dfrac{\text{g.e.m.}}{\text{cyfanswm y gwrthiant}}$ = $\dfrac{1.5n}{12.5 + 0.5n}$

Os yw'r cerrynt ≥ 0.6 A; $\dfrac{1.5n}{12.5 + 0.5n}$ ≥ 0.6

∴ 1.5n ≥ 0.6 (12.5 + 0.5n)

[Ehangu'r cromfachau] ∴ 1.5n ≥ 7.5 + 0.3n

[Ad-drefnu] ∴ 1.5n – 0.3n ≥ 7.5

h.y. 1.2n ≥ 7.5 felly n ≥ 7.5/1.2 = 6.25.

Felly'r nifer lleiaf o gelloedd yw 7 [rhaid iddo fod yn rhif cyfan]

Sylwadau: Mae'r syniad mai'r g.e.m. yw 'cyfanswm y foltedd' yn y gylched yn ddefnyddiol iawn yn y math hwn o gwestiwn.

(b) Mae hwn yn ateb delfrydol ond mae profi a methu (*trial and error*) yn eithaf derbyniol hefyd. Os nad ydych chi'n hoff o ddefnyddio'r arwydd anhafaledd [≥], ffordd arall yw defnyddio'r

arwydd hafaledd [=], darganfod yr ateb 6.25 ac yna nodi mai'r rhif cyfan lleiaf sy'n gwneud y tro yw'r un nesaf i fyny, h.y. 7.

⑱ **Ateb model**:

(a) Ad-drefnu'r hafaliad: $k = \dfrac{F}{v^2}$.

Felly uned k = N (m s^{-1})$^{-2}$ = N m^{-2} s^2.

(b) (i) Mae'r grym cydeffaith ar 20 m s^{-1}
= ma
= 75 kg × 8.2 m s^{-2}
= 615 N
∴ mae gwrthiant aer ar 20 m s^{-1}
= mg – 615 N
= 75 kg × 9.81 N kg^{-1} – 615 N
= 121 N
∴ mae $k = \dfrac{F}{v^2}$ = $\dfrac{121}{20^2}$ = 0.302 N m^{-2} s^2

Ar y buanedd terfynol, mae gwrthiant aer
= mg = 735.75 N
∴ mae'r buanedd terfynol,

$$v = \sqrt{\dfrac{F}{k}} = \sqrt{\dfrac{735.75}{0.302}}$$

= 49.4 m s^{-1} ~ 50 m s^{-1} QED

(ii) Gan ddefnyddio gwerth canol y cyflymder [40 m s^{-1}] i amcangyfrif y grym cydeffaith:

Mae'r grym cydeffaith amcangyfrifol
= 75 × 9.81 – 0.30 × 40^2 = 256 N

Mae'r cyflymiad = $\dfrac{F}{m}$ = $\dfrac{256}{75}$ = 3.41 m s^{-2}.

Mae'r amser a gymerwyd

= $\dfrac{\text{newid yn y cyflymder}}{\text{cyflymiad}}$ = $\dfrac{10}{3.41}$ ~ 3 s

Sylwadau:

(a) Mae 'Dangoswch fod' yn golygu bod rhaid i'r gwaith cyfrifo fod yn eglur. Yn yr achos hwn, wrth ad-drefnu'r hafaliad ar y dechrau ac yna'r algebra sy'n dilyn, bydd yr arholwr wedi'i berswadio eich bod yn gwybod beth rydych chi'n ei wneud!

(b) (i) Mae egwyddor ffisegol yr ateb yn eglur ac wedi'i fynegi'n dda. Mewn arholiad, byddai marciau llawn yn cael eu rhoi am yr ateb terfynol yn unig [pe bai e'n gywir!]

(ii) Cwestiwn 'dangoswch fod' yw hwn, ac felly ni fyddai unrhyw farciau am nodi'r ateb terfynol yn unig – rhaid bod y rhesymu'n eglur. Nid yw'r gair 'amcangyfrifwch' yn golygu 'dyfalwch' – mae angen i chi wneud cyfrifiad gyda thybiaeth sy'n symleiddio'r broblem. Yn yr achos hwn, gallwn ni symleiddio pethau drwy roi grym llusgiad cyson o ganol yr amrediad cyflymder yn lle'r grym llusgiad amrywiol sy'n gweithredu mewn gwirionedd.

⑲ **Ateb model**:

Yn y gylched hon mae cyfanswm y foltedd mewnbwn, V_{MEWN} yn cael ei roi gan:

$V_{MEWN} = IR_{cyfan} = I(R + X)$

$V_{ALLAN} = IR$ – gan dybio bod y cerrynt yr un faint yn y ddau wrthydd h.y. nid oes cerrynt yn cael ei gymryd gan V_{ALLAN}.

Rhannu: $\dfrac{V_{ALLAN}}{V_{MEWN}} = \dfrac{IR}{I(R + X)}$

Canslo gydag I ar yr ochr dde: $\dfrac{V_{ALLAN}}{V_{MEWN}} = \dfrac{R}{R + X}$ QED

Sylwadau: Mae'r gwaith cyfrifo'n amlwg yn defnyddio $V = IR$ ddwywaith ac yn rhoi'r cyd-destun ar gyfer pob cam – yn 1af ar gyfer y ddau wrthydd mewn cyfres ac yn 2il ar gyfer gwrthydd R ar ei ben ei hun. Mae'r dybiaeth yn cael ei rhoi yn glir ac mae'r canslo gydag I yn cael ei nodi'n eglur.

⑳ **Ateb model**:

(a) Mae'r cerrynt drwy L_1 yn rhannu'n gyfartal i basio drwy L_2 ac L_3. Mae hyn yn golygu bod L_1 yn ddisglair a bod L_2 ac L_3 yn llai disglair na L_1 ond yr un mor ddisglair â'i gilydd.

(b) Oherwydd bod un gangen o'r cyfuniad paralel wedi cael ei thynnu oddi yno, mae cyfanswm gwrthiant y gylched yn cynyddu. Mae hyn yn golygu bod cyfanswm y cerrynt yn lleihau. Felly mae L_1 yn llai disglair. Mae'r cerrynt yn L_2 yr un maint â'r cerrynt yn L_1, felly bydd y ddwy lamp yr un mor ddisglair â'i gilydd, ac yn fwy disglair na disgleirdeb L_2 yn wreiddiol.

Sylwadau:

(a) Mae'r esboniad yn cael ei roi cyn y gymhariaeth ond mae dwy ran yr ateb yn cael eu rhoi.

(b) Mae sylfaen yr ateb wedi'i nodi'n glir – mae cyfanswm y gwrthiant yn cynyddu – a'i effaith ar y cerrynt a disgleirdeb y lampau.

Cwestiynau dadansoddi data

㉑ **Ateb model**:

(a) Gan dybio bod yr ansicrwydd ym mesuriad y trwch yn ±0.05 mm, h.y. hanner y cydraniad. Canran yr ansicrwydd yn y trwch, p_t, yw:

$$p_t = \frac{0.05}{5.15} \times 100\% = 0.97\%$$

Mae canrannau'r ansicrwydd yn yr hyd a'r lled, p_{hyd} a p_{lled}, yn llawer llai. Mae:

$$p_{hyd} \approx \frac{0.01}{29.7} \times 100\% = 0.03\%$$

ac mae $p_{lled} \approx \dfrac{0.01}{21.0} \times 100\% = 0.05\%$

Felly bydd cyfanswm yr ansicrwydd yn y cyfaint yn cael ei reoli'n llwyr gan yr ansicrwydd yn y trwch.

(b) Mae gwerth cymedrig yr hyd = (29.72 + 29.71 + 29.71 +29.70 + 29.71)/5 = 29.71 cm

Mae gwerth cymedrig y lled = (21.03 + 21.05 + 21.05+ 21.04 + 21.04)/5 = 21.04 cm

∴ mae cyfaint 500 dalen

$$= hyd \times lled \times trwch$$
$$= 29.71 \times 21.04 \times 5.15 \text{ cm}^3$$
$$= 3219 \text{ cm}^3 \pm 0.97\%$$

Mae cyfaint 1 ddalen = 6.44 cm³ ± 0.97%
$$= 6.44 \pm 0.06 \text{ cm}^3$$

Sylwadau:

(a) Caiff cydraniad y riwl fetr ei nodi (drwy oblygiad), ynghyd â'r honiad rhesymol y gall yr arbrofwr ddarllen hyd at hanner y cydraniad – mae hyn yn cyfiawnhau'r gwaith dilynol. Caiff canrannau ansicrwydd trwch, hyd a lled y pecyn o bapur eu cyfrifo a'u cymharu'n gywir.

Efallai nad yw'r gosodiad am hafaledd canrannau'r ansicrwydd yn nhrwch y bloc o bapur a dalen unigol yn angenrheidiol – ond mae'n gywir, ac nid yw'n gwneud unrhyw ddrwg!

(b) Mae gwerthoedd cymedrig yr hyd a'r trwch wedi'u cyfrifo a'u cyfuno'n gywir i roi cyfaint y bloc. Mae canran yr ansicrwydd a nodir yn cyfeirio at y trwch yn unig, gan ein bod eisoes wedi sefydlu mai hwn sy'n rheoli hyn.

Mae cyfaint dalen sengl wedi'i gyfrifo'n gywir drwy rannu â 500, ac mae canran yr ansicrwydd yr un peth ag ydyw ar gyfer y bloc.

Mae'r ansicrwydd absoliwt wedi'i gyfrifo'n gywir a'i fynegi i 1 ff.y. Mae cyfaint un ddalen wedi'i fynegi i ddau le degol gan mai yn yr ail le degol y mae'r ansicrwydd yn y cyfaint.

㉒ **Ateb model**:

(a) (i)

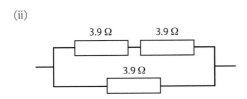

(ii)

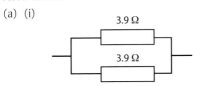

(b)

R/Ω	I/A	$\dfrac{1}{I/A}$
1.3	0.940	1.06
1.95	0.667	1.50
2.6	0.533	1.88
3.9	0.373	2.68
5.85	0.250	4.00

(c)

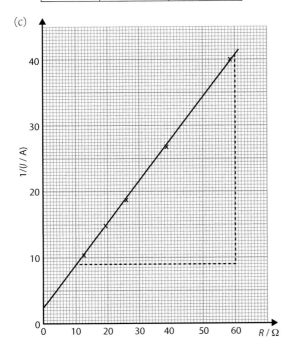

(ch) Mae'r hafaliad yn awgrymu y dylai graff o $1/I$ yn erbyn R fod yn llinell syth â graddiant positif o $1/E$ a rhyngdoriad positif ar yr echelin fertigol o r/E. Mae'r graff **yn** llinell syth â graddiant positif, gyda'r pwyntiau'n dangos ychydig iawn o wasgariad. Mae'r rhyngdoriad ar yr echelin $1/I$ yn bositif [+0.23 A^{-1}] ac felly mae dwy agwedd y graff yn cefnogi'r hafaliad damcaniaethol, gydag E ac r yn gyson.

(d) Mae graddiant y graff $= \dfrac{(4.07 - 0.88)}{(6.00 - 1.00)}$

$= \dfrac{3.19}{5.00} = 0.638$

Mae'r graddiant yn $\dfrac{1}{E}$ $\therefore E = \dfrac{1}{0.640} = 1.57$ V

Y rhyngdoriad yw 0.23 A^{-1} felly $r = \dfrac{r}{E}$

felly mae $r = 1.57 \times 0.23 = 0.36\ \Omega$

Sylwadau:

(a) Mae trefniant y gwrthyddion yn rhoi'r gwrthiannau sy'n ofynnol. Nid oedd y cwestiwn yn gofyn i'r ymgeisydd gyfiawnhau'r atebion drwy gyfrifo. Mae'r cyfuniad paralel 1.95 Ω yn hawdd ei weld (mae'r gwerth yn hanner 3.9 Ω). Mae'r trefniant 2.6 Ω yn fwy anodd, ond mae'n amlwg mai dyma'r unig drefniant o dri gwrthydd 3.9 Ω a fyddai'n rhoi gwrthiant rhwng 1.95 Ω a 3.9 Ω.

(b) Nodir y gwerthoedd ar gyfer 1/cerrynt i 3 ffigur, sy'n cyd-fynd â data'r cerrynt.

(c) Mae echelinau wedi'u labelu gan y graff sy'n defnyddio amrediad llawn y papur graff. Mae'r graddfeydd yn unffurf. Mae'r unedau wedi cael eu rhoi. Mae'r pwyntiau wedi'u plotio o fewn hanner sgwâr. Mae llinell resymol wedi'i llunio yn gyson â'r data. Mae'r llinell wedi'i hymestyn i gwrdd â'r echelin fertigol – bydd angen hyn yn nes ymlaen.

(ch) Mae sylwadau ar wahanol agweddau'r llinell: syth, graddiant positif a rhyngdoriad. Maen nhw'n cael eu cymharu â'r rhagfynegiad. Mae sylw ar raddfa'r gwasgariad, sy'n bwysig oherwydd pe bai yna raddfa eang o wasgariad, byddai cryfder cadarnhad y berthynas wedi bod yn llawer is. Nid yw'n gofyn am nodi gwerth y rhyngdoriad yma, ond mae'n cael ei ddefnyddio yn rhan (d).

(d) Mae'r graddiant yn cael ei fesur drwy ddefnyddio triongl mawr ar y graff – mae'r triongl wedi'i lunio ar y graff, gan helpu'r arholwr i weld beth mae'r ymgeisydd wedi'i wneud. Nodwch nad oes angen cynnwys unedau ar y graddiant.

Mae'r graddiant a'r rhyngdoriad yn cael eu defnyddio'n gywir i ddarganfod E ac r.

㉓ **Ateb model**

(a) (i)

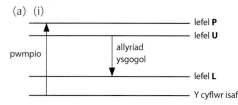

lefel **P**

lefel **U**

pwmpio

allyriad ysgogol

lefel **L**

Y cyflwr isaf

(ii) Mae egni'r ffoton,

$$E = \frac{hc}{\lambda} = \frac{6.63 \times 10^{-34} \text{ J s} \times 3.00 \times 10^8 \text{ m s}^{-1}}{1.05 \times 10^{-6} \text{ m}}$$

$$= 1.89 \times 10^{-19} \text{ J}$$

Mae lefel U $= 1.89 \times 10^{-19} + 0.3 \times 10^{-19}$

$$= 2.2 \times 10^{-19} \text{ J} \qquad \text{(2 ff.y.)}$$

(b) Mae gwrthdroad poblogaeth rhwng lefelau U ac L fel a ganlyn: caiff electronau eu codi o'r cyflwr isaf i'r lefel P fyrhoedlog iawn drwy fecanwaith pwmpio (e.e. pwmpio optegol). Maen nhw'n disgyn i lawr yn gyflym iawn i'r lefel fetasefydlog, U. Mae lefel L yn gyflwr byrhoedlog iawn, felly bydd unrhyw electronau sy'n disgyn i lawr i lefel L yn disgyn bron ar unwaith i'r cyflwr isaf. Felly, mae poblogaeth lefel U yn fwy na phoblogaeth lefel L.

Pan fydd ffoton o'r trosiad U → L, e.e. o allyriad digymell, yn taro atom yn lefel U, bydd yn ysgogi'r trosiad i lefel L ac yn allyrru ail ffoton, sydd â'r un egni ac sy'n teithio i'r un cyfeiriad. Felly nawr mae yna ddau ffoton, yn lle un, sy'n gallu ysgogi allyriad pellach. Mae hon yn broses gronnus, lle mae nifer y ffotonau yn cynyddu'n esbonyddol.

Sylwadau:

(a) (i) Mae'r trosiad pwmpio a throsiad yr allyriad ysgogol wedi'u labelu'n glir.

(ii) Mae egni'r ffoton wedi cael ei gyfrifo'n gywir. Mae'r ateb yn nodi'n glir mai egni'r lefel U yw egni'r ffoton uwchlaw L, ac felly mai lefel U yw egni'r ffoton plws 0.3×10^{-19} J uwchlaw'r cyflwr isaf. Rhoddir yr ateb i 1 lle degol gan nad yw egni lefel L ddim ond wedi ei roi i 1 lle degol.

(b) Mae yna ddwy ran i'r ateb hwn. Mae un rhan yn ymwneud â sut y caiff gwrthdroad poblogaeth ei gyflawni, ac mae'r llall yn esbonio sut mae hyn yn galluogi mwyhad golau drwy allyriad ysgogol.

O ran y gwrthdroad poblogaeth, mae'n bwysig ymdrin â'r pwmpio a hyd oes y tri chyflwr, P, U ac L. Mae pob un o'r rhain wedi'u hamlygu.

Mae'r rhan o'r ateb sy'n ymwneud â mwyhad golau yn dangos bod yn rhaid i'r ffoton sy'n

ysgogi feddu ar swm o egni sy'n hafal i'r gwahaniaeth egni rhwng Lefel U a Lefel L, a bod y ddau ffoton dilynol yn gallu mynd yn eu blaenau i ysgogi mwy o allyriadau. Caiff hyn ei gysylltu â mwyhad golau. Nid yw'r cwestiwn yn gofyn am grybwyll gwedd y ffotonau na chydlyniad y paladr golau.

Mynegai